广州市科学技术协会、广州市南山自然科学学术交流基金会、广州市合力科普基金会资助出版

饲用矿物元素配合物的研究与应用

Mineral Coordination Compounds in Animal Nutrition

舒绪刚　吴　信　王继华　等　编著

科学出版社

北　京

内 容 简 介

矿物元素是动物维持生命和生产必不可少的营养素之一。虽然它们在动物饲料中含量很少，却直接或间接地参与了机体几乎所有生理和生化过程，因此矿质元素在饲料中存在的形式和含量与动物生长和健康密切相关。本书从微量元素氨基酸配合物的理论基础及其生产和应用做一探讨。不仅涉及微量元素氨基酸配合物的原料选择及其要求、矿物元素配合物加工技术与生产设备、矿物元素配合物检测技术，还从微量元素氨基酸配合物的研究方法及其在动物营养中的应用方面进行阐述。

本书可供动物营养学研究工作者、教学和科研人员使用。

图书在版编目（CIP）数据

饲用矿物元素配合物的研究与应用/舒绪刚等编著. —北京：科学出版社，2015.6
ISBN 978-7-03-044615-2

Ⅰ.饲… Ⅱ.①舒… Ⅲ.矿物质饲料–研究 Ⅳ.①S816.71

中国版本图书馆 CIP 数据核字（2015）第 127895 号

责任编辑：杨 岭 黄 桥/责任校对：李 娟
责任印制：余少力/封面设计：墨创文化

科 学 出 版 社 出版
北京东黄城根北街 16 号
邮政编码：100717
http://www.sciencep.com

成都创新包装印刷厂 印刷
科学出版社发行 各地新华书店经销
*
2015 年 6 月第 一 版 开本：787×1092 1/16
2015 年 6 月第一次印刷 印张：13.5
字数：320 000
定价：69.00元
（如有印装质量问题，我社负责调换）

本书编者名单

（按姓氏笔画排序）

万 轲	王秀梅	王继华	尹国强	龙丽娜	田允波
刘红南	汤文杰	孙效名	杨学海	李 彪	李大光
李丽立	李翠金	肖调义	吴 信	吴春丽	邱桂雄
何艳清	张 彬	张 敏	范志勇	林 雪	周 萌
周新华	周慧琦	高 碧	高均勇	黄运茂	黄金辉
崔志英	彭慧珍	韩雪峰	舒绪刚	谢春艳	蔡开妹
廖列文	廖益平	翟哲伟	樊明智	滕 冰	

序

矿物元素是动物维持生命和生产必不可少的营养素之一。虽然它们在动物饲料中含量很少，却直接或间接地参与了机体几乎所有生理和生化过程，因此矿物元素在饲料中存在的形式和含量与动物生长和健康密切相关。

在动物营养研究领域中，微量元素添加剂经历了无机盐类添加剂、简单的有机物和氨基酸微量元素配合物三个发展阶段。第 1 代产品即无机盐类添加剂(如硫酸亚铁、硫酸铜和硫酸锌等)，矿物元素添加剂多以无机形态添加到饲料中。传统无机矿物元素的生物学效价较低，在饲料中添加高剂量的矿物元素，如高铜或高锌，对改善动物生理状态具有一定的作用，但是不仅有可能带来生长滞长等负面影响，还增加了饲料成本和对环境的压力。因此，我国农业部对动物饲料中矿物元素使用量进行了严格规定。而改变微量元素在饲料添加剂中的存在形态，是在减少矿物元素对环境的污染的同时，提高生物组织的吸收效率的重要途径，也是畜禽饲料研究中急需解决的问题。第 2 代产品为一些简单的有机化合物(柠檬酸亚铁、富马酸锌和乳酸锌等)。第 3 代产品是氨基酸微量元素配合物。

矿物元素配合物的研究与应用属于新兴的边缘学科——生物无机化学的研究范畴。以蛋氨酸和赖氨酸等单体氨基酸为原料合成的氨基酸微量元素配合物，或以大豆蛋白为主要原料制备的矿物元素蛋白盐，在美国等发达国家的食品、医药、饲料和肥料等多领域得到了应用。我国对氨基酸微量元素配合物的研究起步较晚，20 世纪 80 年代中期，微量元素氨基酸配合物被引入中国。中国高校和研究机构对配合物选题研究，陆续有合成、制备的螯合物产品用于研究试验和生产，完成了饲料添加剂矿物元素配合物的研制、产品检测方法标准的制定等主要攻关内容。目前，矿物元素配合物已成为国内外动物营养领域最活跃的研究方向之一。

鉴于我国关于矿物元素配合物方面仍然没有系统的参考书籍，编者组织国内外多年来从事动物科学领域的一线研究人员、生产核心研发人员或教学工作的人员，根据编者的研究成果和体会，并总结国内外近十多年来微量元素氨基酸配合物营养研究的最新成果，前后历时 3 年多时间，编写成《饲用矿物元素配合物的研究与应用》一书。该书内容包括了矿物元素配合物的理论基础、加工技术与生产设备、检测方法及其在养殖业中的应用进展等，该书资料丰富、数据翔实，注重理论联系实践，将促进我国饲用矿物元素配合物研究和应用。

承蒙各位编者的信任和重托，本人有幸率先阅读了这部书稿，学到了很多知识，乐为该书做序。该书的面世蕴含着各位编者的大量心血，是他们多年来从事动物营养研究和实践的智慧结晶。本人热切希望该书的出版能够提升矿物元素配合物理论研究和生产实践的水平，促进养殖业的可持续性健康发展。

中国工程院院士

印遇龙

2014 年 12 月 20 日

前　言

矿物元素配合物的研究与应用属于新兴的边缘学科——生物无机化学的研究范畴。20 世纪 80 年代中期，微量元素氨基酸配合物被引入中国。目前，矿物元素配合物已成为国内外动物营养领域最活跃的研究方向之一。

鉴于我国在矿物元素配合物方面仍然没有系统的参考书籍，编者组织国内外多年来从事动物科学领域的一线研究人员、生产核心研发人员或教学工作的人员，根据编者的研究成果和体会，并总结国内外近十多年来微量元素氨基酸配合物营养研究的最新成果，前后历时 3 年时间，编写成《饲用矿物元素配合物的研究与应用》一书。

编者从微量元素氨基酸配合物的理论基础及其生产和应用进行探讨。不仅涉及微量元素氨基酸配合物的原料选择及其要求、矿物元素配合物加工技术与生产设备、矿物元素配合物检测技术，还从微量元素氨基酸配合物的研究方法及其在动物营养中的应用方面进行了阐述。第 1 章介绍了矿物元素配合物的理论基础；第 2、3 和 4 章分别从矿物元素配合物的原料选择及其要求、加工技术与生产设备以及检测技术等方面做了介绍；第 5 章阐述了矿物元素配合物动物饲养试验研究方法；第 6、7、8 和 9 章对矿物配合物在猪、禽、水产动物和反刍动物生产中的应用及其进展进行了综述。供动物营养学研究工作者、教学和科研人员使用。

本书的撰写和出版得到了国家自然科学基金(31110103909；31101730)、"十二五"农村领域国家科技计划课题(2012BAD39B03)、广东省省级科技计划项目(2013B091500095、2014A020208131、2013B090900007)、广东省工程中心专项资金(2013B070704081)、广州市产学研协同创新重大专项民生科技项目(201508020048)、广州市创新型企业专项资金、广州天科生物科技有限公司和河南鑫基饲料科技有限公司等单位的资助。

编　者

2015 年 1 月 12 日

目　　录

第1章　矿物元素配合物的理论基础

1.1　矿物元素概述

自然界中有 60 多种元素存在于动物组织器官，其中已确认有 45 种参与动物体的组成。动物体内的元素可分为两大类：一类是有机元素，如碳、氢、氧、氮元素，主要构成水、糖类、脂类、蛋白质和其他有机化合物，占动物体重的 95%以上；另一类是无机元素，主要以盐的形式构成骨骼、牙齿，或以离子状态参与体内的代谢过程，或与有机物结合组成一些活性物质。动物营养学把这类无机元素叫做矿物元素，也称矿物质，在畜禽等动物体内占总质量的 4%左右。

矿物元素在动物饲料中含量虽少，却直接或间接地参与机体几乎所有的生理和生化过程，是维持动物机体健康、保证其正常生长和繁殖不可缺少的营养物质，与动物生长和健康密切相关[1]。在动物体内，矿物元素虽然含量少，但具有极其重要的生理功能，参与生长发育、新陈代谢、神经活动、免疫功能、酶活性及内分泌等几乎所有的生理过程。一旦相应的矿物元素摄入不足、在体内过量聚集或者矿物元素间比例失调，都将引起严重后果，如在动物的饲粮中硒含量超过 5～6 mg/kg 会导致动物中毒，缺铁可导致动物贫血，缺钙可引起佝偻病或者产后抽搐。

体内存在的矿物元素，有一些是动物生理过程和体内代谢必不可少的，这一部分就是营养学上常说的必需矿物元素，在体内的分布和数量由其生理功能决定。这类元素在体内具有重要的营养生理功能：有的参与机体组织的结构组成，如钙、磷、镁以其相应盐的形式存在，是骨和牙齿的主要组成部分；有的作为酶(参与辅酶或辅基的组成)的组成成分(如锌、锰、铜、硒等)或激活剂(如镁、氯等)参与体内物质代谢；有的参与激素的组成(如碘)，调控机体代谢；还有的元素以离子的形式维持体内电解质平衡和酸碱平衡，如 Na$^+$、K$^+$、Cl$^-$等。必需矿物元素必须由外界供给，当外界供给不足时，不仅会影响动物的生长或生产性能，还会导致体内代谢异常、生化指标变化及出现缺乏症，如在缺乏某种矿物元素的饲粮中补充该元素，相应的缺乏症会减轻或消失。

1.2　矿物元素分类

1.2.1　矿物元素的分类

矿物元素根据在动物体内含量或需要不同，可分成常量矿物元素和微量矿物元素两大类。常量矿物元素一般指在动物体内含量高于 0.01%的元素，主要包括钙、磷、钠、钾、氯、镁、硫七种。微量元素一般指含量占动物体总质量的 0.01%以下，每日需要量在 100 mg/kg 体重以下的元素，目前查明必需的微量元素有铁、锌、铜、锰、碘、硒、钴、钼、氟、铬、硼十一种，它们在维持动物及人体正常生命活动中不可缺少。铝、钒、镍、锡、砷、铅、锂、溴八种元素在动物体内的含量非常低，在实际生产中几乎不出现缺乏症，但它们可能是动物必需的微量元素。此外，硼、镉、硅、钒、镍、锡、铅、锂、溴等元素在实际生产中基本上不出现缺乏症，需要量极低，或生理功能可被其他元素替代。铝、镉、砷、铅、锂、镍、钒、锡、溴、铯、汞、铍、锑、钡、铊、钇等矿物元素确切的生理作用还不确定，其中部分元素在动物体内有毒性，部分是惰性元素。不过需要指出的是，有毒有害元素是个相对概念，如硒在1970年以前一直被认为是有毒有害元素。几乎所有必需矿物元素在过量时都会出现致毒，因此，有毒有害的关键在于"量"的多少。动物体需要的矿物元素在元素周期表上的分布见表1.1。

表1.1 动物体需要的矿物元素在元素周期表上的分布

z	I A	II A	III B	IV B	V B	VI B	VII B	VIII B	I B	II B	III A	IV A	V A	VI A	VII A	0
1	氢		7 种常量矿物元素 9 种可能必需微量矿物元素													氦
2	锂	铍			7 种必需微量矿物元素 4 种条件性必需微量元素						硼	碳	氮	氧	氟	氖
3	钠	镁									铝	硅	磷	硫	氯	氩
4	钾	钙	钪	钛	钒	铬	锰	铁	钴	镍	铜	锌	镓	锗	砷	硒	溴	氪
5	铷	锶	钇	锆	铌	钼	锝	钌	铑	钯	银	镉	铟	锡	锑	碲	碘	氙
6	铯	钡	镧系	铪	钽	钨	铼	锇	铱	铂	金	汞	铊	铅	铋	钋	砹	氡
7	钫	镭	锕系	𬬻	𬭊	𬭳	𬭛	𬭶	鿏	Uun	Uuu	Uub						
8																		

1.2.2 必需矿物元素的特点

①必需矿物元素普遍存在于动物体的各个组织；②在每个动物体内的浓度大致相同；③一种元素对各物种动物的基本生理功能是一致的；④当元素缺乏时，机体会出现异常，通过在饲粮中补充该元素后，异常现象消失；⑤必需矿物元素存在两面性(营养作用、毒害作用)，缺乏时出现临床症状，且供给量有一个生理平衡区，超过一定限度会导致动物中毒。动物体内矿物元素含量及畜禽对日粮矿物质的最大耐受水平分别见表1.2和表1.3。

表1.2 不同动物体内矿物质元素含量[1]

动物	常量元素/%						微量元素/(mg/kg)							
	钙	磷	钠	钾	氯	硫	镁	铁	锌	铜	锰	碘	硒	钴
猪	1.11	0.71	0.16	0.25	—	0.15	0.04	90	25	25	—	—	0.20	—
鸡	1.50	0.80	0.12	0.11	0.06	0.15	0.03	40	35	1.3	—	0.40	0.25	—
牛	1.20	0.70	0.14	0.10	0.17	0.15	0.05	50	20	5.0	0.30	0.43	—	<0.04
绵羊	2.00	1.10	0.13	0.17	0.11	0.10	0.06	78	26	5.3	0.40	0.20	—	0.01
人	1.80	1.00	0.15	0.35	0.15	0.25	0.05	74	28	1.7	0.30	0.40	0.3	—

表 1.3　畜禽对日粮矿物质的最大耐受水平[2]

元素名称	牛	绵羊	猪	禽	马	兔
Ca/%	2	2	1	2	2	2
P/%	1	0.6	1.5	1	1	1
Mg/%	0.5	0.5	0.3	0.3	0.3	0.3
K/%	3	3	2	2	3	3
S/%	0.4	0.4	—	—	—	—
Cu/mg	100	25	250	300	800	200
Fe/mg	1000	500	3000	1000	500	500
Zn/mg	500	300	1000	1000	500	500
Mn/mg	1000	1000	400	300	5	—
Co/mg	10	10	10	10	10	10
Se/mg	2	2	2	2	2	2
Mo/mg	10	10	20	100	5	500
I/mg	50	50	400	300	5	—

1.2.3　矿物元素的主要作用

畜禽生命活动所需的矿物质主要来自饲料和饮水，畜禽体内物质代谢过程越强，生产效率越高，机体对微量元素的需求量就越大。矿物元素的主要作用包括以下三点。

(1) 保障动物健康　微量元素的缺乏将导致畜禽体内矿物质及有机物代谢障碍，轻则影响动物生产性能和饲料利用效率，重则导致动物生产性能下降，对疾病抵抗力降低，生殖系统机能紊乱，表现出不育、少胎、胚胎成活率低等现象。科学使用矿物元素添加剂，可防止因动物体内矿物质缺乏而造成的各种疾病，增进畜禽的健康。

(2) 提高动物生产性能　适当使用矿物元素添加剂，可直接补充动物机体所需的必需矿物元素，弥补饲料中的不足，保证日粮营养的全价性，降低饲料消耗，提高畜禽生产性能。研究表明，科学地应用矿物元素添加剂，动物的生产性能可提高 5%～10%。

(3) 提高畜产品品质　补充畜禽日粮中所缺乏的矿物元素，可提高畜禽体内微量元素的水平，使机体已紊乱的物质代谢在一定范围内正常化，这不但可提高畜禽生产效率，而且也可改善肉、乳、蛋、毛和其他畜产品的质量。

常见矿物元素在畜禽体内的功能及其缺乏症见表 1.4。

表 1.4　畜禽常见矿物元素的功能及其缺乏症状

种类	功能	矿物元素缺乏症状
钙	参与骨骼和牙齿的形成，调节神经递质，细胞膜信号转导	生长受阻，骨生长发育异常，佝偻病，产后瘫痪
镁	参与骨骼和牙齿的形成，作为酶的活化剂，调节肌肉神经	厌食，痉挛，肌肉抽搐，采食量下降，蛋壳变薄
钠	维持电解质渗透压，调节体液平衡，传导神经冲动	异食癖，厌食，皮毛粗糙，相互咬尾，体重减轻
钾	作为酶的活化剂参与体内重要的代谢	低钾血症，如心悸，软瘫，腱反射迟钝，呼吸困难

续表

种类	功能	矿物元素缺乏症状
磷	细胞质和细胞核的组成成分	佝偻病，骨疏松症，骨软化病
铁	氧在血红蛋白中的运输	贫血，缺血
铜	合成和维持胶原蛋白，维持酶的功能，血红细胞的成熟，生殖免疫反应	骨关节病和免疫反应，肌腱和韧带问题，毛色暗淡，胚胎损失
锌	蛋白合成，维生素 A 的利用，上皮组织的完整性，免疫系统，繁殖	皮肤和足异常，骨和关节问题，伤口愈合不良，生育问题
锰	骨和软骨的合成，酶系统，繁殖，免疫反应	骨软骨发育不良，软骨的形成和愈合能力不佳，皮肤、毛发和足异常，再生育困难
钴	反刍动物瘤胃细菌合成维生素 B_{12}，细菌的纤维发酵	维生素 B_{12} 水平低，生长不佳，体重较轻
碘	甲状腺激素的合成，体温调节	甲状腺肿，皮毛粗糙
硒	谷光氨肽过氧化物酶的组分，甲状腺激素代谢，免疫反应	肌肉抽筋，胁迫耐受性变弱，免疫力受损，生产性能差

1.2.4 动物对矿物元素的需要和利用特点

(1) 铁。铁是血红蛋白、肌红蛋白、细胞色素酶等多种氧化酶的成分，与造血机能、氧的运输以及细胞内生物氧化过程有着密切的关系。成年健康畜禽需铁量少，一般不易发生缺铁现象。由于经动物胎盘供给胎儿的铁较少，因此在胎儿的肝脏、脾脏中储备的铁非常有限。胎儿出生后由于母乳中含铁量低，导致幼畜普遍缺铁。在各种畜禽中，仔猪缺铁最为突出，因为仔猪体内铁储备少，生长速度快，每天需铁大约 7 mg，所以需另行补给。蛋鸡从产蛋开始，对铁的吸收效率有所增加，血浆铁水平也有所提高，因而应注意在产蛋期增加铁的供给量。此外，妊娠动物和产后出血时需补充铁。

(2) 铜。动物机体中的铜与铁的关系密切，在血红素的合成和红细胞的成熟过程中起重要作用，血浆中 90%的铜以铜蓝蛋白(ceruloplasmin, CP)存在。亚铁氧化酶(hephaestin)是 CP 的同系物，是一个多铜铁氧化酶，能将二价铁氧化成三价铁，是铁转运蛋白将铁从小肠细胞转运到血液的关键辅助蛋白。因而缺铜会引起贫血，症状与缺铁相似。铜在动物体内的营养生理功能十分广泛，主要通过铜蓝蛋白、酪氨酸酶、胺酰氧化酶、细胞色素氧化酶和超氧化物歧化酶等各种含铜酶形式存在，生理作用包括：促进机体的新陈代谢、影响动物生长繁殖、维持生产性能和增强机体抵抗力。

20 世纪 50 年代，有研究表明高剂量的铜对猪、鸡等其他畜禽有促生长的效果，一度将铜作为一种促生长剂被添加到饲料中，饲料中的铜用量一般为 125~250 mg/kg。由于高剂量铜在体内具有积累作用，长期使用会导致动物肝脏铜含量升高，超过一定水平时则会使大量的铜释放入血，引起溶血、黄疸，甚至死亡；另外，未被吸收的铜排出体外，可能引起土壤水质等环境污染问题。因此，高剂量铜的使用逐渐受到限制。家畜中猪、牛对高剂量铜有较强的耐受性，羊对饲料中铜的含量最敏感。以玉米、谷物等为基础日粮原料时，需适当补充铜。

(3) 锌。锌是动物体内 200 多种含锌酶的组分，有 300 多种酶的活性与锌有关。除鱼粉外，其他饲料原料中锌含量均不能满足动物对锌的需要，故在畜禽日粮中需注意锌的添加。

(4)锰。动物体内含锰的酶仅有三种(精氨酸激酶、锰超氧化歧化酶、丙酮酸羧化酶)，锰是糖基转移酶、磷酸烯醇丙酮酸羧激酶等很多酶的激活剂，通过这些酶参与碳水化合物、脂肪和蛋白质的代谢。锰与动物的生长、繁殖、骨骼的形成和蛋壳的质量有关。一般来说，畜禽从植物性饲料中即可获得足量的锰，但高产期的畜禽需要补充锰。

(5)硒。硒是谷胱甘肽过氧化物酶的组成成分。硒、维生素 E 及含硫氨基酸在动物体内关系密切，它们共同参与动物体内的抗氧化过程，维持细胞膜的完整性和胰腺、心肌、肝脏的正常功能。植物中硒含量的地区差异很大，土壤 pH 是影响植物中硒含量的主要因素，其间接地影响畜禽健康。碱性土壤中硒为水溶性化合物，易被植物吸收，采食该地区植物的畜禽易发生硒中毒。酸性土壤中硒含量虽高，但由于硒和铁、铜等元素形成不易被植物吸收的化合物，这类地区的植物含硒量一般较低，动物易患缺硒症，家禽对缺硒反应比家畜敏感。

(6)碘。碘在动物体内的主要生物学功能是参与合成甲状腺激素。种母鸡对碘缺乏较为敏感。鸡蛋中碘含量显著地受日粮中碘水平的影响，而且与鸡蛋中胆固醇含量呈负相关。

(7)钴。钴是维生素 B_{12} 的组成成分，通过维生素 B_{12} 参与机体造血和营养物质的消化、代谢等过程，影响动物健康及生长发育。钴对反刍动物效果最为明显，缺乏时会引起动物生产性能的下降。

1.3　矿物元素添加剂在饲料中的发展及应用

1.3.1　矿物元素添加剂在饲料中的应用

在正常状态下，动物通过直接和间接地采食植物而获得各种矿物元素。植物生长的土壤中各种矿物元素的含量决定了该元素在植物体中的含量，植物体中元素的含量又决定了动物能够获得的数量。在现代人工养殖条件下，根据饲料原料所含矿物元素的情况和动物的需要量，在动物特定阶段添加机体缺乏的矿物元素能够满足动物的基本需要，使动物表现出良好的机体状态和生产性能。畜禽日粮中微量元素的添加量应根据日粮微量元素的含量和畜禽的生理阶段、品种、生产目的、生产水平和环境等而定。同时，必须考虑各种微量元素的相互关系以及微量元素添加剂原料的质量。

目前在饲料和预混料中普遍使用的矿物元素添加剂主要是硫酸盐、氧化物等无机盐，以硫酸盐和氧化物的形式提供的高水平的微量矿物质不仅价格低廉，而且见效快，因此养殖者通常将工业级硫酸盐和氧化物作为微量元素的介质简单地添加到饲料中。目前使用的无机微量元素添加剂大多是含不同数量结晶水的硫酸盐，这种形式的矿物元素易受饲料中磷酸盐、植酸等成分的影响而形成不溶性沉淀，降低生物学效价(生物学效价指营养素被吸收后能被动物利用的比例)，影响机体的吸收利用；带结晶水的无机盐易吸潮结块；无机盐对维生素 A 和维生素 C 的破坏作用较强。高水平的无机矿物元素饲料，收效不高，且严重污染环境。预混料中的微量成分，如亚硒酸钠、碘化钾、氯化钴等，在配合饲料中的使用量极微，可以将微量元素添加剂微粉碎，或者是以溶液喷雾的方法制成预混料，加入到配合料和饮水中。

传统无机微量元素价格低，但生物学利用率不高。饲料厂家在生产过程中为了节约成本，满足一些养殖户对"皮红毛亮"、"黑粪"等外观效果的需要，放弃有机微量元素添加，在饲料中盲目添加高铜、高锌等，甚至接近了中毒剂量。这不仅影响了对其他微量元素的吸收，还影响到动物健康和畜产品的质量。但某些微量元素添加剂可以在一定时间内超量使用，以发挥其特殊的功能。如在仔猪饲粮中按125～250 mg/kg 的剂量添加硫酸铜可以促进仔猪生长，短期内添加 2000～3000 mg/kg 的氧化锌可以预防仔猪腹泻；在肉猪饲粮中添加 200 mg/t 的有机铬可以提高胴体瘦肉率。但是随着畜禽养殖业集约化的发展，大量的微量元素随畜禽粪便排入到环境中，按年产 1 亿 t 猪饲料计算，每年要消耗 33 万 t 硫酸铜，其中约 32 万 t 排泄到环境中，既浪费了资源，又造成环境中矿物元素过量，破坏土壤和微生态结构，污染水源，进而影响农作物产量和品质，而且直接影响到动物健康和畜产品的食品安全(据资料表明：长期施用高铜猪粪，根据土壤类型不同，在 4～12 年间土壤的含铜量可能超过国家土壤环境质量的二级标准)。因此，无机盐形式的微量元素添加剂是严重破坏环境的污染源。

常规微量元素大多为冶金化工工业的副产物，未按饲料要求进行提纯，因此杂质多且有毒有害重金属超标，加上广大养殖农户文化水平低，科学养殖意识不强，对其盲目大量使用，导致矿物元素对环境和食品安全产生巨大的负面效应。近年来，随着国家对食品安全的重视、饲料工业发展和技术进步，人们逐渐意识到传统无机微量元素的诸多不足，为此，饲料行业迫切需要升级换代产品来取代传统的微量元素。所以，改变矿物元素的添加形式、提高生物组织的吸收效率、减少重金属对环境的污染是饲料科学急需解决的问题。

1.3.2 微量元素螯合物饲料添加剂的发展历程

螯合物是一种特殊的配合物，它是指一个或多个基团与一个金属离子进行配位反应而生成的具有环状结构的配合物。螯合物在自然界存在比较广泛，并且对生命具有特殊的生理功能。当金属元素与活性有机配体反应形成配合物后，其配合物往往具有独特的生理生化功能；有些物质必须与微量金属元素结合后，才能正常发挥其生化功能。在生物体内的金属离子绝大部分是以螯合物的形式存在的，如血红素(红色)、叶绿素(绿色)、维生素 B_{12}(粉红色)，它们分别是铁、镁、钴的螯合物。螯合物的化学性质很稳定，这种结构和性质在生物体内的作用极为重要。例如，血红素就是一种含铁的螯合物，它在人体内起着送氧的作用。维生素 B_{12} 是含钴的螯合物，对恶性贫血有防治作用。胰岛素是含锌的螯合物，对调节体内的物质代谢(尤其是糖类代谢)有重要作用。此外，生物体在新陈代谢过程中，几乎所有的化学反应都是在酶的作用下进行的。若失去金属离子，酶的活性就下降甚至丧失；若重新获得金属离子，酶的活性可以恢复。

因为有些螯合剂能和有毒金属离子形成稳定的螯合物，水溶性螯合物可以从肾脏排出，用作重金属(Pb^{2+}、Pt^{2+}、Cd^{2+}、Hg^{2+})中毒的解毒剂，水溶性螯合物可以从肾脏排出，如二巯基丙醇或 EDTA 二钠盐等可治疗金属中毒。有些药物本身就是螯合物，如用于治疗疾病的某些金属离子，因其具有毒性、刺激性、难吸收性等不足而不适合临床应用，但形成螯合物可以降低其毒性和刺激性，有助于机体的吸收。

微量元素氨基酸螯合物既是机体吸收金属离子的主要形式，又是动物体内合成蛋白质的中间物质。不同于第一代无机盐和第二代简单有机盐，其具有吸收快、简化生化过程、节约体内能量和生物学效价高等优点。在 20 世纪初，许多研究者就发现，非天然螯合剂有许多的重要作用，主要表现在：金属的螯合作用破坏细菌机体，因而有明显的杀菌作用；可从活体中去掉有害金属；金属通过与酶形成螯合物使其酶活化；另外螯合物可作为可逆性载氧体(即能够可逆地结合和放出分子氧的化合物)，它们对生命过程，特别是呼吸极其重要，最早发现的是组氨酸螯合钴对分子氧有亲和力，至今已发展到蛋氨酸与铜、锌、铁、锰、钛等的螯合物。

1977 年，美国 Ashmead 博士报道了利用铁螯合物可以预防仔猪缺铁性贫血[3]，首次将与动物营养有关的微量元素与动物必需营养来源氨基酸结合起来，制成新一代微量元素-氨基酸营养性添加剂。这种产品克服了无机盐和简单有机酸盐微量元素的缺点，同时可以补给动物必需的高效微量元素和限制性氨基酸，因而被认为是一种较理想的添加剂，立刻引起了动物营养工作者的普遍关注和重视。与无机矿物盐相比，微量元素氨基酸螯合物不仅具有稳定性好、生物学效价高、易消化吸收、适口性好等特点，而且有提高畜禽生长速度、改善免疫能力、提高胴体品质、绿色环保等优点[4]，因而迅速成为动物营养研究的热点。20 世纪 90 年代以来，在动物饲料中添加高剂量的某些微量元素(Cu、Zn)(以无机盐的形式添加)可以提高生产性能，但是同时也引发了一系列环境污染问题。而在实践应用中，微量元素氨基酸螯合物可减轻排泄物中由于金属元素过量而导致的环境污染。在畜牧业发达的国家，微量元素氨基酸螯合物已在各种动物生产中得到广泛推广应用。20 世纪 80 年代，微量元素氨基酸螯合物引入我国以后，科研工作者开展了微量元素氨基酸螯合物的研制与研究应用工作，取得了一定进展。

在动物营养领域，可以将微量元素添加剂的发展大致分为三个阶段：无机盐、简单的有机物和氨基酸微量元素螯合物。氨基酸微量元素螯合物的研究与应用属于新兴的边缘学科——生物无机化学的研究范畴，作为药物或营养性添加剂的应用则始于 20 世纪 80 年代。美国等发达国家以蛋氨酸、赖氨酸等单体氨基酸为原料合成氨基酸微量元素配合物，或以大豆蛋白为主要原料制备矿物元素蛋白盐，目前在食品、医药、饲料和肥料等多方面应用。我国对氨基酸微量元素配合物的研究始于饲料行业，作为饲料添加剂的研制列入国家"八五"、"九五"攻关项目，利用食品、发酵行业的废弃物或副产物，如羽毛、饼粕、啤酒废酵母、鱼粉加工厂废水等生产氨基酸或小肽，进而合成微量元素螯合物。这样既有效地开发利用了蛋白质资源，改善了环境，又降低了产品生产成本，为产业化创造了条件。

1.4　矿物元素氨基酸螯合物及其性质

1.4.1　有机矿物元素分类及其概念

有机矿物元素可分为金属配合物(配位化合物)和螯合物两类。金属配合物是由一个中心离子(或原子),如 Fe^{2+}、Cu^{2+}、Zn^{2+} 和配位体以共价键相结合所形成的复杂离子或分子。配位剂有蛋白质、氨基酸、糖、有机酸等天然有机物。配位体是指那些含有可提供孤对电子原子的分子,有机分子中的 N、O、S 都可以提供孤对电子,这些配体可与金属离子发生配位作用,从而形成配合物。螯合物是一种特殊的配合物,它是指一个或多个基团与一个金属离子进行配位反应而生成的具有环状结构的配合物。螯合物也称作内配合物,其环状结构导致其化学稳定性强于配合物。

根据 2001 年美国饲料管理官员协会(Association of American Feed Control Officials,AAFCO)有关微量元素的定义,有机微量元素化合物可分成以下五类。

(1)金属氨基酸配合物(metal amino acid complex)是由可溶性金属盐与某种或几种氨基酸形成的配位产物,由一种矿物质(如 Ca、mg、Se)与有机物以化学键结合而成,但其结合的稳定程度不如金属氨基酸螯合物和金属蛋白盐。常用的配合物有氨基酸、小肽等。

(2)金属氨基酸化合物(metal amino acid compounds)是由可溶性金属盐与一种特定氨基酸按 1∶1 物质的量比形成的化合产物,如赖氨酸铜配合物。

(3)金属氨基酸螯合物(metal amino acid chelate)是由可溶性金属盐与氨基酸按(1∶1)~(1∶3)(最好为 1∶2)物质的量比以共价键结合而成的螯合产物。其中水解氨基酸的平均分子质量约为 150 Da[①],所形成的螯合物分子质量不超过 800 Da。但也有认为金属氨基酸螯合物的真正定义为由元素周期表中的第一过渡区元素(Cr、Mn、Fe、Co、Ni、Cu、Zn)与氨基酸共价结合形成的一种稳定的、电中性环状结构的螯合物[5]。

(4)金属蛋白盐(metal proteinate)是由可溶性金属盐与部分水解的蛋白质螯合而成的产物。也有定义为由元素周期表上第一过渡区的元素与氨基酸或短肽形成的一种 pH 稳定的、电中性的开环结构。

(5)金属多糖配合物(metal polysaccharide complex)是由可溶性金属盐与多糖溶液形成的配合物。

螯合物的一个中心离子可与多个氨基酸成环形,形成的环越多,螯合物的稳定性就越好,常见的螯环有五元环和六元环:五元环由 α-氨基酸组成,六元环由 β-氨基酸螯合物组成。位于具有五元环或六元环螯合物中心的金属离子可以通过小肠绒毛刷状缘被吸收,而且所有的螯合物都能以氨基酸或肽的形式被吸收。

1.4.2　配合物和螯合物

由一定数量的可以提供孤对电子或 π 电子的离子或分子(统称配体),与可以接受孤

---

① 1 Da=$1.660\,54 \times 10^{-27}$ kg,道尔顿。

对电子或 π 电子的原子或离子(统称中心原子)以配位键结合形成的具有一定组成和空间构型的化合物，称为配合物(complex)。

而螯合物(chelate)是配合物的一种特殊形式，是指同一配位体中有两个或两个以上的配位原子或离子与同一中心离子(金属离子)通过配位反应所形成的环状结构的化合物。如甘氨酸螯合铁结构，两个甘氨酸分子中的氨基和羧基中的氮、氧原子与 Fe^{2+} 螯合形成了具有两个五原子环的螯合物。一般而言，五原子环、六原子环的稳定性大于四、七原子环。

根据美国饲料管理官员协会(1989 年)的定义性规定：来自可溶性金属盐的金属离子与氨基酸按 1 mol 金属与 1～3 mol 氨基酸的比例反应形成的配位共价化合物即金属氨基酸螯合物(metal amino acid chelate)。随后，美国饲料检测局(1996 年)明确定义了微量元素氨基酸螯合物的概念：由某种可溶性金属元素离子，同氨基酸按一定比例以共价键结合而成。水解氨基酸的平均分子质量为 150 Da 左右，生成的螯合物的分子质量不超过 800 Da。常见氨基酸螯合物产品见图 1.1。

甘氨酸锌　　　　　甘氨酸锰　　　　　甘氨酸铁　　　　　甘氨酸铜

蛋氨酸铁　　　　　蛋氨酸钴 (5%Co)　　　　　蛋氨酸铬

图 1.1　氨基酸螯合物产品图

从化学结构方面看，当一种金属离子与一种电子供体结合时，如果与金属结合的物质含有两个或多个给电子基团，形成了一个或更多的环，则为螯合物，即金属与单个氨配位生成配合物时将单个氨换成有机多元胺，由于有机多元胺的碱或氮原子处于碳骨架的适当位置，可使其与金属在配位过程中建立起五元或六元螯合环。金属离子与氨基酸之间形成的两种键使该化合物整个分子构成了五元环，属于化学稳定性及生化稳定性极好的螯合结构。其中二价阳离子如锌、铜、铁、钴和锰等是动物体内必需的微量元素，它们常会与富含电子对的氧、氮或硫原子配对，形成介于离子与配位键之间的螯合化合物，而动物体必需的中性氨基酸类分子中又含有这种氧、氮、硫原子，动物摄入这种化合物同时带入两种营养物质。因此，从化学结构角度认为这种化合物应当是较理想的饲料添加剂。

常作为螯合物中心离子的有铜、铁、锌、锰、铬、钴等金属离子，蛋氨酸、赖氨酸和甘氨酸等常见于配位体(为什么选择这三种氨基酸作为配位体？)，中心离子同配体的氨基酸按一定的比例以共价键结合。金属离子与氨基酸分子通过配位键结合后生成稳定的螯合物，不仅缓解了矿物质之间的拮抗作用，而且在消化过程中减少了 pH、脂类、纤维、胃酸等物质对金属离子吸收和利用的干扰。螯合物的内配盐结构比配离子更稳定，难溶于水(如 Cu-Met，38.2 μmol)，而易溶于小肠液中。

1.4.3 螯合物的稳定性

1. 螯合率

螯合率是指有机微量元素产品中螯合元素量占总元素量的比例。在螯合物的实际应用中，人们经常把"螯合率"看作一种反应得率。检测螯合率的方法目前有两种，一种是国标 GB/T 13080.2—2005 中运用凝胶色谱法进行检测，通过将氨基酸螯合物试样在水中加热、离心后，分成沉淀和溶液两部分。溶液中所含的可溶性氨基酸螯合物及金属离子经过凝胶分离，在规定条件下洗脱，金属离子形成氢氧化物沉淀，固定在凝胶柱顶端无法洗脱；可溶性氨基酸螯合物则可通过配体氨基酸的携带从凝胶柱上洗脱下来，实现与金属离子的分离；可溶性氨基酸螯合物洗脱分离完成后，加入 EDTA 溶液洗脱，使金属离子从色谱柱上洗脱。用原子吸收光谱法测定沉淀态氨基酸螯合物、可溶性氨基酸螯合物及金属离子的含量，分别计算出沉淀态氨基酸螯合物、可溶性氨基酸螯合物占金属元素总量的比例，即可计算出相应的氨基酸螯合物的螯合率。但是这种检测方法在实际生产应用中的结果极不稳定，容易出现同一批样品多次检测结果不一致的现象。另一种检测方法就是采用甘氨酸亚铁国标中检测甘氨酸法，因为某一种特异性氨基酸螯合物中只存在一种氨基酸，如甘氨酸亚铁中只存在甘氨酸，因此可以通过检测总甘氨酸和游离甘氨酸的含量，间接折算出螯合率。此种方法简单易行，准确性高，适合饲料企业实验室操作。事实上，"螯合率"概念的提出是不充分的，因为在不考虑螯合物稳定程度的情况下，配位体螯合金属离子的反应很容易发生，只要是混合配位体和金属离子的溶液就可以实现螯合。但是，衡量螯合是否很"彻底"，应以螯合物的稳定常数来表示。螯合物稳定常数是有条件的，也称为"条件稳定常数"。

在动物消化道中矿物金属元素离子与氨基酸类物质常常形成 1:1(物质的量比)的螯合物，由于这种配比的不稳定(H^+和强配位体的影响)，金属离子可以与其他非氨基酸配合物(如植酸、草酸、磷酸)形成稳定而"无效"的螯合物，不容易被动物吸收利用。矿物元素离子被封闭在螯合物的螯环内，性质较为稳定，极大地降低了对饲料中添加的维生素的氧化作用，对维生素 A、维生素 C 的破坏作用明显小于无机矿物盐；螯合物保护了矿物元素不被植酸夺走并排出体外，避免了与消化道内大量二价钙离子的拮抗作用，使金属矿物元素顺利到达吸收部位，相对地改善了矿物元素在机体内的存留和释放利用，而消化吸收和动员利用速度都大大提高。

氨基酸螯合物稳定常数适中，有一定抗酸能力，能克服植酸不利影响，有利于消化吸收。表 1.5 列出了几种常见的氨基酸螯合铁的稳定常数。氨基酸螯合铁的稳定常数均介于 4~10，这利于铁的吸收、运输和利用。植酸与铁结合的稳定常数更高，这也是植物性饲料中铁利用率极低的主要原因。而动物对氨基酸螯合铁的相对分子质量要求范围较宽。动物试验已经证明了甘氨酸铁和蛋氨酸铁的有效性，而它们的相对分子质量分别是 206 和 354。蛋氨酸与矿物元素进行螯合，既能补充饲粮中蛋氨酸的不足，又能提高饲料中矿物元素的利用率。另外，当动物处于特殊生理时期时(如初生时)，可以以"胞饮"的方式吸收动物自身合成的大分子物质(如乳铁蛋白，相对分子质量达到 80 kDa)，这为氨基酸螯合铁的实际应用提供了又一理论基础。

表 1.5　常见矿物元素氨基酸螯合物的稳定常数[$\lg K_1$ 或 $\lg(K_1 \cdot K_2)$]

配位体名称	金属元素	$\lg K_1$	$\lg(K_1 \cdot K_2)$
富马酸		≤2	
赖氨酸		≤4	
甘氨酸	Fe	4.3	7.8
蛋氨酸		3.24	6.7
甘氨酸		8.22	15.6
蛋氨酸	Cu		14.7
富马酸		2.51	
甘氨酸		3.44	6.63
富马酸	Mn	0.99	
赖氨酸		2.18	
蛋氨酸		≤2	
甘氨酸	Zn	5.16, 5.52	9.96
蛋氨酸		4.38	
甘氨酸		5.23	9.25
亮氨酸	Co	4.9	8.25
组氨酸		7.3	11.6
蛋氨酸			7.9

2. 螯合强度

配合物的稳定常数(或者称螯合强度)是用来反映配合物稳定性的参数。稳定常数小于 10 为弱配位，大于 100 为强配位，10～100 为中度配位，大于 1000 为极强配位(如 EDTA)。在一定范围内，螯合强度越强，金属配合物的可溶性和生物利用率越高。一般有机酸盐属于弱配位，氨基酸类配位剂属于中强配位。配位越强，吸收越好，但吸收好并不等于利用好，中度配位利用率最好。配体与金属离子结合一般遵循软硬酸碱理论，可以判断配合物的稳定性和反应机理的解释，反应规律为"硬酸优先与硬碱结合，软酸优先与软碱结合"。

3. 稳定性评价

离子半径越小、电荷数越高，螯合物就越稳定，常见螯合物的稳定性按照金属离子的排列依次为：$Fe^{3+} > Cu^{2+} > Zn^{2+} > Fe^{2+} > Mn^{2+}$。螯合物不溶于甲醇，非螯合的氨基酸和无机盐溶于甲醇。因此常用甲醇对样品进行萃取，分离出螯合物沉淀，取上清液加双硫腙显色来鉴别金属离子。氨基酸含量的检测则常先在提纯后的螯合物中加入 Na_2S，使金属离子与之反应形成沉淀且释放出氨基酸后，用茚三酮显色鉴别氨基酸，并用甲醛法滴定或定氮法测定氨基酸含量。螯合率测定方法是用甲醇萃取样品，将沉淀用酸分解后测定其中金属离子的浓度（$C_{沉淀}$）。螯合度（率）=$C_{沉淀}÷C_{总}×100\%$，螯合率≥90%视为优质的产品。详细的测定方法参见 GB/T 13080.2—2005《蛋氨酸铁(铜、锰、锌)螯合率的测定凝胶过滤色谱法》。

1.4.4 矿物元素氨基酸螯合物的安全性

机体中众多的矿物元素并非都是必需的，必需元素的标准是缺乏时会影响代谢功能，对机体产生不良影响；通过日粮补充该元素后，可消除不良影响。动物的健康组织中均含有必需矿物元素，且含量与动物种类无关。

矿物元素的营养过量会对机体产生毒性，若机体不能抑制该元素的沉积或承担代谢负担，则会导致动物死亡。这表明维持机体正常生长、繁殖、健康需要营养素平衡，但药理剂量营养的作用不在此范畴。必需营养素的摄入和代谢有关，过量或不足均可导致动物死亡，缺乏到中毒之间的剂量范围因营养素不同而有差别。

动物在摄入矿物元素氨基酸螯合物时，同时摄入了动物所必需而饲料中往往缺乏的两种营养物质——矿物元素和氨基酸，因而具有双重营养作用。研究证明，矿物元素氨基酸螯合物的半致死量远远大于无机盐，毒副作用小，安全性好。

1.5　矿物元素氨基酸螯合物的营养吸收和生理作用特点

1.5.1 矿物元素氨基酸螯合物的营养吸收特点

动物利用矿物元素的基本过程为：采食→溶解→吸收→代谢→沉积。动物从饲料中摄取到足够量的矿物元素受到多种因素的影响，包括矿物元素的化学形态、饲料加工工艺及其生物利用效率。以锌为例，一般畜禽饲料中锌的添加量即使达到甚至超出了畜禽的需要量，动物却仍然会出现锌缺乏症。这是因为谷物、麸皮等外壳中含有的植酸类物质易与锌形成动物机体不能吸收的螯合物，导致动物出现缺锌症状，如羽毛无光泽和皮炎。研究表明，饲粮中与植酸形成螯合物的锌高达 70%。在动物体内，由于氨基酸与微量元素形成活性分子，故矿物元素氨基酸螯合物被动物摄入后，可能直接由肠道消化吸收，这是矿物元素氨基酸螯合物吸收快的可能原因之一。而一般无机矿物元素和有机配合物在被生物体摄入后，必须借助于一系列吸收转运蛋白作用才能被机体利用。过渡元素在消化过程中的化学变化是非常复杂的，影响的因素也很多。其中溶解度对过渡元素的吸收有重要影响，而消化道中的 pH 和氧化还原电势等也影响过渡元素的溶解。过渡元素在 pH 较低的胃内可溶解，当 pH 达到中性时则不溶。在体内中性环境下，蛋白质分解产物如氨基酸和肽等，与过渡元素形成可溶性螯合物，因而避免不溶物带来的弊病。同时，过渡元素与氨基酸这种结构使分子内电荷趋于中性，不影响肠胃内 pH，因而吸收率高，又不损害肠胃，容易被小肠黏膜吸收入血液，供给周身细胞需要。以前使用的阳性金属离子很难通过富含负电荷的肠壁内膜细胞，故其利用率低。而今使用的矿物元素氨基酸螯合物，特别是锌离子与蛋氨酸分子以 1∶1 比例形成的螯合物，不仅极易被生物体组织吸收，而且被机体吸收后又易释放金属离子，因此分配和利用效率更高。

研究表明，位于具有五元环或六元环螯合物中心的金属离子，可以直接通过小肠绒毛刷状缘。从另一角度讲，细胞膜是由蛋白质和类脂组成，它是细胞内外环境的天然屏障。如铁离子要穿过细胞膜，需要一种载体分子与之结合起来，形成一种有机的疏水性表面，才能穿过细胞膜。矿物元素氨基酸螯合物作为体内生化过程的中间产物，对机体很少产生不良作用，既可提供动物机体所需要的氨基酸，又能提供其所需的各种矿物元素，而且毒性低，安全性好，无刺激作用。此外，氨基酸螯合物仍保留氨基酸的特有风味，能提高饲料的适口性，刺激动物食欲，而无机盐产品含较浓的金属味，影响采食量。

1.5.2　矿物元素配合物在动物体内的吸收机制假说

目前关于氨基酸促进矿物元素吸收利用的机理主要概括为以下三种观点：第一，氨基酸对肠腔内 pH 起缓冲作用，可延缓小肠内容物 pH 的升高；第二，氨基酸可与矿物元素形成螯合物；第三，氨基酸刺激了特定或非特定的肠道转运系统。但相关机理还需进一步探讨。

关于有机微量元素的吸收机制处于探索阶段，迄今所查阅的文献中鲜见这方面的研究报道。据推测，有机态微量元素的生物学活性高于其无机态，可能是由于有机态微量元素在消化道内能避免抗营养因子的干扰，使之能够高效或完整吸收[6]，且(或)吸收后的有机态微量元素在体组织细胞中的代谢途径和作用机理与无机态微量元素不同[7]，但至今尚无直接的试验证据。由于消化道是一个十分复杂的动态变化体系，给不同形态微量元素的代谢机理研究带来很大困难，有关有机微量元素吸收机理的假说有如下两种。

1. 完整吸收假说

Ashmead[6]提出，金属氨基酸配合物和其蛋白盐利用肽和氨基酸的吸收机制被完整吸收，而并非小肠中普通金属的吸收机制(图 1.2)。此观点的核心是金属离子以共价键和离子键与氨基酸或小肽的配位体键合，被保护在配合物的核心，并且金属配合物以整体的形式穿过黏膜细胞膜、黏膜细胞和基底细胞膜进入血液。

Koike 等[8]发现双标记 Zn-EDTA 配合物中的 ^{65}Zn 和 ^{14}C 在雏鸡血液中的含量等比例，推断 Zn-EDTA 配合物可完整吸收。Evans 等[9]提出，锌必须和胰腺分泌的相对分子质量小的蛋白配体(二肽)形成配合物才能被动物吸收。体外试验和原位试验也表明，当存在大量的半胱氨酸和组氨酸时，它们可与锌生成稳定的配合物，因此可大大增加小肠对锌的吸收和运输[10]。Wapnir 等[11]通过在体内灌注大鼠回肠肠段，发现组氨酸是锌-组氨酸配合物吸收的竞争抑制剂，所以提出按 2∶1 比例组成的锌-组氨酸配合物的肠道转运机制与组氨酸相同。Ashmead 等[12]的试验结果表明，大鼠分离肠段对蛋白质螯合铜的吸收率是硫酸铜的 4 倍。Lowe 等[13]报道，狗口服蛋氨酸锌的吸收率与氨基酸相似，说明蛋氨酸锌可能以完整形式吸收进入肠上皮细胞，并以完整肽的形式进入循环系统。Yu 等[14]在试验中发现，随着配位强度的增加，十二指肠对锌的吸收率也呈增加趋势，说明如果

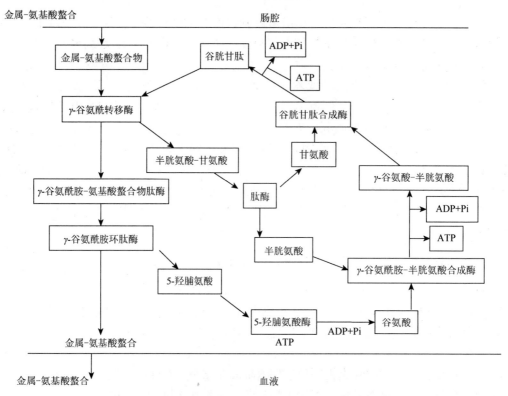

图 1.2　金属-氨基酸螯合物在消化道完整吸收的假说[6]

不是完整吸收，就不会产生上述结果。但是，Hill 等[15]研究发现，双标记蛋氨酸锌螯合物的 ⁶⁵Zn 和 ¹⁴C 在大鼠外翻肠囊中的吸收不成比例，因此他们认为氨基酸锌螯合物不能被完整吸收，在肠囊培养物中添加氯化锌、蛋氨酸锌和赖氨酸锌的结果表明，有机锌和无机锌的生物学效价相似。出现上述结果不一致的原因可能与试验方法、所用试验动物的种类、所处的生理状态和不同元素吸收特性的差异有关。

　　由于缺乏配位态元素的有效检测方法，以及对动物食糜的非稳态和肠腔主要参数(如 pH 和食糜通过率)的认知，使得研究有机微量元素的吸收机制非常困难。目前尚无直接的试验证据可以证实微量元素配合物或其蛋白盐能以整体形式，通过与氨基酸或肽的吸收相同的机制被吸收。

　　2. 竞争吸收假说

　　这种观点认为，微量元素氨基酸配合物和其蛋白盐并非必须以整体和电中性形式，才能被有效地吸收。金属配合物中微量元素的吸收高可以用竞争吸收机制来解释[6]。配位程度适宜的有机微量元素进入消化道后，可以防止金属元素在肠道变成不溶性化合物或被吸附在阻碍元素吸收的不溶性胶体上，而直接到达小肠刷状缘，并在吸收位点处发生水解，其中的金属以离子形式进入肠上皮细胞并被吸收入血，因此提高了金属离子的吸收效率。

　　以氨基酸铁为例，此假说认为肠腔内的氨基酸铁具有足够的稳定常数，可以避免肠腔中沉淀剂对氨基酸铁中铁的影响。氨基酸铁螯合物在肠上皮吸收位点处水解，释放出

的 Fe^{2+} 经主动转运至上皮细胞的刷状缘，再与脱铁蛋白结合，完成肠上皮细胞到血液中 Fe^{2+} 的运输。此观点强调的是有机微量元素到达吸收部位的量比无机形态的多。具体机制见图 1.3。

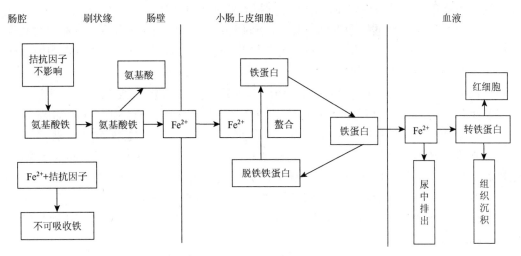

图 1.3　以氨基酸铁为例的竞争吸收假说[6]

Layrisse 和 Martlnez-Torres[16] 及 Martinez-Torres 等[17] 发现，动物消化道对硫酸亚铁的吸收明显受到植酸的抑制作用，但对 EDTA-Fe 的吸收却很少受到植酸的抑制作用。在饮食中添加氨基酸铁和硫酸亚铁增强剂后，人体对氨基酸铁的吸收明显高于硫酸亚铁；但同时加入植酸酶后，两者的铁吸收率都明显提高。这说明，日粮中的亚铁螯合物能部分抑制植酸对铁离子吸收的抑制作用；部分亚铁螯合物中的铁可能离解成亚铁离子后被动物胃肠道吸收。Aoyagi 和 Barker[18] 发现，氨基酸铜配合物和无机盐对吸收抑制剂的反应不同，在雏鸡饲粮中分别添加蛋氨酸铜、赖氨酸铜和氯化铜，结果表明配位剂可部分减轻 L-半胱氨酸和 L-抗坏血酸对铜吸收的抑制作用。Powell 等[19] 提出，如果配位体大量存在并能有力地与黏液竞争金属，将促进金属通过黏液层障碍。另外，有机微量元素的螯合作用减少了微量元素本身与肠道内其他营养成分结合的机会。Layrisse 等[20] 发现在人的早餐中添加铁增强剂，甘氨酸铁的吸收是硫酸亚铁的两倍。日粮中的甘氨酸铁的化学结构能抑制植酸与铁相互作用，促进其被胃肠道吸收。

综上所述，目前所查阅到的试验报道仅能间接表明有机微量元素的吸收途径可能与无机形态不同，尚无直接的试验证据证明哪一种假说更符合有机微量元素在肠道内的吸收情况。因此，对有机微量元素吸收机制的阐明还需要大量深入的研究，以寻找直接的试验证据。

1.5.3　矿物元素氨基酸螯合物生理作用特点

一般的矿物元素无机盐及简单的有机盐在被动物摄入后，必须借助于辅酶与氨基酸或其他物质形成螯(配)合物后，才能被机体吸收。吸收后矿物元素在血液中与某些蛋白质结合被运输到机体所需部位，才发挥功效。矿物元素氨基酸螯合物不仅吸收快，而且可以简化许多生化过程，节约体内能量消耗；矿物元素氨基酸螯合物是机体吸收金属离子的主要形式，又是动物体内合成蛋白质过程中的中间物质，因此矿物元素氨基酸螯合物符合动物原始吸收模式，具有较高的生物学效价。韩希福和李家成[21]用蛋氨酸螯合铁、锌、锰、钴喂鱼，糖类和蛋白质消化率分别提高约 20%和 15%。

有研究表明，与硫酸锌(100%)相比，蛋氨酸锌(Zn-Met)的生物学效价在 117%～206%[22]。Wedekind 等[23]指出，有机锌的效价相对于硫酸锌为 206%。周桂莲[4]集中地研究了氨基酸螯合铁的生理营养作用。氨基酸螯合铁的相对生物学效价测定采用公认的斜率比方法，以硫酸亚铁为参比标准物用四种铁营养敏感指标(血红蛋白、血清铁、血清铁蛋白和血清总铁结合力)，测得赖氨酸螯合铁和甘氨酸螯合铁的相对生物学效价分别介于 102%～148%和 103%～147%，各自的综合平均值为 142.3%和 118.5%[4]。螯合铁在吸收、转运和利用方面都优于无机铁盐，在与铁元素和氨基酸等价的混合物相比较时，螯合铁也显示出明显的营养优势，这也正是人们认同螯合物是最佳矿物元素添加剂的原因。体外酶学实验观测到甘氨酸螯合铁对血红素合成酶体系中 σ-氨基 γ-酮戊酸合成酶反馈抑制作用明显，有利于血红素的大量合成[4]，这是甘氨酸铁补铁效果极佳的证据。

矿物元素氨基酸螯合物的消化利用率比无机离子的消化利用率高 130%～280%，这使得利用矿物元素氨基酸螯合物成为了解决过量无机盐造成环境污染的有效办法[24]。而且矿物元素螯合物具有抗氧化、防霉、保护预混料中的维生素等作用，进而提高了维生素的利用率；螯合物还具拟酶结构，可能具有超氧化物歧化酶的抗氧化活性。矿物元素氨基酸螯合物还能够增强抗菌能力，提高免疫反应，缓解应激，提高生产性能。Daniels 给猪饲喂 40 mg/kg 蛋氨酸锌后，人工感染猪痢疾猪死亡率下降。Spears[7]在仔猪出生后 3 天饲喂添加蛋氨酸铁饲料，仔猪死亡率比饲喂添加硫酸亚铁饲料降低 30.4%。Schugcl 指出，在接种、去势、应激、疾病、严酷气候和变更日粮组分时，饲喂蛋氨酸锌对猪有良好作用。李丽立等给哺乳仔猪分别饲喂含复合氨基酸铁、硫酸亚铁+复合氨基酸日粮，猪白痢发病率分别比饲喂硫酸亚铁日粮降低 27.78%和 10.48%[25]。

饲料中添加高铜(每千克饲料中添加 250 mg 硫酸铜)、高锌(每吨饲料中添加 3 kg 氧化锌)可加快猪的生长，减少腹泻，提高饲料利用率。国内外许多养殖场广泛使用添加无机盐形式的高铜和高锌饲料喂猪，铜、锌添加量已经达到或超过猪的最小中毒剂量，大量未被吸收的铜、锌随粪、尿排出体外，不但导致环境污染，而且直接影响动物健康和畜产品的食用安全。研究表明，以 5 mg/kg 剂量向饲料中添加赖氨酸铜，对仔猪日增重和料重比的影响与 250 mg/kg 硫酸铜相比，差异不显著。饲喂 250 mg/kg 蛋氨酸锌的猪生长性能与 2000 mg/kg 氧化锌的效果相当，并减少了粪便中铜、锌的含量，减少了对环境的污染。

1.6　问题与展望

二十多年的研究表明，氨基酸配合物具有化学性能稳定、生物学效价高、无毒无刺激性、适口性好、增强畜禽免疫功能、改善畜禽生长性能等特性，氨基酸配合物对维生素和抗生素的活性成分影响很小，还可减少与其他矿物元素的拮抗，提高动物抗应激能力。动物试验表明，在使用了含矿物元素氨基酸配合物的饲料后，动物生长速度加快、繁殖力提高、饲料转化效率改善，并且表现出诸如皮毛光亮、皮肤红润、肉色鲜红、精液品质高、性成熟早等一系列特点，避免了无机矿物元素之间的拮抗，解决了无机元素吸收率低的问题，而且对环境污染小，能明显促进动物生长、提高生产性能，经济效益好。

因此，矿物元素氨基酸螯合物作为一种新型、高效、环保型营养添加剂，是近代动物营养学研究的亮点之一，得到了广泛运用。研究人员应对矿物元素氨基酸螯合物的应用进行符合生理特点的调控，进一步研制具有生理调控功能、强化营养素作用和理化性质稳定的功能性有机矿物元素添加剂，使得其功能得到充分的发挥及广泛的运用，达到高效率、低成本的应用效果。诸多研究表明，矿物元素氨基酸螯合物可提高矿物元素吸收率，减少饲喂量，而以矿物元素氨基酸螯合物取代硫酸盐，则可大大节约资源，降低排泄物中矿物元素或重金属元素对环境的污染；矿物元素氨基酸螯合物还可缓解仔猪应激、增强机体抗氧化能力，从而减少脂质过氧化，改善肉质，提高畜禽产品质量，在保护环境、可持续农业发展方面起到了积极的作用，它将对我国饲料工业和养殖业的发展产生巨大的推动作用。

1.6.1　存在的问题

近年来，有机微量元素在国内饲料行业的应用日益增加，但矿物元素氨基酸螯合物在实际应用中还存在一些问题。

(1)概念界定不清。有机微量元素概念本身比较宽泛，目前国内外所指的有机微量元素实际化学名称为"矿物配合物"。但是很多饲料企业和养殖企业技术人员对有机微量元素概念的认识依然不明确，比如将碱式氯化盐、氨基酸微量元素混合物等产品也当作有机微量元素。这类现状与生产厂家的宣传误导有很大关系。

(2)质量标准不统一、产品质量难以准确判定。针对目前市场上众多的有机微量元素产品，如何进行有效评估和筛选，成为众多已用和想用有机微量元素产品的饲料企业最为头疼的问题。就产品标准而言，目前现状是：①有些产品没有相应的国家标准，企业标准检测方法不一致。②某些产品的国家标准不为行业所认同。③产品更新换代快，已建立的方法可能不能满足新产品检测需要。

(3)配套应用技术缺乏。国内饲料企业对于无机微量元素都是在 NRC 或国家标准基础上大幅度加量添加，最高水平可达到与国家限制上限一致。有机微量元素在国内的应用时间还不长，需要生产厂家提供相应的配套应用技术给予指导，才能达到理想的使用效果。影响有机微量元素应用效果的因素很多，其中最佳螯合物的结构、添加量不是很清楚，需要进一步研究。但是，很多生产厂家鉴于大批量动物试验的成本压力，无法获得和提供适合自身产品的配套应用技术，从而也导致有机微量元素使用效果众说纷纭。

(4)代谢机理研究不够深入。矿物元素氨基酸螯合物在动物体内的吸收机制及代谢原理仍有待于进一步研究证实，从而为开发更好的添加剂提供理论依据。由于影响矿物元素氨基酸螯合物作用效果的因素很多，接下来需要针对矿物元素氨基酸螯合物与无机矿物元素能否合用及其搭配比例、针对不同畜禽机体的最佳螯合物结构形式以及不同生理阶段和生理状态的最适宜添加量等问题进行深入研究。

（5）产品市场价格偏高。成本居高不下制约了有机微量元素的应用和推广，因此需要改进产品生产工艺，降低生产成本。

1.6.2　发展趋势

1. 有机微量元素将逐步取代无机微量元素

2011 年 10 月 13 日，农业部发布了《饲料工业"十二五"发展规划》（简称《规划》），明确了饲料工业今后的主要任务，其中提到了要"发展优质安全高效饲料产品"，包含"开发新型饲料添加剂产品"和"推广安全环保型饲料产品"。《规划》强调要加强有机微量元素等新型饲料添加剂的开发、生产和应用，研究开发低微量元素排放饲料配方技术，推广环保型饲料产品，促进养殖污染物减排。由此可推断"十二五"期间发展优质安全高效产品，研究开发低微量元素排放配方技术，将是微量元素添加剂的发展方向。随着有机微量元素添加成本的降低，有机微量元素必将逐步取代无机微量元素。

2. 复合矿将成为未来的趋势

专业化和精细化是这个时代的需求，饲料企业经过几十年的发展，逐步向集团化和规模化发展。农业部通过对饲料企业硬件和软件的生产许可要求，不断提高饲料企业的门槛，要求饲料企业提高自身的生产能力和检测水平。在农业部和市场的双重压力之下，企业只能不断地聚焦专业分工与合作。我国无机微量元素存在诸多的问题，饲料中的微量元素以几十种不同的无机和有机单体形式存在，如果逐一进行评估，势必会增加饲料企业大量的人力和物力的投入，而不评估会增加饲料的安全和稳定的风险。在此情况之下，定制复合矿将成为一种最有效也最安全的解决方案。

参 考 文 献

[1]　杨凤. 动物营养学. 第二版. 北京：中国农业出版社，2001.

[2]　张乔生. 饲料添加剂大全. 北京：北京工业大学出版社，1994.

[3]　Ashmead D. Prevention of baby pig anemia with amino acid chelates. Vet. Med. Small. Anim. Clin.，1975，70：607-610.

[4]　周桂莲. 氨基酸螯合铁的营养作用机理和相对生物学效价. 哈尔滨：东北农业大学博士学位论文，2000.

[5]　邝声耀. 有机微量元素应用研究. 中国饲料，2003，21：10-11.

[6]　Ashmead H D. Comparative intestinal absorption and subsequent metabolism of metal amino acid chelates and inorganic metal salts//Ashmead H D. The Roles of Amino Acid Chelates in Animal Nutrition. Park Ridge，NJ：Noyes Publications，1993：47-75.

[7]　Spears J. Zinc methionine for ruminants：relative bioavailability of zinc in lambs and effects of growth and performance of growing heifers. Journal of Animal Science，1989，67：835-843.

[8]　Koike T I，Kratzer F，Vohra P. Intestinal absorption of zinc or calcium-ethylenediaminetetraacetic acid complexes in chickens. Experimental Biology and Medicine，1964，117：483-486.

[9]　Evans G，Grace C，Votava H. A proposed mechanism of zinc absorption in the rat. The American Journal of Physiology，1975，228：501-505.

[10]　Kirchgessner M，Weigand E. Zinc absorption and excretion in relation to nutrition. NY and Basel，1983，15：319-361.

[11]　Wapnir R A，Khani D E，Bayne M A，et al. Absorption of zinc by the rat ileum：effects of histidine and other low-molecular-weight ligands. The Journal of Nutrition，1983，113：1346-1354.

[12] Ashmead H D, Graff D J, Ashmead H H. Intestinal Absorption of Metal Ions and Chelates. Springfield: C. C. Thomas, 1985.

[13] Lowe J A, Wiseman J, Cole D. Absorption and retention of zinc when administered as an amino-acid chelate in the dog. The Journal of Nutrition, 1994, 124: 2572S-2574S.

[14] Yu Y, Lu L, Wang R, et al. Effects of zinc source and phytate on zinc absorption by in situ ligated intestinal loops of broilers. Poultry Science, 2010, 89: 2157-2165.

[15] Hill D, Peo E Jr, Lewis A. Influence of picolinic acid on the uptake of zinc-amino acid complexes by the everted rat gut. Journal of Animal Science, 1987, 65: 173-178.

[16] Layrisse M, MartInez-Torres C. Fe(III)-EDTA complex as iron fortification. The American Journal of Clinical Nutrition, 1977, 30: 1166-1174.

[17] Martinez-Torres C, Romano E L, Renzi M, et al. Fe(III)-EDTA complex as iron fortification. Further studies. The American Journal of Clinical Nutrition, 1979, 32: 809-816.

[18] Aoyagi S, Baker D H. Copper-amino acid complexes are partially protected against inhibitory effects of L-cysteine and L-ascorbic acid on copper absorption in chicks. The Journal of Nutrition, 1994, 124: 388-395.

[19] Powell J, Jugdaohsingh R, Thompson R. The regulation of mineral absorption in the gastrointestinal tract. Proceedings of the Nutrition Society, 1999, 58: 147-153.

[20] Layrisse M, García-Casal M N, Solano L, et al. Iron bioavailability in humans from breakfasts enriched with iron bis-glycine chelate, phytates and polyphenols. The Journal of Nutrition, 2000, 130: 2195-2199.

[21] 韩希福, 李家成. 氨基酸-金属螯合物添加剂对虹鳟幼鱼生长的影响. 河北渔业, 1994, 6: 7-9.

[22] Wedekind K, Baker D. Zinc bioavailability in feed-grade sources of zinc. Journal of Animal Science, 1990, 68: 684-689.

[23] Wedekind K, Collings G, Hancock J, et al. The bioavailability of zinc-methionine relative to zinc sulfate is affected by calcium level. Poultry Science, 1994, 73: 114.

[24] Creech B, Spears J, Flowers W, et al. Effect of dietary trace mineral concentration and source(inorganic vs. chelated) on performance, mineral status, and fecal mineral excretion in pigs from weaning through finishing. Journal of Animal Science, 2004, 82: 2140-2147.

[25] 李丽立, 张彬, 邢廷铣, 等. 复合氨基酸铁对哺乳仔猪生长发育及部分生理生化指标影响的研究. 动物营养学报, 1995, 7(3): 32-39.

第2章　矿物元素配合物的原料选择及其要求

2.1　矿物元素配合物的原料选择

2.1.1　矿物元素配合物的原料概述

2.1.1.1　微量元素无机盐添加剂

多年来，饲料中微量元素营养都是由传统无机盐来提供，如硫酸铁、硫酸锌等，通常称为第一代微量元素添加剂。选择矿物元素用作添加剂时，应从其生物利用率、价格、来源、有毒元素含量等方面综合考虑。

生物利用率作为矿物元素添加剂选择的一个重要因素，对所选原料配制而成的添加剂能否满足畜禽营养需要具有重要作用，因此，优先选择生物利用率高的化合物。同一元素，因其化合物不同其生物利用率差别很大。如铁和硒的原料，$FeSO_4$ 中铁元素的生物利用率为 100%，$FeCl_2$ 和 Fe_2O_3 的相对生物利用率分别为 98%和 44%；Na_2SeO_3 中硒的生物利用率为 100%，而 Na_2SeO_4 和 Na_2Se 的相对生物利用率分别为 89%和 42%，等等。

此类饲料添加剂多数应用氧化物和硫酸盐。一般情况下，硫酸盐的吸收率高，氧化物中除锰和锌的氧化物有较好的吸收率外，其他氧化物几乎不能被动物利用，应用较少[1, 2]。

2.1.1.2　微量元素简单有机酸盐

微量元素简单有机酸盐即第二代微量元素添加剂，如富马酸亚铁、柠檬酸锌等。微量元素简单有机酸盐的原料多选择简单有机酸和硫酸盐(或氧化物)，如富马酸亚铁的合成原料为富马酸和硫酸亚铁，柠檬酸锌的合成原料为柠檬酸和硫酸锌(或氧化锌)等。由于氨基酸原料来源单一，质量稳定，故本章重点介绍金属盐的选择。

2.1.2　饲用矿物元素配合物的原料选择

微量元素氨基酸螯合物，被称为第三代微量元素添加剂。作为新一代微量元素–氨基酸营养性添加剂，它将动物必需的营养物质矿物元素和氨基酸有机结合，在为动物补充矿物元素的同时提供氨基酸。因此，矿物元素配合物的原料选择主要为金属盐和氨基酸配体的选择。

2.1.2.1　金属盐的选择

矿物元素配合物原料多数应用硫酸盐。因为硫酸盐在水溶液中的溶解度高，易解离，易与配体发生螯合反应。氧化物也有不易吸湿和容易处理的特点，有时也可以考虑应用。

1. 硫酸亚铁，ferrous sulfate heptahydrate

七水合硫酸亚铁化学式为 $FeSO_4\cdot7H_2O$，相对分子质量为 278.01，又名绿矾，干燥品为 $FeSO_4\cdot nH_2O$，CAS 号为 7782-63-0。七水合硫酸亚铁经过加热烘干工艺生产的硫酸亚铁，加热烘干的程度不同,硫酸亚铁干燥品中含有不同比例的一水合硫酸亚铁和四水合硫酸亚铁。

1)性状

七水合硫酸亚铁为蓝绿色结晶体,相对密度 1.9,熔点 64℃,在 90℃失去 6 分子结晶水,在空气中逐渐风化并氧化而呈黄褐色,溶于水,不溶于乙醇。

2)合成

(1)生产钛白粉副产法　钛铁矿用硫酸分解制钛白粉时,生成硫酸亚铁和硫酸铁,三价铁用铁丝还原成二价铁。经冷冻结晶可得副产品硫酸亚铁。

$$5H_2SO_4+2FeTiO_3 \longrightarrow 2FeSO_4+TiOSO_4+Ti(SO_4)_2+5H_2O$$

(2)硫酸法　将铁屑溶解于稀硫酸与母液的混合液中,控制反应温度在 80℃以下,否则会析出一水合硫酸亚铁沉淀。反应生成的微酸性硫酸亚铁溶液经澄清除去杂质,然后冷却、离心分离即得浅绿色硫酸亚铁。

$$Fe+H_2SO_4 \longrightarrow FeSO_4+H_2\uparrow$$

3)标准

硫酸亚铁晶体中主要含有的杂质有三价铁盐、铁、硫酸铵等。杂质的引入主要由合成过程中操作不当引起。蒸发结晶过程中,易使二价铁被氧化为三价铁,形成 $Fe_2(SO_4)_3$、$NH_4Fe(SO_4)_2$、$Fe(OH)_3$ 等多种形式的三价铁杂质;铁杂质主要为过滤操作中铁粉漏下引入;在添加 $(NH_4)_2SO_4$ 饱和溶液、蒸发结晶等过程中,均有可能引入硫酸铵杂质。因此,合成过程中应严格要求操作,尽量减少杂质含量。

目前硫酸亚铁主要分为工业级、饲料级和食品级,工业级硫酸亚铁是硫酸法钛白粉生产厂的副产品,外观为果绿色,杂质含量高,产品指标见表 2.1(GB 10531—2006)。工业级硫酸亚铁主要用于制造磁性氧化铁、净水剂、消毒剂等。饲料级硫酸亚铁由工业级烘干脱水制得,表 2.2 为饲料级硫酸亚铁的质量标准(HG/T 2935—2006),标准中没有列出二氧化钛含量指标。

饲料级和食品级硫酸亚铁可用于饲料和食品加工中作为铁的补充剂。在合成亚铁类配合物饲料添加剂(如甘氨酸铁,蛋氨酸铁等)的工艺中多选择食品级或饲料级的硫酸亚铁作为合成原料。食品安全国家标准 GB 29211—2012 中规定了食品添加剂——硫酸亚铁的质量标准,见表 2.3。

表 2.1　工业级硫酸亚铁质量标准

项目指标		工业水处理用	
		I 类	II 类
硫酸亚铁 $FeSO_4 \cdot 7H_2O$ 含量/%	≥	90.0	90.0
二氧化钛(TiO_2)含量/%	≤	0.75	1.00
水不溶物含量/%	≤	0.5	0.5
游离酸(以 H_2SO_4 计)含量/%	≤	1.0	—
砷(As)/%	≤	0.0001	—
铅(Pb)/%	≤	0.0005	—

注:　I 类为饮用水处理用及铁系水处理剂的生产原料用硫酸亚铁,II 类为工业用水、废水和污水处理用硫酸亚铁。

表 2.2　饲料级硫酸亚铁质量标准

项目		指标	
		七水合硫酸亚铁	一水合硫酸亚铁
分子式		$FeSO_4·7H_2O$	$FeSO_4·H_2O$
含量/%	≥	98.0	91.4
Fe 含量/%	≥	19.7	30.0
细度（180 μm 试验筛通过率）	≥	95	—
砷(As)/%	≤	0.0002	0.0002
金属（以铅计)/%	≤	0.002	0.002

表 2.3　食品级硫酸亚铁质量标准

项目		指标	
		七水合硫酸亚铁	硫酸亚铁干燥品
硫酸亚铁含量/%		99.5～104.5（以 $FeSO_4·7H_2O$ 计)	86.0～89.0（以 $FeSO_4$ 计)
铅(Pb)/(mg/kg)	≤	2	
汞(Hg)/(mg/kg)	≤	1	
砷(As)/(mg/kg)	≤	3	
酸不溶物/%	≤	—	0.05

2. 硫酸锌，zinc sulfate heptahydrate

七水合硫酸锌分子式为 $ZnSO_4·7H_2O$，又名皓矾，相对分子质量为 287.56，CAS 号为 7446-20-0。一水合硫酸锌为 $ZnSO_4·H_2O$，相对分子质量为 179.47，CAS 号为 7446-19-7。

1) 性状

常温下七水合硫酸锌为白色颗粒或粉末，正交晶体，有收敛性，是常用的收敛剂，在干燥空气中会风化。加热到 30℃失去 1 分子结晶水，100℃时失去 6 分子结晶水，280℃时失去 7 分子结晶水，767℃时分解成氧化锌和三氧化硫。能溶于水，微溶于乙醇和甘油。需要密闭保存。

一水合硫酸锌为白色流动性粉末，溶于水，微溶于醇，不溶于丙酮。

2) 合成

(1) 在相对密度 1.16 的稀硫酸中缓慢加入锌料，温度控制在 80～90℃，约 2 h 后溶液 pH 达 5.1～5.4，反应完毕，此时溶液相对密度约 1.35；然后加入少量的高锰酸钾或漂白粉，使铁、锰氧化沉淀，过滤弃渣，滤液入置换桶，加入少量锌粉，在 75～90℃下搅拌 40～50 min，置换出铜、铅、镉等重金属杂质。过滤后，滤液再用少量的高锰酸钾或漂白粉氧化，进一步除去少量的铁、锰，过滤得相对密度为 1.28～1.32 的硫酸锌溶液。此溶液冷却后在结晶锅中结晶 2～3 天，分离结晶，甩干后在 40～50℃下烘干得成品。

$$ZnO+H_2SO_4 \longrightarrow ZnSO_4+H_2O$$

(2) 废旧电池法　将电池的锌皮剥下洗净放入烧杯中，剪成小块，加水，加浓硫酸，适当加热。若锌皮溶解完，则补锌皮，一般控制锌皮略过量好操作些。再将硫酸锌溶液加热蒸发，结晶出来的就是七水合硫酸锌，在 120℃下烘干，就得到干燥的成品。

3) 标准

由于受价格的影响，目前国内生产七水合硫酸锌的原料主要集中在工业废物及含锌矿石上，从工业废物和含锌矿石中制备 $ZnSO_4·7H_2O$ 大多是采用硫酸浸取法。在生产过程中除去铜、镉、镍、铁、锰等大部分杂质。

联合国环境规划署 1984 年提出的 12 种危害物质中，镉被列为首位。权威机构的检测数据表明，硫酸锌中镉含量超标的问题存在普遍性，农业部饲料工业中心实验室自 2000 年 1 月至 2002 年 5 月承检的 63 个一水合硫酸锌样品中，约三分之一的样品中镉含量高于 1000 mg/kg。另外，由于样品中 Mn^{2+}、Cu^{2+}、Hg^{2+}、Fe^{3+}、Cd^{2+}、Al^{3+}、Ti^{4+}等重金属离子杂质的干扰，造成硫酸锌的检测结果偏高。因此，针对目前存在的问题，首先，化工企业要加大资金投入，强化生产过程控制，提高产品质量；其次，饲料行政管理部门要加强对原料和饲料产品的抽样检查，并监督饲料生产厂家按照我国现行饲料卫生标准进行生产；最后，进一步改进和完善饲料添加剂硫酸锌的检测方法，为饲料厂家提供准确的检测手段。

硫酸锌主要分为工业级、饲料级和食品级。工业级硫酸锌主要用于化工、化纤、选矿、冶金、电镀及循环冷却水处理等，产品质量标准见表 2.4（按 HG/T 2326—2005）。饲料级硫酸锌可经预处理后，在饲料中作为锌的补充剂使用，其质量标准见表 2.5（按 HG 2934—2000）。在合成锌类配合物饲料添加剂（如甘氨酸锌，赖氨酸锌等）的工艺中多选择工业级或饲料级的硫酸锌作为合成原料。

食品级硫酸锌在食品加工中作为锌的营养强化剂和食品添加剂使用，产品质量标准见表 2.6（按 GB 25579—2010）。

表 2.4　工业级硫酸锌质量标准

项目		指标	
		七水合硫酸锌 $ZnSO_4·7H_2O$	一水合硫酸锌 $ZnSO_4·H_2O$
硫酸锌含量/%	≥	95.0	92
锌含量/%	≥	34.61	20.92
不溶物质量分数/%	≤	0.10	0.10
铁(Fe)含量/%	≤	0.06	0.06
铅(Pb)含量/%	≤	0.01	0.01
镉(Cd)含量/%	≤	0.01	0.01

表 2.5　饲料级硫酸锌质量标准

项目		指标	
		一水合硫酸锌 $ZnSO_4·H_2O$	七水合硫酸锌 $ZnSO_4·7H_2O$
硫酸锌含量/%	≥	94.7	97.3
锌(Zn)含量/%	≥	34.5	22.0
砷(As)含量/%	≤	0.0005	0.0005

项目		指标	
		一水合硫酸锌 $ZnSO_4·H_2O$	七水合硫酸锌 $ZnSO_4·7H_2O$
铅(Pb)含量/%	≤	0.002	0.001
镉(Cd)含量/%	≤	0.003	0.002
细度：通过 250 μm 试验筛	≥	95	—
通过 800 μm 试验筛	≥	—	95

表 2.6　食品级硫酸锌质量标准

项目		指标	
		一水合硫酸锌	七水合硫酸锌
硫酸锌含量/%		99.0～100.5（以 $ZnSO_4·H_2O$ 计）	99.0～108.5（以 $ZnSO_4·7H_2O$ 计）
碱金属和碱土金属盐/%	≤	0.50	
镉(Cd)/(mg/kg)	≤	2	
铅(Pb)/(mg/kg)	≤	4	
汞(Hg)/(mg/kg)	≤	1	
硒(Se)/(mg/kg)	≤	30	
砷(As)/(mg/kg)	≤	3	

3. 硫酸铜，copper sulfate

五水合硫酸铜的分子式为 $CuSO_4·5H_2O$，相对分子质量为 249.68，CAS 号为 7758-99-8，又名胆矾或蓝矾。无水硫酸铜为 $CuSO_4$，相对分子质量为 159.61，CAS 号为 7758-99-7。

1）性状

五水合硫酸铜为天蓝色晶体，水溶液呈弱酸性。无水硫酸铜为亮蓝色不对称三斜晶系结晶或粉末，易溶于水，微溶于甲醇，不溶于无水乙醇。加热到 897～934℃分解成为氧化铜和三氧化硫，在干燥空气中慢慢风化变为白色粉状物，有毒。

2）合成

（1）硫酸法　将铜粉在 600～700℃下进行焙烧，氧化成为氧化铜，再经硫酸分解、澄清除去不溶杂质，经冷却结晶、过滤、干燥，制得硫酸铜成品。

（2）电解液回收法　废电解液（含 Cu 50～60 g/L，H_2SO_4 180～200 g/L）与由经焙烧处理的铜泥制成的细铜粉进行反应，反应液分离沉降后清液经冷却结晶、分离、干燥，制得硫酸铜成品。

（3）回收法　回收氮肥厂合成氨原料气时铜洗塔中醋酸铜铵溶液中的铜化合物沉淀物，在 700℃下焙烧，经氧化成氧化铜后与硫酸反应生成硫酸铜。

（4）化学浓缩结晶法　采用低品位氧化铜矿，粉碎至一定粒度，加入硫酸浸渍，加入溶铜沉铁剂，获得铜铁比大于 100 的硫酸铜溶液，然后加入化学浓缩剂进行浓缩，排走70%～90%的水分，最后经蒸发、冷却结晶、分离、风干，制得硫酸铜成品。

3）标准

Cu 催化 Fe 参与血红素形成，促进早期红细胞的成熟。Cu 参与动物体的成骨过程，与线粒体的胶原代谢和黑色素生成密切相关,参与毛发与羽发的色素沉着和角质化过程,参与酶有关的含 Cu 蛋白的形成。Cu 是许多酶的组分(细胞色素化氧化酶等),二价铜离子是许多酶的特殊激活因子(硫化物氧化酶等),硫酸铜作为 Cu 元素增补剂。

工业级硫酸铜主要用来制取其他铜盐,也用作纺织品媒染剂、农业杀虫剂、杀菌剂,还可用于镀铜。农用硫酸铜的质量标准见表 2.7(GB 437—2009)。饲料级硫酸铜可经预处理后,在饲料中作为铜的补充剂使用,其质量标准见表 2.8(HG 2932—1999)。在合成铜类配合物饲料添加剂(如甘氨酸铜、赖氨酸铜等)的工艺中多选择工业级或饲料级的硫酸铜作为合成原料。国家标准 GB 29210—2012 中的食品级硫酸铜的质量标准见表 2.9(该标准适用于氧化铜与硫酸反应制得的食品添加剂硫酸铜)。

表 2.7　农用硫酸铜质量标准

项目		指标
硫酸铜($CuSO_4 \cdot 5H_2O$)含量/%	≥	98.0
铅(Pb)/(mg/kg)	≤	125
镉(Cd)/(mg/kg)	≤	25
砷(As)/(mg/kg)	≤	25
水不溶物/%	≤	0.2
酸度(以 H_2SO_4 计)/%	≤	0.2

表 2.8　饲料级硫酸铜质量标准

项目		指标
硫酸铜($CuSO_4 \cdot 5H_2O$)含量/%	≥	98.5
铜含量/%	≥	25.06
铅(Pb)/%	≤	0.001
砷(As)/%	≤	0.0004
水不溶物/%	≤	0.2
细度(通过 800 μm 试验筛)/%	≥	95

表 2.9　食品级硫酸铜质量标准

项目		指标
硫酸铜($CuSO_4 \cdot 5H_2O$)含量/%	≥	98.0～102.0
硫化氢不沉淀物/%	≤	0.3
铁(Fe)/%	≤	0.01
铅(Pb)/(mg/kg)	≤	4
砷(As)/(mg/kg)	≤	3

4. 硫酸锰

一水合硫酸锰的分子式为 $MnSO_4 \cdot H_2O$,相对分子质量为 169.02,CAS 号为 10034-96-5。

1)性状

硫酸锰为白色至浅红色细小晶体或粉末,是化学实验室常用的锰(Ⅱ)盐之一,易潮解，需于阴凉、干燥、通风的库房中储存。

2) 合成

(1) 软锰矿法　将软锰矿粉与煤粉以 100∶20(质量比)的配料比混合，在焙烧炉中于 800℃进行还原焙烧，生成氧化锰。于隔绝空气条件下冷却至室温，在 15%～20%稀硫酸中进行酸解，用二氧化锰粉作氧化剂使 $Fe^{2+} \longrightarrow Fe^{3+}$，控制 pH≤5.2，经抽滤，以除去 Fe^{3+}、铝和其他酸不溶物，再静置沉降，进一步除钙杂质。硫酸锰精滤液经蒸发浓缩、结晶、离心分离、热风干燥，制得硫酸锰成品。

(2) 两矿焙烧法　将软锰矿和硫铁矿干燥后分别粉碎，然后配料混合，在 500～600℃下焙烧 0.5～1.0 h，熟料用稀硫酸锰溶液浸取，分离湿渣后进行精滤，再经蒸发、浓缩、离心分离，湿料经干燥、粉碎，制得硫酸锰产品。

(3) 还原浸取法　将软锰矿、硫酸和一定量还原剂混合反应，经熟化，用水浸取，过滤除渣得硫酸锰溶液，再经浓缩、结晶、分离、干燥，制得硫酸锰产品。反应所用还原剂可根据条件，选用硫酸亚铁、黄铁矿、铁屑、淀粉、木屑等均可。目前以硫酸亚铁、黄铁矿应用较多。以黄铁矿为还原剂，用水浸取直接制得硫酸锰溶液。

(4) 菱锰矿法　菱锰矿经粉碎与硫酸浸取反应，生成的硫酸锰溶液经过滤除渣，滤液加热浓缩、冷却结晶、离心分离、干燥，制得硫酸锰成品。用硫酸浸取菱锰矿时，为促进高价锰的还原及低价亚铁的氧化，需加入少量催化剂，并通空气达到此目的，或采用电解二氧化锰的废电解液与硫酸浸取矿物，再经中和过滤除铁，制得硫酸锰溶液。

(5) 对苯二酚副产回收法　由苯胺与二氧化锰氧化反应生产对苯二酚时副产大量含硫酸锰、硫酸铵的废液，通常用石灰乳中和除去杂质，然后加热脱氨得硫酸锰溶液，再经浓缩、结晶、脱水分离、干燥，制得硫酸锰产品。

(6) 锰铁合金粉末法　在锰铁合金粉末(含锰 70%)和水的混合物中，分次少量加入密度为 1.84 g/cm³ 的硫酸(使锰稍过量)，进行反应。反应过程中，要经常加入少量水，以弥补蒸发的水分，反应结束后，加入等量水静置。滤去沉淀后，在滤液中加适量二氧化锰，边搅拌边加热至 50℃，使 Fe^{2+}完全氧化成 Fe^{3+}，并水解，过滤除去沉淀。在滤液中加入适量的碳酸钠糊，以进一步沉淀出 Fe^{3+}，过滤后将滤液加热蒸发，重新过滤。滤液用硫酸酸化后，控制温度不超过 60℃进行蒸发浓缩至出现结晶，然后在 0℃以下结晶，结晶用冰水洗涤，甩干后用热风干燥，以此制得结晶硫酸锰。

(7) 工业二氧化锰法　先将工业二氧化锰用硝酸浸泡，再用水洗涤以制得不含碱金属盐类的二氧化锰。在合格的二氧化锰和水的混合液中，边搅拌边通入二氧化硫气体，直至沉淀由黑色变为浅灰色。然后再加入少量二氧化锰至黑色沉淀不再变色为止。继续搅拌至混合物中二氧化硫气味消失，过滤，滤液用 10%硫酸酸化，水浴蒸干并在 450℃下灼烧数小时，直到二氧化硫不再逸出为止。所得灼烧物为无水硫酸锰。

3) 标准

工业级硫酸锰主要用途为油墨、油漆、涂料催干剂的合成原料，合成脂肪酸的催化剂以及其他锰盐的原料，质量标准见表 2.10(HG/T 2962—2010)。饲料级硫酸锰经处理后在饲料中被用作锰的补充剂，质量标准见表 2.11(HG 2936—1999)。工艺中，多选择工业级或饲料级的硫酸锰作为原料合成锰类配合物饲料添加剂(如蛋氨酸锰等)。

食品级硫酸锰主要用于食品添加剂,国标 GB 29208—2012 中规定了食品级硫酸锰的质量标准(表 2.12),此标准适用于以软锰矿、菱锰矿或金属锰为原料制得的食品添加剂硫酸锰。

表 2.10　工业级硫酸锰质量标准

项目		指标
硫酸锰($MnSO_4·H_2O$)含量/%	≥	98.0
锰(Mn)含量/%	≥	31.8
铁(Fe)/%	≤	0.004
氯化物(Cl)/%	≤	0.005
水不溶物/%	≤	0.04
pH(100 g/L)/%		5.0~7.0

表 2.11　饲料级硫酸锰质量标准

项目		指标
硫酸锰($MnSO_4·5H_2O$)含量/%	≥	98.0
锰(Mn)含量/%	≥	31.8
铅(Pb)/%	≤	0.001
砷(As)/%	≤	0.0005
水不溶物/%	≤	0.05
细度(通过 250 μm 试验筛)/%	≥	95

表 2.12　食品级硫酸锰质量标准

项目		指标
硫酸锰($MnSO_4·H_2O$)含量/%		98.0~102.0
砷(As)/(mg/kg)	≤	3
铅(Pb)/(mg/kg)	≤	4
硒(Se)/(mg/kg)	≤	30
灼烧减量/%		10.0~13.0

5. 氯化铬,chromic chloride hexahydrate

氯化铬分子式为 $CrCl_3·6H_2O$,又名六水合氯化铬,相对分子质量为 266.48,CAS 号为 10060-12-5。

1)性状

六水合氯化铬由于配位结构不同而形成的水合同分异构体有几种,如$[Cr(H_2O)_6]Cl_3$为蓝色结晶,$[CrCl(H_2O)_5]Cl_2·H_2O$ 为蓝绿色结晶,而$[CrCl_2(H_2O)_4]Cl·2H_2O$ 为暗绿色结晶,$[CrCl_3(H_2O)_3]$则为褐色粉末。三氯化铬水溶液是这些配合物及一部分水解组分的混合物。市售的 $CrCl_3·6H_2O$ 结晶,结构接近$[CrCl_2(H_2O)_4]Cl·2H_2O$。

六水合氯化铬的异构体均极易潮解,溶于水,稀溶液呈紫色,浓溶液为绿色;0.2 mol/L

溶液的 pH 为 2.4；溶于乙醇，微溶于丙酮，几乎不溶于乙醚，具刺激性和致敏性，受高热分解，放出有毒的烟气。

2）合成

碳酸铬法　将重铬酸钠溶液加入带搅拌器的衬铅或搪玻璃反应器中，在搅拌下缓慢加入硫酸进行酸化，然后加入糖蜜还原剂进行还原反应，生成硫酸铬，过滤，把硫酸铬与纯碱进行反应，生成碳酸铬，过滤，用水洗涤后，再与盐酸进行反应，生成三氯化铬。经浓缩、冷却固化、粉碎，制得三氯化铬成品。

$$4Na_2Cr_2O_7+16H_2SO_4+C_6H_{12}O_6 \longrightarrow 4Cr_2(SO_4)_3+4Na_2SO_4+22H_2O+6CO_2\uparrow$$
$$Cr_2(SO_4)_3+3Na_2CO_3 \longrightarrow Cr_2(CO_3)_3+3Na_2SO_4$$
$$Cr_2(CO_3)_3+6HCl \longrightarrow 2CrCl_3+3H_2O+3CO_2\uparrow$$

3）标准

氯化铬主要用于印染工业中作媒染剂，化学工业中用于生产其他铬盐，颜料工业中用于制造各种含铬颜料，有机合成中用于制造含铬催化剂。三氯化铬一般很少单独使用，更多的是配合其他三价铬盐使用。氯化铬应储存于阴凉、干燥、通风良好的库房，远离火种、热源，保持容器密封，防止受潮和雨淋，并与氧化剂、潮湿物品、食用化工原料等分开存放。

铬通常对水体是稍微有害的，不要将未稀释或大量产品接触地下水、水道或污水系统，未经政府许可勿将材料排入周围环境。

氯化铬的质量标准见表 2.13（HG/T 3-1935-1981）。

表 2.13　氯化铬的质量标准

指标名称		指标	
		分析纯	化学纯
三氯化铬（CrCl$_3$·6H$_2$O）/%	≥	99.0	98.0
水不溶物/%	≤	0.003	0.03
硫酸盐（以 SO$_4^{2-}$计）/%	≤	0.02	0.05
铁（Fe）/%	≤	0.003	0.01
铝（Al）/%	≤	0.02	0.05
铵盐（NH$_4^+$计）/%	≤	0.02	0.05
钙（Ca）/%	≤	0.005	0.1
钾（K）/%	≤	0.05	0.1
钠（Na）/%	≤	0.05	0.1

6. 钴（Ⅱ）盐

钴元素是维生素 B$_{12}$ 的重要组成成分，所以维生素 B$_{12}$ 又叫氰钴素或钴胺素。钴在动物机体内的作用主要为：参与机体红细胞的生成，参与胆碱、蛋氨酸等的合成及脂肪与糖的代谢，影响甲状腺代谢，还与其他矿物元素，如锌、铜、锰有协同作用等。机体内钴元素的摄入主要是通过在饲料中添加钴盐，添加剂钴盐主要有氯化钴、乙酸钴、硫酸钴。

1）氯化钴，cobalt chloride

氯化钴分子式为 CoCl$_2$，又名氯化亚钴、二氯化钴，相对分子质量为 129.84，CAS

号为 7646-79-9。六水合氯化钴分子式为 $CoCl_2 \cdot 6H_2O$，相对分子质量为 237.93，在室温下稳定，遇热变蓝色，在潮湿空气中放热又变成红色。

（1）性状　$CoCl_2$ 为浅蓝色粉末，$CoCl_2 \cdot 6H_2O$ 为红色至深红色单斜晶体。氯化钴极易溶于水及乙醇，溶于丙酮、乙醚和甘油。六水合氯化钴在 30~35℃结晶开始风化并浊化，在 45~50℃下加热 4 h 几乎完全变成四水氯化钴，加热至 110~120℃时完全失去 6 个结晶水变成无水氯化钴。氯化钴的水溶液为桃红色，加热或加浓盐酸、氯化物或有机溶剂变为蓝色，有毒。

（2）合成　氯化钴可由金属钴与氯气直接合成，也可由氢氧化钴或碳酸钴与盐酸作用制得。

钴的化合价为+2 价和+3 价。在常温下不和水作用，在潮湿的空气中也很稳定。在空气中加热至 300℃以上时氧化生成 CoO，工业上是采用氧化钴与盐酸反应制得。

$$CoO+2HCl\!=\!\!=\!\!=CoCl_2+H_2O$$

（3）标准　氯化钴在仪器制造中用于生产气压计、比重计、干湿指示剂等，在陶瓷工业中用作着色剂，在涂料工业中用于制造油漆催干剂，在畜牧业中用于配置复合饲料，在酿造工业中用作啤酒泡沫稳定剂，在国防工业中用于制造毒气罩，在化学反应中用作催化剂，在分析化学中用于点滴分析锌，此外，还用于制造隐显墨水、氯化钴试纸，变色硅胶等，还用作氨的吸收剂。

饲料级氯化钴的质量标准见表 2.14（HG 2938—2001）。

表 2.14　饲料级氯化钴质量标准

项目		指标
氯化钴（$CoCl_2 \cdot 6H_2O$）含量/%	≥	96.8
钴（Co）含量/%	≥	24.0
水不溶物/%	≤	0.03
砷（As）含量/%	≤	0.0005
铅（Pb）含量/%	≤	0.001
细度，通过 800 μm 试验筛	≥	95

注：砷和铅为强制性指标，其余为推荐性指标。

2）乙酸钴，cobalt acetate

乙酸钴分子式为 $C_4H_6CoO_4$，又名醋酸钴、乙酸亚钴，相对分子质量为 177.02，CAS 号为 71-48-7。四水合乙酸钴分子式为 $C_4H_{14}CoO_8$，相对分子质量为 249.08，CAS 号为 6147-53-1。

（1）性状　四水合乙酸钴为深红色单斜菱形结晶，140℃时成无水物，相对密度为 1.705（18.7/4℃）。溶于水、酸、醇，略带醋酸气味，易潮解。乙酸钴为有毒物质。

（2）合成　以金属钴或氧化钴为原料，与硝酸反应制备硝酸钴溶液，再与碳酸氢铵（或纯碱）溶液反应，生成碳酸钴沉淀；将沉淀洗涤、分离，加入乙酸酸化，即可得到乙酸钴；经过滤后，将反应液调至 pH=2，浓缩至溶液相对密度为 1.17~1.20，然后每 200 L 浓缩液补加 1 kg 乙酸，在低于 20℃条件下，结晶 7~10 天，离心分离，在 30~40℃干燥即得成品。工业级乙酸亚钴含量不少于 45%。

（3）标准　乙酸钴可用作二甲苯氧化用催化剂，也可用作生产涂料的干燥剂、印染媒染剂、玻璃钢固化促进剂和隐显墨水等。

工业乙酸钴的质量标注见表 2.15（HG/T 2032—1999）。

表 2.15　工业级乙酸钴质量标准

项目		指标		
		优等品	一等品	合格品
乙酸钴（$C_4H_{14}CoO_8$）含量/%	≥	99.3	98.0	97.0
水不溶物含量/%	≤		0.02	
硫酸盐（SO_4^{2-}）/%	≤		0.01	
氯化物（Cl^-）含量/%	≤	0.002	0.005	
硝酸盐（NO_3^-）含量/%	≤	0.05	0.08	
铁（Fe）含量/%	≤		0.001	
铜（Cu）含量/%	≤	0.001	0.005	0.01
镍（Ni）含量/%	≤	0.08	0.10	
碱金属及碱土金属含量/%	≤	0.30	0.40	0.5

3）硫酸钴，cobalt sulfate

硫酸钴分子式为 $CoSO_4$，相对分子质量为 154.99，CAS 号为 10124-43-3。一水合硫酸钴分子式为 $CoSO_4 \cdot H_2O$，相对分子质量为 173.01。七水合硫酸钴的分子式为 $CoSO_4 \cdot 7H_2O$，相对分子质量为 281.15，CAS 号为 10026-24-1、60459-08-7。硫酸钴又名赤矾、硫酸亚钴。

（1）性状　硫酸钴为玫瑰红色结晶，脱水后呈红色粉末，溶于水和甲醇，微溶于乙醇。七水合硫酸钴为桃红色单斜晶系结晶，溶于水及甲醇，不溶于氨，微溶于乙醇。

（2）合成　硫酸钴的合成方法有两种：金属钴法和氧化钴法。

金属钴法：金属钴溶解于硫酸和硝酸（约 4∶1）的混合酸中。质量分数达 22%～23%时，用蒸汽直接加热至沸，当质量分数达 43%～44%时，即可进行结晶 3～4 天，经离心分离得成品。母液质量分数约 30%，加入 35%～36%的硫酸溶液，再加入少量的硝酸，用以溶解金属钴。反应中产生的 NO_2（NO 很快被空气氧化成 NO_2）可用氨水吸收，副产硝酸铵。

$$3Co+2HNO_3+3H_2SO_4 \longrightarrow 3CoSO_4+2NO_2\uparrow+4H_2O$$

$$2NO+O_2 \longrightarrow 2NO_2\uparrow$$

氧化钴法：用硫酸溶解氧化钴，溶液经蒸发浓缩、结晶、离心脱水，制得硫酸钴。

$$CoO+H_2SO_4 \longrightarrow CoSO_4+H_2O$$

（3）标准　钴是维生素 B_{12} 的组成部分，能促进红细胞的合成和蛋白质代谢，硫酸钴可作为饲料营养强化剂使用。另外，硫酸钴可用作陶瓷釉料和油漆催干剂，也用于电镀、碱性电池、生产含钴颜料和其他钴产品，还用作催化剂、分析试剂、饲料添加剂、轮胎黏结剂、立德粉添加剂等。

饲料级硫酸钴的质量标准见表 2.16（HG/T 3774～3776—2005）。

表 2.16　饲料级硫酸钴的质量标准

项目		指标	
		七水合硫酸钴	一水合硫酸钴
硫酸钴(以 Co 计)含量/%	≥	20.5	33.0
水不溶物/%	≤	0.02	—
砷(As)含量/%	≤	0.0003	0.0005
铅(Pb)含量/%	≤	0.001	0.002
细度：通过 800 μm 网孔试验筛	≥	95	—
通过 280 μm 网孔试验筛	≥	—	95

2.1.2.2　氨基酸配体的选择

氨基酸是构成蛋白质的基本结构单元，构成动物蛋白质的氨基酸大约有 20 种。这些氨基酸又可分为两类：一类是动物体不能合成或合成量很少，不能满足动物机体正常需要，需要从饲料中摄入的氨基酸，叫必需氨基酸；另一类是动物机体能够根据需要合成或需求很少，不需要由饲料提供的氨基酸，叫非必需氨基酸。

饲用矿物元素配合物的配体原料一般选择必需类的氨基酸、氨基酸盐及其类似物，如 *L*-赖氨酸、*L*-赖氨酸盐酸盐、*DL*-蛋氨酸、羟基蛋氨酸、甘氨酸、谷氨酸、谷氨酰胺、水解植物蛋白(氨基酸)等。不同动物种类和动物不同生长时期，其必需氨基酸的种类和数量也有差异，如猪的必需氨基酸为赖氨酸、蛋氨酸、精氨酸等 10 种，而雏鸡的必需氨基酸为蛋氨酸、赖氨酸、甘氨酸等 13 种。因此，应根据实际的应用选择合适的氨基酸配体。

2.2　矿物元素配合物原料选择的法规

2.2.1　国际法规

1. 美国

美国是国际上对饲料管理较为系统、规范的国家之一。美国在 1983 年就制定了《联邦食品、药品和化妆品法》(*The Feral Food，Drug and Cosmetic Act*)，并授权美国食品药品管理局对食品(包括饲料)/药品(包括兽药)和化妆品负责强制实施该法。联邦法规第 21 部分相关章节规定了食品添加剂的定义、准许在饲料和动物饮水中使用的食品添加剂、禁止在动物食品和饲料中使用的物质等。

美国的饲料管理法律、法规和 AAFCO 的法规标准是相互关联的、配套的和成完整体系的。AAFCO 在一定程度上是具有官方性质的，与 FDA(美国食品与药物管理局)之间有良好的合作关系。FDA 代表美国联邦政府实施联邦饲料法律、法规，AAFCO 依照联邦饲料法律、法规，通过制定各种标准的详细管理文件、法规、标准、规范、指南，供在美国各州的饲料管理部门、饲料工业中统一推广使用，有效地提高了饲料法律、法规的贯彻、实施效率和效果，确保了饲料的安全和动物产品的安全。另外，美国的许多州还都有自己州的饲料法[3, 4]。

2. 欧盟

欧盟对饲料的管理法规也是非常完备和系统的。2000 年 1 月欧盟发布食品安全白皮书，建议成立欧洲食品安全局（The European Food Safety Authorify，EFSA），并于 2002 年正式发布欧盟（EC）No 178/2002 号条例《食品安全法》，被称为欧盟饲料安全的基本法规，标志着欧盟新的食品安全法规体系的正式建立。

（EC）No 1831/2003——《饲料添加剂管理条例》是欧盟关于饲料添加剂管理的基础法律，主要规定了饲料添加剂准入市场的审定程序，使用中的监督程序，标签和包装要求；

（EC）No 882/2003——欧盟对饲料和食品的官方监管法规；

（EC）No 429/2008——饲料添加剂申请的准备、提交、评价与审定法规；

（EC）No 767/2009——欧盟饲料投放市场与使用法规；

（EU）No 575/2011——欧盟饲料原料目录，列出了目前所有允许作为饲料原料的名称、描述和强制标识的项目；

……

欧盟委员会根据（EC）No 1831/2003 的规定陆续批准了近 3000 种饲料添加剂，其中营养添加剂 120 种，并规定了这些添加剂适用的特定动物和使用量以及使用时期。

欧盟对饲料的管理法规系统、完整、科学。欧盟在饲料管理方面有着很好的科研基础、成熟的饲料市场管理经验，主要法规都有相关的配套法规、指令和实施细则，还有完整的技术指导性文件。另外，欧盟还根据科学技术的进步、饲料市场的变化以及社会要求的变化，对原有法规进行不断的补充、修订、完善，甚至废止，使饲料法规能够适应饲料、食品的安全要求，保护公众利益，实现可持续发展[4~6]。

2.2.2　中国法规

饲用矿物元素配合物是饲料添加剂的重要组成部分，因此我国饲用矿物元素配合物企业在原料和生产上，除了必须符合食品添加剂行业中的相关法规和标准之外，还要遵从我国饲料及饲料添加剂法规中的相关规定。

1999 年国务院颁布了《饲料和饲料添加剂管理条例》，2001 年对该条例进行了修订，2011 年 10 月，国务院又对该条例进行了修订。该条例是国家专门针对饲料和饲料添加剂管理制定的政府法令。该法令中规定了农业部是负责全国饲料和饲料添加剂的行政主管部门，同时农业部制定相应的配套文件。与《饲料和饲料添加剂管理条例》配套的农业部令和文件有：《饲料添加剂和添加剂预混合饲料生产许可证管理办法》、《饲料添加剂和添加剂预混合饲料产品批准文号管理办法》、《新饲料和新饲料添加剂管理办法》、《进口饲料和饲料添加剂登记管理办法》、《动物源性饲料产品安全卫生管理办法》、《饲料生产企业许可条件》、《饲料质量安全管理规范》、《饲料添加剂（混合剂）生产企业许可条件》、《饲料药物添加剂使用规范》、《禁止在饲料和动物饮用水中使用的药物品种目录》、《水产养殖质量安全管理规定》、《饲料添加剂安全使用规范（2009）》、《饲料添加剂品种目录（2013）》等。

2009 年 2 月 28 日第十一届全国人民代表大会常务委员会第七次会议通过了《中华人民共和国食品安全法》，2009 年 6 月 1 日起实施。该法是我国食品饲料安全的总法。

　　这些法规的出台实施，对饲料产品质量安全、食品安全和饲料工业的技术进步和健康发展做出了重要贡献。

　　与欧美发达国家相比，由于我国饲料工业起步晚，在饲料管理法规建设方面还有较大差距。欧美在饲料安全性基础研究方面做得较深入，投入力度大，并有系统的研究和评估报告，而我国在饲料安全卫生方面总体研究投入不足，研究不系统。在制定相关卫生指标、安全使用规范方面需要借鉴欧美的研究数据和相关法规、规范的指标要求。因此，这对中国饲料法规发展的启示为：①增加饲料法规的制定和建设；②推动法规的协调统一；③完善科研及辅助机构；④实施相关指南和指导文件[3]。

参 考 文 献

[1]　杜忍让. 微量元素饲料添加剂生产技术工艺. 兽药与饲料添加剂, 1998, 3(4): 14-15.
[2]　薛志成. 氨基酸添加剂在饲料中的合理应用. 饲料世界, 2006, (8): 21-22.
[3]　吕小文, 秦玉昌, 李军国, 等. 美国饲料安全监管体制及其对我国的启示. 中国畜牧杂志, 2006, 42(10): 3-6.
[4]　王卫国. 美国、欧盟和中国饲料管理法规现状及发展趋势. 饲料工业, 2012, 33(11): 1-7.
[5]　王黎文, 杜伟. 欧盟饲料法规体系概述. 中国畜牧业, 2014, (13): 60-63.
[6]　Bremmers P M Sr. 宋秋萍译. 新的饲料添加剂法规. 国外畜牧学, 2006, 24(3): 61-62.

第3章 矿物元素配合物加工技术与生产设备

3.1 畜牧生产中常用的矿物元素配合物概述

矿物元素配合物作为畜禽饲料添加剂，对保证畜禽健康、提高生产能力、合理地利用饲料具有明显效果。常用的矿物元素有锌、铜、铁、铬、锰、硒等，其矿物元素配合物种类繁多。

3.1.1 锌(Ⅱ)元素配合物

3.1.1.1 甘氨酸锌，zinc glycinate

1. 结构

甘氨酸锌是新一代氨基酸系列补锌产品，在国家标准(GB 2760—1996)中被确定为食品营养强化剂，分子式为 $Zn(C_2H_4NO_2)_2·H_2O$，锌含量为 31.8%；农业部公告第 1126 号文件批准了甘氨酸锌作为饲料添加剂使用，在甘氨酸锌的标准(NYSL-1008-2007)中分子式为 $[Zn(C_2H_5NO_2)_2·4H_2O]SO_4·ZnSO_4·6H_2O$，规定锌含量大于 21%，两者间存在差异。姚朴等学者认为国家标准规定的锌含量有误，众多研究发现根据甘氨酸锌中甘氨酸和锌元素的含量(物质的量)比的不同，可将上述两类配合物分为 1:1 型和 2:1 型甘氨酸锌。

1:1 型甘氨酸锌的分子式为 $C_4H_{30}N_2O_{22}S_2Zn_2$，相对分子质量为 653.15(按 2007 年国际标准相对原子质量，下同)，配合物的锌含量为 20.02%，甘氨酸含量为 22.63%(质量理论含量，下同)。

Tepavitcharova 等[1]、舒绪刚等[2]采用 X 射线单晶衍射(见 4.3.2 小节)等分析方法分析配合物的晶体结构为甘氨酸锌氢键结合六水合硫酸锌的复合物，分子中锌离子配位数为 6，形成变形的八面体构型，锌离子外层原子轨道为 sp^3d^2 杂化，配位原子的孤对电子以共价配位键的形式填充在 6 个杂化轨道中。晶体的结构单元中(图 3.1)Zn2 与 6 个水分子配位，Zn1 与 2 个甘氨酸的羧基和 4 个水分子配位。甘氨酸配体的端氨基配合反应时易接受 1 个 H^+ 形成—NH_3^+，空间位阻变大，未与锌配位。在晶体三维结构中，分子之间明显的相互作用主要是以经典 O—H⋯O、N—H⋯O 和非经典 O—H⋯S 氢键的形式存在。

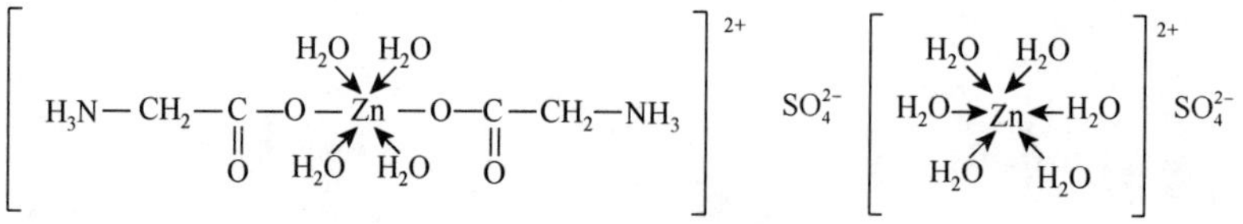

$$\left[H_3N-CH_2-\underset{\underset{O}{\|}}{C}-O-Zn\overset{\underset{H_2O\ H_2O}{\nwarrow\nearrow}}{\underset{\overset{H_2O\ H_2O}{\swarrow\searrow}}{}}-O-\underset{\underset{O}{\|}}{C}-CH_2-NH_3 \right]^{2+} SO_4^{2-} \quad \left[\underset{H_2O}{\overset{H_2O\ H_2O}{H_2O\rightarrow Zn\leftarrow H_2O}} \right]^{2+} SO_4^{2-}$$

1:1型甘氨酸锌

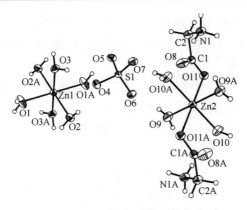

图 3.1　1∶1 型甘氨酸锌的结构单元

2∶1 型甘氨酸锌的分子式为 $C_4H_{10}N_2O_5Zn$，即 $(C_2H_5NO_2)_2Zn \cdot H_2O$，相对分子质量 231.52，其中锌含量为 27.35%，甘氨酸含量为 65.58%。加热至 120℃ 时，甘氨酸锌失去 1 分子结晶水后的分子式为 $(C_2H_5NO_2)_2Zn$，相对分子质量 213.49，CAS 号为 14281-83-5、7214-08-6。

在配位化学中，Zn 离子（或原子）大多形成四或六配位的配合物。Zn 离子（或原子）与配体形成四配位的四面体配合物时，外层原子轨道采用 sp^3 杂化；形成六配位的八面体配合物时采用 sp^3d^2 杂化，配体与杂化后的锌离子进行配位，将其分子中未成键的孤对电子以共价配位键的形式填充在杂化轨道中。但根据配位场理论，Zn^{2+} 为 d^{10} 组态，各配位场稳定化能（ligand field stabilization energy，CFSE）在强场和弱场中均为 0，在形成配合物的过程中，由于空间位阻的作用，Zn 离子（或原子）可采用 sp^3d 杂化形成五配位的配合物。

Barbara 等[3]、徐鑫[4]等分析了配合物的结构（图 3.2），配合物中的水分子（O1W、O2W）为游离结晶水，未参与配位。锌离子中心为五配位，形成畸变的三角双锥配位构型，与两个配体形成两个五元螯合环。配体配位后 C2—O1 和 C2—O2 的键长分别为 0.1248(3)nm 和 0.1277(3)nm，非常接近，表明配体羧基在与 Zn 配位后—C(O)—O—周围电子云密度发生变化，形成共轭大 π 键，因此甘氨酸羧基桥联两个锌离子中心形成螯合聚合物。甘氨酸

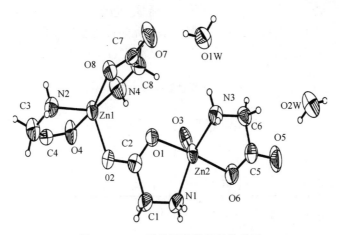

图 3.2　2∶1 型甘氨酸锌的结构单元

锌分子间通过与结晶水形成经典氢键(O—H···O、N—H···O)使分子间堆积形成三维超分子结构,可以说,固体中这种较强相互作用的存在会对配合物的稳定性能产生较大的影响。

2. 性状

1∶1型甘氨酸锌为白色结晶性粉末,易溶于水,不溶于乙醇、丙酮等有机溶剂。

2∶1型甘氨酸锌为白色结晶性粉末,易潮解,易溶于水,微溶于乙醇,熔点282～284℃,失去1分子结晶水后的甘氨酸锌为白色粉末,微溶于水。

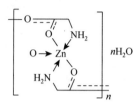

2∶1型甘酸锌

3. 合成

1∶1型甘氨酸锌

(1)取 0.1 mol 甘氨酸加热溶于 50～100 mL 水中,加入 0.1 mol 的七水合硫酸锌,调节反应液的 pH 为 6.5～7,升温至 70℃反应 30 min;反应液冷却浓缩,用无水乙醇析出固体,过滤,洗涤,滤饼烘干得本品。

(2)以甘氨酸和固碱为初始原料,先制备甘氨酸钠溶液,随后再加入硫酸锌和催化剂进行催化反应。反应条件为:pH 为 4,反应物质的量比 1∶1,反应温度 85～90℃,反应时间 2 h;反应完成后,反应液经表面活性剂单晶处理,控制晶体的生长速度,使其逐渐结晶,晶体经清洗、甩干、烘干、粉碎后得本品。

2∶1型甘氨酸锌

将 0.1 mol 的甘氨酸加热溶解,缓慢加入 0.05 mol 的氧化锌,升温至 80℃,搅拌反应 1 h,反应液冷却降温,析出白色晶体;将晶体过滤,无水乙醇洗涤,烘干得本品。

4. 标准

在《新饲料和新饲料添加剂产品标准(备案)》(NYSL-1008-2007)中规定了饲料添加剂甘氨酸锌(富锌宝)产品的要求、试验方法、标签、包装、储存及运输。1∶1型甘氨酸锌的技术指标见表3.1。本标准适用于以甘氨酸、硫酸锌为基础原料,经化学合成法制得的,在饲料工业中作为矿物类饲料添加剂的甘氨酸锌(1∶1型)产品。

表3.1 1∶1型甘氨酸锌的技术指标

项目	指标	项目	指标
甘氨酸锌/%	≥95.0	锌(以 Zn 计)/%	≥21.0
总甘氨酸/%	≥22.0	游离甘氨酸/%	≤1.50
水分/%	≤5.00	铅(以 Pb 计)/%	≤0.002
砷(以总 As 计)/%	≤0.0005	粒度(孔径 0.84 nm 试验筛通过率)/%	≥95

5. 应用

甘氨酸锌可用作动物饲料的营养强化剂,2∶1型甘氨酸锌可用作药用辅料。

3.1.1.2　L-赖氨酸锌，zinc L-lysine complex (or chelate)

1. 结构

L-赖氨酸(L-lys)是一种 α-氨基酸，是家畜的必需氨基酸之一，能促进家畜机体发育，增强免疫功能，提高中枢神经组织功能。赖氨酸的矿物元素配合物既能补充赖氨酸又可补充微量元素，是理想的营养性制剂。

L-赖氨酸的等电点为 9.47，为碱性氨基酸。以赖氨酸盐酸盐为原料生成金属配合物的最佳 pH 应略小于其等电点。L-赖氨酸锌分子中未配位的 ε 位氨基仍以—NH_3^+的形式存在，因此推断赖氨酸锌分子中含 Cl 原子，分子式可表示为 $C_{12}H_{26}N_4O_4Cl_2Zn$，即 $Zn(lys)_2 \cdot 2HCl$，相对分子质量为 426.65，配合物的锌含量为 15.33%。

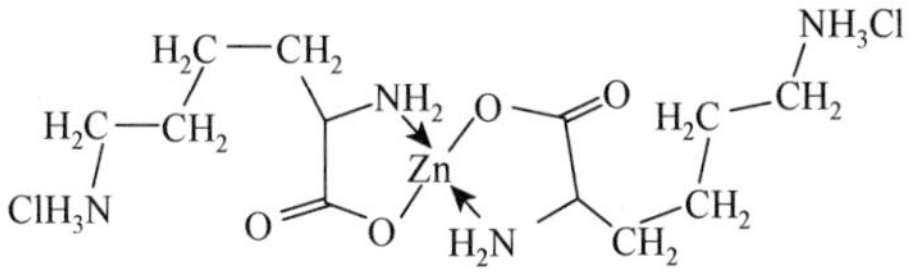

L-赖氨酸锌

李群等[5]通过热重分析认为 L-赖氨酸锌在 100℃时失重约 8%，230℃时配合物开始分解。因此 L-赖氨酸锌的分子结构中可能含 2 分子结晶水，即 $Zn(lys)_2 \cdot 2HCl \cdot 2H_2O$，相对分子质量为 460.67，配合物的锌含量为 14.07%。

刘伟明等[6]以硫酸锌和 L-赖氨酸为原料，在微碱性条件下，室温放置 12 h，加入适量 8-羟基喹啉等有机物冷冻放置 24 h 后得到了无色针状晶体。分析晶体结构的分子式为 $C_{12}H_{26}N_4O_9SZnNa_2$，相对分子质量为 513.84。分子中的水分子为游离水。以锌离子为中心的配位多面体是稍有扭曲的三角双锥体，锌离子与 2 个 L-赖氨酸分子中的 α-氨基、羧基及硫酸根配位形成五配位的螯合物，5 个配位键为 4 个共价配位键和 1 个电价配位键。L-赖氨酸的氨基和羧基与锌离子配位形成五元螯合环。

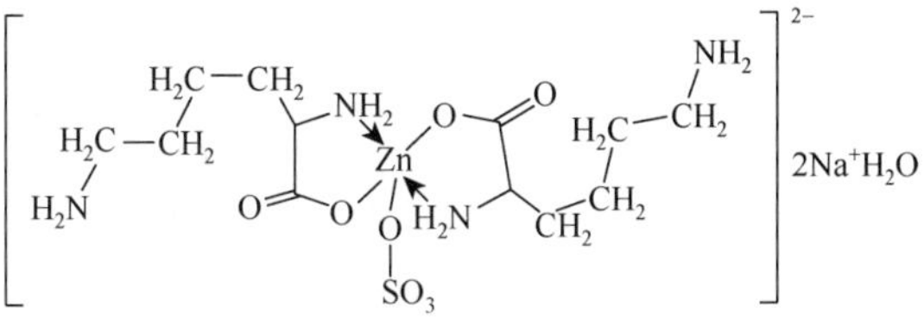

L-赖氨酸锌盐

2. 性状

L-赖氨酸锌[$Zn(lys)_2$]为乳白色粉末，易溶于水，不溶于甲醇等有机溶剂，放置在空气中很快潮解，黏稠，性质不稳定，不易保存；L-赖氨酸锌[$Zn(lys)_2 \cdot 2HCl \cdot 2H_2O$]为白色针状晶体，易溶于水，不溶于乙醇、丙酮等有机溶剂。熔点为 237.2～237.6℃。

3. 合成

(1) 将 L-赖氨酸与一定量的甲醇和氢氧化锂混合，加热回流 1 h，冷却，过滤得赖氨酸的锂盐溶液，加入氯化锌的甲醇溶液，迅速产生沉淀，过滤得本品[$Zn(lys)_2$]，锌含量 18.38%。该方法要求体系无水，条件苛刻，原料昂贵，产物性质很不稳定，不易保存，但产率可达 95%以上，产品纯度高。

(2) 以 *L*-赖氨酸盐酸盐和氢氧化锌为原料，按物质的量比 2∶1 反应。先将 *L*-赖氨酸盐酸盐溶解，分批加入氢氧化锌，70℃反应 2 h，趁热过滤，得浅黄色澄清液；滤液减压蒸馏至有白色固体析出，冷却静置，抽滤，烘干得本品[Zn(lys)$_2$·2HCl·2H$_2$O]，产率约 91%。

(3) 以 *L*-赖氨酸盐酸盐和氯化锌为原料，按物质的量比 2∶1 反应。*L*-赖氨酸盐酸盐溶解于水中，用 25%～28%氨水调节 pH 为 7，加热至 60℃，加入氯化锌溶液，恒温反应 2 h，趁热抽滤；将滤液浓缩至有晶膜出现，冷却静置，大量晶体析出，抽滤，干燥得本品[Zn(lys)$_2$·2HCl·2H$_2$O]，产率可达 90%。

4. 标准

L-赖氨酸锌的相关国家标准暂无。广州天科生物科技有限公司提供了 *L*-赖氨酸锌[Zn(lys)$_2$·2HCl·2H$_2$O]产品的企业标准——《饲料添加剂 赖氨酸锌络合物》（Q/GTKSW 24—2014）。本标准规定了该公司生产的饲料添加剂——赖氨酸锌的技术要求、试验方法、检验规则、标签、包装、运输、储存及保质期等，其中 *L*-赖氨酸锌的技术指标见表 3.2。

表 3.2 *L*-赖氨酸锌的技术指标

项目	*L*-赖氨酸锌指标
锌含量/%	≥10.5
赖氨酸含量(以赖氨酸盐酸盐计)/%	≥58.0
赖氨酸锌含量(以 C$_{12}$H$_{28}$N$_4$O$_4$Cl$_2$Zn 计)/%	≥68.0
水分/%	≤5.0
粒度(孔径 0.6 mm 试验筛通过率)/%	≥95.0
砷/(mg/kg)	≤10
铅/(mg/kg)	≤20
镉/(mg/kg)	≤20

注：本产品符合中华人民共和国农业部公告第 1224 号。

5. 应用

L-赖氨酸锌具有双重营养性和治疗作用，是理想的营养强化剂。*L*-赖氨酸锌多用于药物，用于防治因缺乏赖氨酸和锌而引起的生长发育迟缓、营养不良及食欲缺乏等。

3.1.1.3 谷氨酸锌，zinc glutamate complex（or chelate）

1. 结构

谷氨酸锌的分子式为 C$_5$H$_{11}$O$_6$NZn，即[(COO—CH(NH$_2$)—(CH$_2$)$_2$—COO)Zn·2H$_2$O]，相对分子质量为 246.53，其锌含量为 26.52%，谷氨酸含量为 58.88%。

Carlo[7]以谷氨酸和氧化锌为原料，采用溶剂挥发法得到了谷氨酸锌的晶体，分析晶体结构为：配合物分子中的锌离子中心为五配位，形成四方锥的配位构型。锌离子分别与 3 个羧基氧、1 个氨基和 1 个水分子配位。谷氨酸配体分子中含 2 个羧基，配体的一个羧基脱氢与锌配位，另一羧基在配位反应中—C(O)—O—周围电子云密度发生变化，

形成共轭大 π 键，因此，羟基氧原子和氨基与锌离子配位形成五元螯合环，而羧基氧原子与另一个锌离子配位。因此，谷氨酸配体与锌离子配位后形成聚合物。

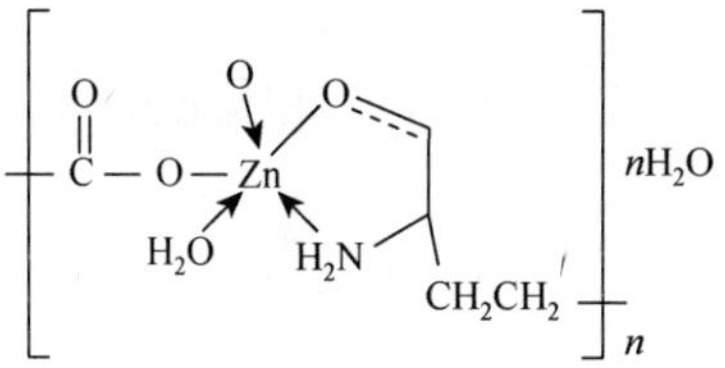

谷氨酸锌

2. 性状

谷氨酸锌为白色针状晶体或粉末，略带酸味，能溶于水。

3. 合成

1）液相合成法

（1）按物质的量比 1.2∶1 称取谷氨酸钠和氧化锌，先以适量水溶解谷氨酸钠，置于 60℃水浴中，在搅拌下加入 6 mol/L 盐酸至溶液 pH 为 3～4，冷却过滤。然后将所得的固体谷氨酸加入适量水，在搅拌下分批加入氧化锌，在 90℃水浴中搅拌反应 5 h，冷却，过滤。滤液置于水浴上蒸发至原体积的 1/3，加适量甲醇搅拌，有固体析出。置于真空干燥器内干燥得白色粉末状谷氨酸锌[(COO—CH(NH$_2$)—(CH$_2$)$_2$—COO)Zn·H$_2$O]，锌含量 28.63%，产率为 86%。

（2）以谷氨酸和硫酸锌为原料，pH 为 6.5，在 90℃水浴温度下反应 30 min，以甲醇与螯合浓缩液按 10∶1 的比例进行浸提，产物螯合率（见 4.3.1 小节）可达 80%以上。邢颖等[8]采用本方法合成了谷氨酸锌，并采用双硫腙显色法（见 4.3.2 小节）对配合物进行鉴定，证明得到了较高纯度的螯合物，实验结果如表 3.3 所示。

表 3.3　谷氨酸锌的双硫腙显色结果[8]

样品溶液	水浴螯合液	离心上清液	沉淀溶解液	蛋氨酸	硫酸锌
鉴别现象	蓝紫色	粉红色	蓝绿色	蓝绿色	红色
检验结果	有少量锌离子存在	有大量锌离子存在	无锌离子存在	无锌离子存在	有大量锌离子存在

2）微波固相合成法

以谷氨酸钠和氧化锌为原料，物质的量比为 1.2∶1，用微量高速粉碎机粉碎并充分混合，加入引发剂水溶液，微波时间为 150 s，微波功率 500 W，反应完成后，加入适量水并调节 pH 为 6.0，抽滤，烘干得本品，螯合率约为 83%。本法中原料反应不完全，合成的谷氨酸锌的纯度较低，配合物的锌含量为 26.43%，谷氨酸含量为 63.28%。

4. 标准

谷氨酸锌未被列入《饲料添加剂品种目录（2013）》，国家标准暂无。

5. 应用

谷氨酸锌可用作营养性饲料添加剂，促进肉仔鸡生长。谷氨酸锌也可用作药物，促进人体生长发育，提高老人免疫力，延缓衰老等。

3.1.1.4 蛋氨酸锌，zinc methionine complex（or chelate）

1. 结构

目前资料报道的蛋氨酸锌只有两种结构，根据配合物的物质含量可分为 1∶1 型和 2∶1 型蛋氨酸锌。

1∶1 型蛋氨酸锌配合物的锌含量为 21.05%，蛋氨酸含量 47.70%，分子式为 $C_5H_{11}O_6NS_2Zn$，相对分子质量 310.66。关于 1∶1 型蛋氨酸锌的文献报道较少，仅于桂生[9]在相关资料中提及，但未做深入研究。

$$\left[H_3CSH_2CH_2C - \overset{\overset{\displaystyle NH_2}{|}}{CH} - \overset{\overset{\displaystyle O}{\|}}{C} - O \right]^- Zn^{2+}HSO_4^-$$

1∶1型蛋氨酸锌

2∶1 型蛋氨酸锌的分子式为 $C_{10}H_{20}O_4N_2S_2Zn$，相对分子质量为 361.80，配合物锌含量 18.07%，配体含量 81.93%，其结构与二齿配合物的内配盐（甘氨酸铜、甘氨酸钴）非常接近，蛋氨酸的羧基和氨基与锌离子配位形成两个含五元环的螯合物，但要进一步证实这种结构，还需 X 射线衍射（XRD）等分析才能确定[9, 10]。

$$H_3CSH_2CH_2C \underset{O=C}{\overset{NH_2}{\diagdown}} \underset{O}{\overset{O}{\diagup}} \underset{H_2N}{\overset{C=O}{\diagdown}} CH_2CH_2SCH_3$$

2∶1型蛋酸锌

2. 性状

1∶1 型蛋氨酸锌为白色或类白色粉末，易溶于水，略有蛋氨酸的特殊香味。

2∶1 型蛋氨酸锌为白色或类白色粉末，微溶于水，不溶于乙醇，质轻，略有蛋氨酸的特殊香味。

3. 合成

2∶1 型蛋氨酸锌

1）液相合成法

（1）以蛋氨酸和硫酸锌为原料，按物质的量比为 2∶1 反应；将硫酸锌溶解，用氢氧化钠溶液调 pH 为 8，待沉淀完全后过滤 $Zn(OH)_2$ 沉淀。将蛋氨酸溶解，90℃搅拌下将 $Zn(OH)_2$ 缓慢加到蛋氨酸溶液中，反应 1 h 后，冷却，沉淀析出，抽滤，洗涤烘干，得本品，纯度 98.6%，可能含少量 $Zn(OH)_2$ 杂质。

（2）以蛋氨酸和硫酸锌为原料，物质的量比为 2∶1 反应。先将蛋氨酸加热溶解，用 NaOH 溶液调 pH 为 5～5.5，趁热与硫酸锌溶液混合，搅拌均匀后析出沉淀，冷却，抽滤，滤饼烘干得本品。

2）微波固相合成法

以氯化锌和蛋氨酸为原料，物质的量比为 2∶1，于高速粉碎机中混匀；引发剂为水，添加量为 12%，碳酸钠添加量为 20%，混匀后微波辐射催化合成，时间 240 s；反应完成后，产物洗涤、纯化，滤饼干燥得本品，产率约为 90%。

4. 标准

在《中华人民共和国国家标准——饲料添加剂　蛋氨酸锌》(GB/T 21094—2008)中规定了饲料添加剂蛋氨酸锌的要求、试验方法、检验规则及标签、包装、运输、储存等，其中蛋氨酸锌的技术指标见表 3.4。本标准适用于由可溶性锌盐及蛋氨酸(2-氨基-4-甲硫基-丁酸)合成物质的量比为 1∶1 或 2∶1 的蛋氨酸锌产品。

表 3.4　蛋氨酸锌的技术指标

项目		指标	
		2∶1 型蛋氨酸锌	1∶1 型蛋氨酸锌
锌/%	≥	17.2	19.0
蛋氨酸/%	≥	78.0	42.0
螯合率/%	≥	95	—
水分/%	≤	5	
砷/(mg/kg)	≤	8	
铅/(mg/kg)	≤	10	
镉/(mg/kg)	≤	10	

5. 应用

蛋氨酸锌可分食品级、饲料级，作为营养强化剂广泛用于人体口服液、饲料预混料、全价料、水产料等中。

3.1.1.5　羟基蛋氨酸类似物螯合锌，zinc methionine hydroxy analogue chelate

1. 结构

羟基蛋氨酸类似物螯合锌又称羟基蛋氨酸锌，其两种稳定结构按物质含量可分为 1∶1 型和 2∶1 型羟基蛋氨酸锌。1∶1 型羟基蛋氨酸锌的分子式为 $C_5H_{12}O_5SZn$，相对分子质量为 249.60，配合物锌含量 26.20%。

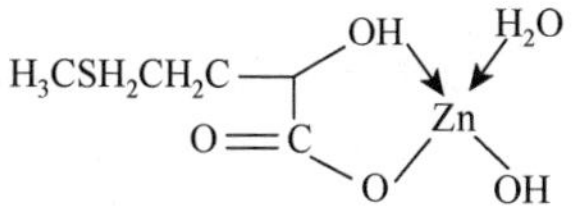

1∶1型羟基蛋氨酸锌

2∶1 型羟基蛋氨酸锌的分子式为 $C_{10}H_{18}O_6S_2Zn$，相对分子质量为 363.77，螯合物锌含量 17.98%，配体含量 82.02%，且 2∶1 型羟基蛋氨酸锌比 1∶1 型羟基蛋氨酸锌稳定易得[11]。

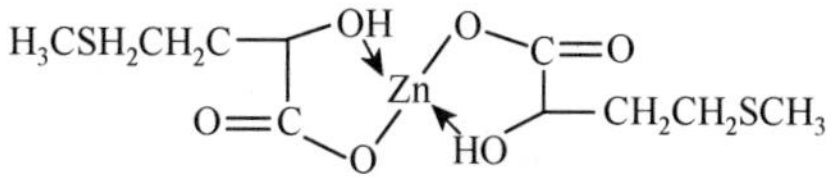

2∶1型羟基蛋氨酸锌

Predieri[12]以羟基蛋氨酸和碳酸锌为原料合成了羟基蛋氨酸锌的螯合物，分子式为 $C_{20}H_{42}O_{15}S_4Zn_2 \cdot H_2O$，相对分子质量为 799.53，螯合物锌含量为 16.35%。羟基蛋氨酸锌螯合物分子中的两个锌离子中心均为六配位，形成畸变的八面体构型。一个锌离子与羟基蛋氨酸配体的羧基、羟基和 2 个水分子配位，另一个锌离子与羟基蛋氨酸配体的羧基、羟基和 1 个水分子配位。配体的羧基、羟基与锌离子配位形成五元螯合环。螯合物分子中含四个配体氨基酸，其中一个配体的羧基配位反应时—C(O)—O—周围电子云密度发生变化，形成共轭大 π 键，羰基氧桥联两个锌离子中心。

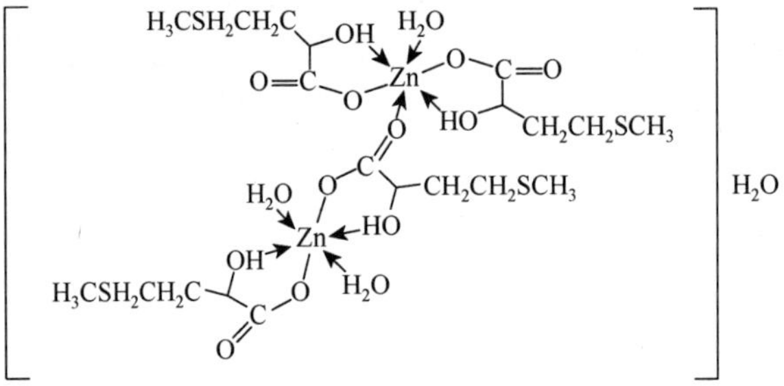

羟基蛋氨酸锌螯合物

2. 性状

1∶1 羟基蛋氨酸锌为白色或类白色粉末，不溶于水，不溶于乙醇、丙酮等有机溶剂，无吸湿性，有蛋氨酸特有气味。

2∶1 羟基蛋氨酸锌为白色或类白色粉末，不溶于水，不溶于乙醇、甲苯等有机溶剂，在空气中性质稳定，有蛋氨酸特有气味。

3. 合成

1∶1 型羟基蛋氨酸锌

1）液相合成法

（1）将 0.01 mol 的羟基蛋氨酸和 0.01 mol 的氯化锌混合，加入 30 mL 乙醇，加热回流 3 h，冷却后加入 0.02 mol 氢氧化钠的乙醇溶液，搅拌，有沉淀生成。静置、抽滤、洗涤并干燥，得本品，产率约 69%。

（2）以液体羟基蛋氨酸和氧化锌为原料，按物质的量比 1∶1，在 80～90℃下，调节 pH 为 6～8，反应 1.5～2 h 后，反应液离心分离，产物水洗，干燥得本品。

2）室温固相合成法

以羟基蛋氨酸钠和氯化锌为原料，按物质的量比 1∶1 反应。将 0.01 mol 的氯化锌和等量的氢氧化钠于玛瑙研钵中研磨生成 Zn(OH)Cl，再加入羟基蛋氨酸钠，继续研磨约 1 h，呈白色粉末状固体，无吸湿性，转入小烧杯，用水溶解、抽滤、洗涤并干燥，得本品，产率约 83%。

2∶1 型羟基蛋氨酸锌

1）液相合成法

（1）以羟基蛋氨酸和七水合硫酸锌为原料，按物质的量比 2∶1（0.02 mol∶0.01 mol），在

80℃下反应 0.5 h，然后逐滴加入与羟基蛋氨酸等量的氢氧化钠溶液，80℃下反应 1 h，有白色沉淀产生，静置陈化 1 h，抽滤、洗涤并干燥，得本品，产率约 84%。

（2）取 0.02 mol 的羟基蛋氨酸与 0.01 mol 的碳酸锌混匀，用水溶解，在室温下搅拌反应 2 h，经过滤、洗涤和干燥，得本品[(C₅H₉O₃S)₂Zn·2H₂O]。

2）室温固相合成法

以羟基蛋氨酸钠和氯化锌为原料，按物质的量比 2：1 混匀于玛瑙研钵中，研磨一段时间后加少量无水乙醇，继续研磨 2 h。然后转入小烧杯中，用水溶解、抽滤、洗涤并干燥，得本品，产率约 93%。

4. 标准

羟基蛋氨酸锌的国家标准暂无。

5. 应用

羟基蛋氨酸锌可用作饲料添加剂，作为蛋氨酸营养补充剂，促进动物生长发育。

3.1.1.6　半胱胺锌，zinc cysteamine complex（or chelate）

1. 结构

2012 年余四新等报道了一种半胱胺螯合锌的制备方法，分析半胱胺锌的分子结构式为(C₂H₆NS)₂Zn·2H₂O。之后，舒绪刚等[2]在此基础上合成不同结构的半胱胺锌螯合物，根据配合物物质含量的不同可分为 1：1 型、2：1 型半胱胺锌。

1：1 型半胱胺锌的分子式为 C₄H₁₂Cl₂N₂S₂Zn₂，相对分子质量为 353.92，螯合物锌含量为 36.95%，配体含量为 43.02%。

分析晶体结构可知 1：1 型半胱胺锌为螯合物，分子中锌离子均为四配位，形成畸变的三角锥构型。如 1：1 型半胱胺锌的结构单元图 3.3 所示，晶体结构单元中的一个锌离子(Zn1)与 2 个半胱胺配体的 N 原子和 2 个 S 原子配位，形成五元螯合环。另一个锌离子(Zn2)与 2 个 Cl 原子和 2 个配体的 S 原子配位；两个锌离子中心通过配体中的 S 连接。

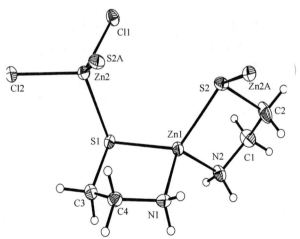

图 3.3　1：1 型半胱胺锌的结构单元

在红外谱图(图 3.4)中的官能团区(或称特征频率区，4000～1330 cm^{-1})和指纹区(1330～400 cm^{-1})，2∶1 型和 1∶1 型半胱胺锌的出峰位置和出峰强度非常相似。螯合物在 2500～2600 cm^{-1} 处没有巯基的特征峰；配体在 2200～3000 cm^{-1} 处存在铵谱带峰，但反应后螯合物的谱图中相应峰明显减弱。因此，在 1∶1 型和 2∶1 型半胱胺锌的分子中，半胱胺配体的氨基和巯基与锌离子配位形成五元螯合环，这与 1∶1 型半胱胺锌的晶体结构分析结果吻合。

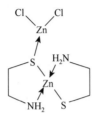

1∶1型半胱胺锌

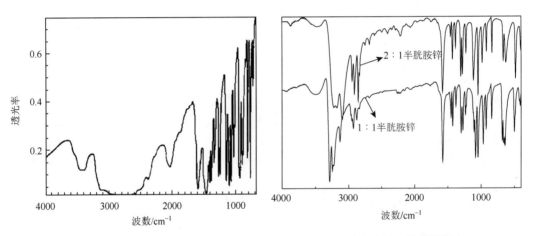

图 3.4　半胱胺盐酸盐的标准图(左)和 1∶1、2∶1 型半胱胺锌的红外谱图(右)

2∶1 型半胱胺锌螯合物的锌含量为 30.04%，配体含量为 69.96%，分子式为 C$_4$H$_{16}$O$_2$N$_2$S$_2$Zn，即(C$_2$H$_8$ONS)$_2$Zn，相对分子质量为 217.67，通过红外谱图等分析可确定半胱胺锌的螯合结构，且分子中不含水分子。因此，推测半胱胺配体的氨基和 S 与锌离子配位形成含五元螯合环的小分子螯合物。

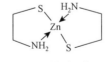

2∶1型半胱胺锌

2. 性状

1∶1 型半胱胺锌为白色结晶性粉末，能溶于水，不溶于乙醇等有机溶剂，275℃螯合物开始分解。

2∶1 型半胱胺锌为白色或类白色结晶性粉末，微溶于水，不溶于乙醇等有机溶剂，

260℃螯合物开始分解。

3. 合成

1∶1 型半胱胺锌

以半胱胺盐酸盐和锌盐为原料，先将半胱胺盐酸盐用水溶解，用氢氧化钠溶液调节 pH 为 5.5，加热至 90℃，按物质的量比 1∶1 缓慢搅拌下加入锌盐，有固体析出，恒温反应 1 h。反应液过滤，洗涤，滤饼干燥可得本品，产率约 90%。

2∶1 型半胱胺锌

将 0.1 mol 的半胱胺盐酸盐加于水中，加入 0.05 mol 硫酸锌，搅拌溶解，缓慢加入氢氧化钠，调节 pH 为 9.5，此时反应液为呈浅灰色浑浊溶液。室温反应 2 h，抽滤，滤饼干燥，得本品，产率约 95%。

4. 标准

半胱胺锌未被列入《饲料添加剂品种目录(2013)》，暂无国家标准。

5. 应用

半胱胺锌螯合物的研究资料甚少，螯合物可添加于饲料，是潜在的营养强化剂。

3.1.1.7　苏氨酸锌，zinc threonine complex(or chelate)

1. 结构

苏氨酸为动物的必需氨基酸之一，其矿物元素配合物引起了国内外广泛研究。早在 1977 年，Hamalainen 合成并分析了苏氨酸锌的晶体结构。苏氨酸锌的 CAS 号为 65312-22-3，分子式为 $C_8H_{20}N_2O_8Zn$，相对分子质量 337.64，配合物锌含量 19.37%，氨基酸配体含量为 70.56%。苏氨酸锌螯合物晶体结构中的锌离子为六配位，形成畸变的八面体配位构型。分子中的锌离子与两分子水和两苏氨酸配体配位，配体的氨基和羧基同时与锌离子配位形成五元螯合环。此后，Yoshikaw 等[13]以七水合硫酸锌和苏氨酸的锂盐为原料，胡晓波等[14]以苏氨酸和氧化锌均合成了苏氨酸锌。

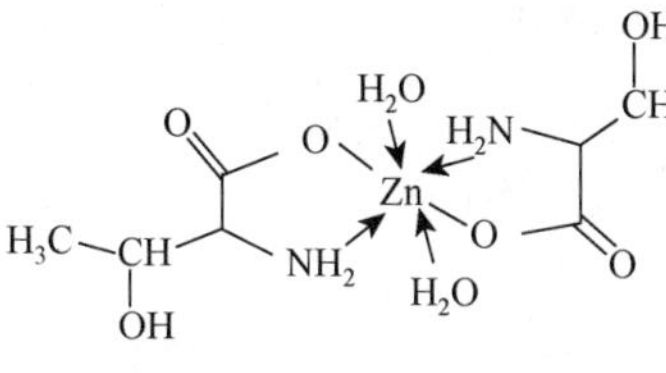

苏氨酸锌

2. 性状

苏氨酸锌为白色粉末，能溶于水，不溶于乙醇等有机溶剂。螯合物加热至 170℃失去 2 分子结晶水，208℃开始分解。

3. 合成

(1) 按物质的量比为 2∶1，将原料苏氨酸加热溶解，缓慢加入氧化锌，90℃下反应 2 h。反应液冷却晶析，过滤分离，水洗固体，50℃真空干燥，得本品。

(2) 以七水合硫酸锌和苏氨酸为原料，按物质的量比 2∶1 将硫酸锌的溶液加入到苏氨酸的锂盐溶液中反应，产物用热水重结晶提纯，得本品。

4. 标准

苏氨酸锌未被列入《饲料添加剂品种目录(2013)》，暂无国家标准。

5. 应用

苏氨酸锌可用于医药、化学试剂、营养强化剂，具有恢复人体疲劳，促进生长发育的效果。

3.1.1.8　L-天(门)冬氨酸锌，zinc L-aspartic acid complex (or chelate)

1. 结构

张有明等[15]合成了 L-天冬氨酸锌螯合物，锌含量为 26.10%，氨基酸含量 52.40%，分子式为 $C_4H_{11}NO_7Zn$，相对分子质量为 250.52。L-天冬氨酸锌失去 3 个结晶水后，分子式为 $C_4H_5NO_3Zn$，相对分子质量为 196.50，CAS 号为 36393-20-1。

分析 L-天冬氨酸锌的晶体结构：L-天冬氨酸锌分子中锌离子配位数为六，形成畸变的八面体构型。L-天冬氨酸的 2 个羧基与锌形成了配位键，α-氨基也与锌形成配位键，再加上 2 个水分子的配位，它们形成了一个二环状配合物。晶体中由于 L-天冬氨酸 4 位羧基上的羰基氧原子与另一个锌离子桥联配位形成稳定的螺旋链状聚合物。

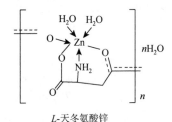

L-天冬氨酸锌

2. 性状

L-天冬氨酸锌为白色结晶性粉末，易溶于水，不溶于乙醇等有机溶剂。

3. 合成

将 L-天冬氨酸溶于热水中，加入氧化锌(与氨基酸的物质的量比为 1.2∶1)，在 500 W 微波辐射下回流反应约 10 min，溶液澄清。减压蒸去部分水，冷却后静置数小时，析出白色粉末状产物，过滤，洗涤，干燥得本品，产率约 98%。

4. 标准

L-天冬氨酸锌未被列入《饲料添加剂品种目录(2013)》，暂无国家标准。

5. 应用

L-天冬氨酸可用于治疗人的心脏病，用作肝功能促进剂、氨解毒剂、疲劳消除剂和氨基酸输液成分等，其在医药、食品和化工等方面有着广泛的用途。因此，在食品方面，L-天冬氨酸的配合物是一种潜在的优良营养增补剂和添加剂。

L-天冬氨酸锌为新一代微量元素添加剂，可作为食品添加剂及医药中间体。

3.1.1.9　L-组氨酸锌，zinc L-histidine complex (or chelate)

1. 结构

L-组氨酸是构成蛋白质的基本单位，是组成动物体蛋白质的 20 种氨基酸之一。杨云裳等[16]合成了 L-组氨酸锌的粗品，并通过分析认为 L-组氨酸的氨基氮原子和羧基氧原子均参与配位，但是目前对 L-组氨酸锌的研究较少，其具体分子结构未见资料报道。

2. 性状

L-组氨酸锌为白色粉末，易溶于水，不溶于乙醇等有机溶剂。

3. 合成

将组氨酸溶解，加入六水合硝酸锌(与氨基酸的物质的量比为 2∶1)，调 pH 为 5，50℃下反应 50 min，反应液浓缩，用无水乙醇析出沉淀，过滤，干燥得本品，产率约 93%。

4. 标准

L-组氨酸锌未被列入《饲料添加剂品种目录(2013)》，暂无国家标准。

5. 应用

L-组氨酸锌具有很好的生物活性，并且有抗氧化能力。另外，L-组氨酸锌可以保护皮质神经元，对抗氧化应激引起损伤，并且能抑制细胞凋亡。相对于硫酸锌，L-组氨酸锌是一种强的角蛋白增生诱导剂，具有较好的耐受性和较弱的诱导分化能力。

3.1.1.10　色氨酸锌，zinc tryptophane complex (or chelate)

1. 结构

王建[17]以色氨酸和锌盐为原料，采用溶剂热法合成了色氨酸锌的晶体，锌含量为 13.86%。螯合物分子式为 $C_{22}H_{22}O_4N_4Zn$，相对分子质量为 471.81。配合物晶体结构中色氨酸分子作为一个不对称配体与锌离子相连，在配位化合物中起螯合作用而增加配位聚合物的稳定性。锌离子为六配位，分别与 1 个 L-色氨酸分子的羧基氧原子、氨基氮原子和 1 个 D-色氨酸分子的羧基氧原子、氨基氮原子配位形成 2 个五元螯合环；L-色氨酸分子和 D-色氨酸分子羧基的两个氧配位后高度对称，并通过羧基氧桥联两个锌离子中心形成配位聚合物 $[Zn(L\text{-trp})(D\text{-trp})]_n$。

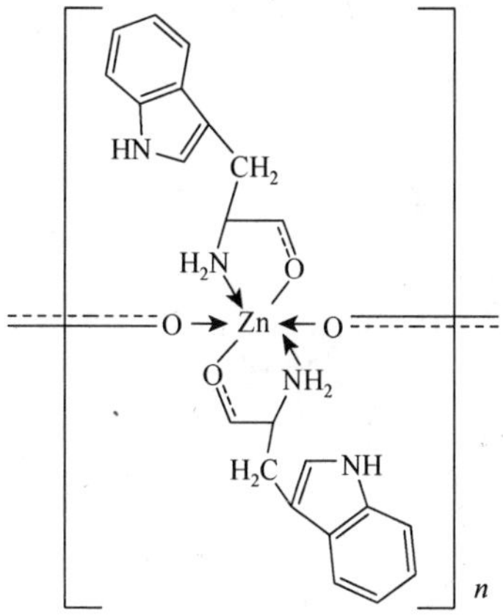

色氨酸锌

2. 性状

色氨酸锌为浅茶色菱形片状晶体，难溶于水、甲醇、乙醇及二甲基甲酰胺(DMF)，缓慢溶于二甲基亚砜(DMSO)。

3. 合成

（1）称取 1.0 mmol L-色氨酸，加入 1 mL 1.0 mmol/mL 的 KOH 溶液，以去离子水和甲醇为混合溶剂，不断搅拌使之完全溶解，形成透明溶液。将锌盐按一定物质的量比（金属离子与色氨酸分子物质的量比为 0.5∶1）倒入前一步配制的溶液中，搅拌形成均匀溶液。将混合液转入 25 mL 容量的特氟隆内胆，用不锈钢压力釜密封。置于电热鼓风干燥箱中，升温至 148℃。恒温 72 h，再缓慢逐步降至室温，得本品，产率约 43%。

（2）以无机锌盐溶液和色氨酸溶液为原料，且锌盐过量；在 pH 为 7.5～8.2、80～100℃的条件下，采用向氨基酸溶液中滴加无机锌盐溶液的方式进行反应；然后降温、分离、干燥，即得产品。

4. 标准

色氨酸锌未被列入《饲料添加剂品种目录（2013）》，暂无国家标准。

5. 应用

色氨酸是组成蛋白质的 20 种常见氨基酸之一，是哺乳动物的必需和生糖氨基酸。色氨酸可参与动物体内血浆蛋白质的更新，促使核黄素发挥作用。另外，色氨酸可增加怀孕动物胎仔体内抗体，并对泌乳期的乳牛和母猪有促进泌乳作用。当缺乏时，畜禽生长停滞、体重下降、脂肪积累降低，种公畜睾丸萎缩。色氨酸锌配合物是潜在的营养型添加剂，可广泛用于食品工业、医药等行业。

3.1.1.11 N-氨甲酰甘氨酸锌，zinc N-carbamyl glycine complex（or chelate）

1. 结构

舒绪刚等[2]合成了 N-氨甲酰甘氨酸锌，为简单的二肽类氨基酸金属配合物，锌含量为 21.82%，氨基酸含量 88.18%。配合物分子式为 $C_6H_{10}O_6N_4Zn$，即 $(C_3H_5O_3N_2)_2Zn$，相对分子质量为 299.57。

N-氨甲酰甘氨酸锌的晶体结构（图 3.5）分子中的锌离子为四配位，形成三角锥配位构

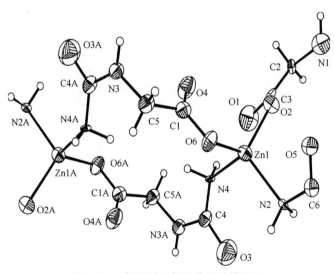

图 3.5 N-氨甲酰甘氨酸锌的结构单元

型。锌离子与四个配体配位[两个氨基(N_2，N_4)和两个羧基(O_2，O_6)]形成配位键，配体通过分子两端氨基和羧基桥联两个锌离子中心形成链状配位聚合物。

2. 性状

N-氨甲酰甘氨酸锌为白色粉末，能溶于水，不溶于乙醇、甲醇、丙酮等有机溶剂。

3. 合成

1）液相合成法

取 0.1 mol 的 N-氨基甲酰甘氨酸和 0.05 mol 的硫酸锌混匀，用 100 mL 水加热溶解，用氢氧化钠调 pH 约为 6.5，有沉淀析出，80℃下反应 0.5 h，反应液趁热过滤，滤饼用乙醇洗涤，干燥得本品。

2）室温固相合成法

取 0.1 mol 的 N-氨基甲酰甘氨酸和 0.05 mol 的硫酸锌混匀，置于研钵中，加入与氨基酸等物质的量的氢氧化钠，以水为引发剂，室温下研磨反应 40 min，析出大量白色沉淀，加入 50 mL 40℃以上的热水溶解，抽滤，洗涤，滤饼干燥得本品，产率可达 90%。

4. 标准

N-氨基甲酰甘氨酸锌未被列入《饲料添加剂品种目录（2013）》，暂无相应标准。

5. 应用

N-氨甲酰甘氨酸为最简单的二肽类氨基酸，研究表明小肽类氨基酸在机体肠胃中更容易被吸收。N-氨基甲酰甘氨酸锌可作为新一代营养型饲料添加剂。

3.1.1.12　N-氨基甲酰-L-谷氨酸锌，zinc N-carbamyl-L-glutamate complex（or chelate）

1. 结构

Shu 等[8]合成了 N-氨基甲酰-L-谷氨酸锌，配合物的锌含量为 24.08%，氨基酸配体含量 69.28%。配合物加热至 140℃开始失去 1 分子结晶水，230℃开始分解。配合物分子式为 $C_6H_{10}O_6N_2Zn$，相对分子质量为 271.54。

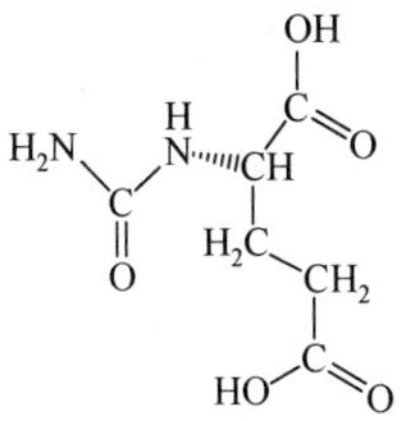

N-氨基甲酰-L-谷氨酸

N-氨基甲酰-L-谷氨酸锌的晶体结构（图 3.6）中的锌离子为五配位，与 3 个配体的羧基氧（O1、O4、O12A）、氨基（N1）和水分子（O11）配位。氨基酸配体分子中参与配位的基团为氨基和两个羧基，氨基和一个羧基脱氢后分别与锌离子配位，另一个羧基反应后基团的电子云密度发生变化，羟基氧与锌离子配位，羰基氧与另一个锌离子配位，形成配位聚合物$[(C_6H_8O_5N_2)Zn·H_2O]_n$。

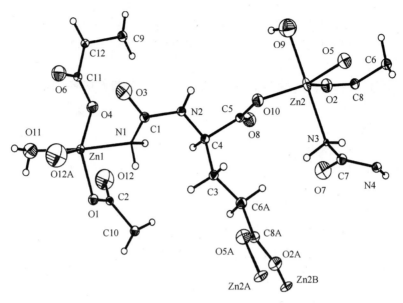

图 3.6　*N*-氨基甲酰-*L*-谷氨酸锌的结构单元

2. 性状

N-氨基甲酰-*L*-谷氨酸锌为白色结晶性粉末，易溶于水，不溶于乙醇、甲醇、丙酮等有机溶剂。

3. 合成

取 0.1 mol 的 *N*-氨基甲酰-*L*-谷氨酸加热溶于水，加入 0.1 mol 的氧化锌，用氢氧化钠调反应液的 pH 为 6.5，反应 1～1.5 h。反应液浓缩，用无水乙醇析出晶体，离心分离，沉淀洗涤、干燥得本品。

4. 标准

N-氨基甲酰-*L*-谷氨酸锌未被列入《饲料添加剂品种目录 (2013)》，暂无相应标准。

5. 应用

N-氨基甲酰-*L*-谷氨酸锌可用作营养性饲料添加剂，提高孕母猪的窝仔量及仔猪存活率，并能促进仔猪生长。

3.1.1.13　其他

1. 组氨酸锌，zinc complex (or chelate)

组氨酸锌配合物锌含量为 17.10%，分析晶体结构认为螯合物分子中的锌离子为四配位。锌离子中心围绕两个氨基酸配体，配体的羧基不与锌离子配位。配体的氨基和唑基中的氮原子与锌离子配位形成一个六元环。组氨酸锌的分子式为 $C_{12}H_{18}N_6O_5Zn$，即 $(C_6H_8N_3O_2)_2Zn \cdot H_2O$，相对分子质量为 382.46。组氨酸锌未被列入《饲料添加剂品种目录 (2013)》，暂无国家标准。组氨酸主要用作增味剂和营养增补剂，亦可用于婴幼儿食品及手术后病人食品，也是氨基酸输液及综合氨基酸制剂的重要成分。因此组氨酸锌可用作食品添加剂和营养增补剂。

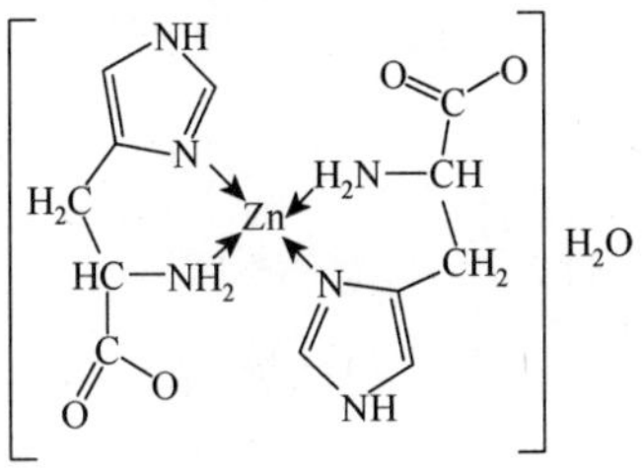

组氨酸锌

2. 酵母锌，zinc yeast complex

将酵母菌种（多为啤酒酵母）按 10%接种量接种于含锌盐的培养基中，28℃摇床（180~220 r/min）发酵培养 20~60 h，离心分离，收集菌体，洗涤，60~65℃烘干至恒重得本品。由于所选菌种、培养基、发酵条件的差异，所得酵母锌中的锌含量略有不同。酵母锌可作为补锌剂药用，也可作为营养添加剂添加于动物饲料。

酵母锌未被列入《饲料添加剂品种目录(2013)》，暂无相应标准。

3. 蛋白锌，zinc proteinate

蛋白锌又名锌蛋白，锌结合蛋白。蛋白质和锌离子之间的连接可以是以共价键结合的化合物形式，也可以是以配位键为主的螯合物形式。从目前的技术看，蛋白质多从生物体获得，因此蛋白锌也可以叫生物锌。因为蛋白质的大小、结构不同，蛋白锌的吸收率、生物利用度也千差万别。

4. 氨基酸锌配合物（氨基酸来源于水解植物蛋白），zinc amino acid complex (amino of any amino acid derived from hydrolysed plant protein)

水解植物蛋白(HVP)是植物性蛋白质在酸催化作用下，水解后的产物，其构成成分主要是氨基酸。HVP 是一种天然风味料，亦可作为氨基酸调味剂，在医疗、化工、食品等领域有着广泛的用途，特别是在调味品行业，相关锌配合物在食品、饲料等行业有广阔的前景。

3.1.2 铜(Ⅱ)元素配合物

3.1.2.1 甘氨酸铜，copper glycine complex (or chelate)

1. 结构

甘氨酸铜的结构主要有两种，分别为螯合物和配合物。甘氨酸铜螯合物的分子式为 $C_4H_{10}O_5N_2Cu$，即 $Cu(C_2H_4O_2N)_2 \cdot H_2O$，相对分子质量为 229.67，螯合物的铜含量 27.67%，配体含量 64.48%；甘氨酸铜失去 1 分子结晶水后分子式为 $C_4H_8O_4N_2Cu$，相对分子质量为 211.66，铜含量 30.02%，配体含量 69.98%，CAS 号为 13479-54-4。

1957 年，Okaya 首次报道了甘氨酸铜螯合物(反式)的晶体结构。螯合物分子中含 1 分子游离水，铜离子为四配位。甘氨酸配体的氨基和羧基与铜离子配位形成五元螯合环。甘氨酸铜螯合物(反式)极性小，反应所需活化能高，合成条件较为苛刻，现有的相关甘氨酸铜的合成资料，产物多为甘氨酸铜螯合物的顺式结构。

甘氨酸铜螯合物 (反式)

2004 年, Casari 报道了一种甘氨酸铜螯合物(顺式)的结构, 分子中铜离子为五配位, 分别与 1 分子水和 2 分子配体配位。两甘氨酸配体的氨基和羧基与铜离子配位形成含 2 个五元螯合环, 且 2 个氨基在铜离子的同侧。甘氨酸铜螯合物(顺式)的极性较大, 合成所需活化能低, 易于合成。

甘氨酸铜螯合物 (顺式)

舒绪刚等[19]合成了甘氨酸铜配合物, 铜含量 23.47%, 配体含量 27.71%。分析配合物的分子式为 $C_2H_9NO_8CuS$, 相对分子质量为 270.70。

甘氨酸铜配合物

配合物的晶体结构(图 3.7)中的铜离子配位数为五, 形成畸变的四方锥配位构型。铜离子与硫酸根、2 个水分子和甘氨酸配体的羧基配位。甘氨酸配体的羧基在与铜离子配位后, 电子云密度发生变化, 形成共轭大 π 键, 因此羧基的 2 个氧原子(O5, O6)均与铜离子配位, 且桥联 2 个铜离子中心形成配位聚合物。

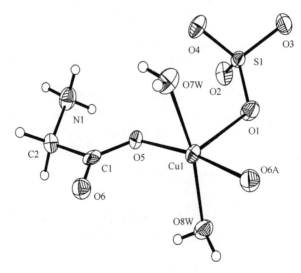

图 3.7　甘氨酸铜的结构单元

2. 性状

甘氨酸铜螯合物(顺式)为天蓝色针状粉末，螯合物质轻，易溶于水等高极性溶剂中，微溶于乙醇；流动性良好。

甘氨酸铜螯合物(反式)为蓝紫色鳞片状粉末，质轻，易溶于低极性的溶剂。

甘氨酸铜配合物为蓝色菱形晶体或结晶性粉末(图3.8)，易溶于水，不溶于乙醇、甲醇等有机溶剂。

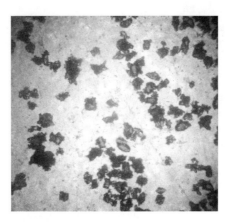

图 3.8　甘氨酸铜晶体

3. 合成

甘氨酸铜螯合物(顺式)

(1)将 6.3 g 硫酸铜溶于 20 mL 水中，滴加氨水至沉淀溶解，加入 25 mL 3 mol/L 的氢氧化钠溶液，生成沉淀，过滤洗涤，干燥得新鲜的 $Cu(OH)_2$。取 3.8 g 甘氨酸 65℃溶于 15 mL 水中，加入上述 $Cu(OH)_2$，搅拌，趁热过滤，滤液加入 10 mL 95%乙醇，冷却析出晶体，过滤用乙醇(1∶3)、丙酮洗涤，滤饼干燥得顺式甘氨酸铜螯合物。

(2)以乙酸铜和甘氨酸为原料，利用一步室温固相反应合成一水合甘氨酸铜，研磨时间为 80 min，引发剂水量为 9%，物质的量比为 2∶1，碳酸钠使用量为 10%，产率约 98%。

甘氨酸铜配合物

以甘氨酸和硫酸铜为原料，按物质的量比 1∶1 反应。在 pH 为 6.5~7.5，60~80℃条件下反应 0.5~1 h，反应液浓缩，用无水乙醇析出沉淀，真空干燥得本品。

4. 标准

甘氨酸铜的相应国家标准暂无。

5. 应用

甘氨酸铜是理想的营养强化剂和饲料添加剂。

3.1.2.2　丙氨酸铜，copper alanine complex(or chelate)

1. 结构

Carlo 和 Richard[20]、Moussa 等[21]合成了丙氨酸铜，铜含量为 26.81%，螯合物分子式为 $C_6H_{12}N_2O_4Cu$，相对分子质量为 240.71。丙氨酸铜的晶体结构中的铜离子为五配位。丙氨酸配体的羧基配位后，基团的电子云密度发生变化，形成共轭大 π 键，铜离子分别与羟基氧与氨基配位形成五元螯合环，羰基氧桥联两个铜离子中心，形成配位聚合物。

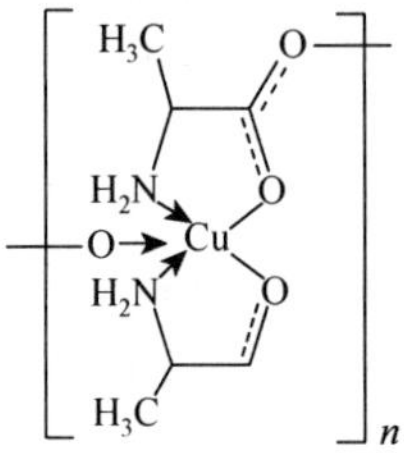

丙氨酸铜

DL-丙氨酸铜，螯合物铜含量为 26.81%，280℃开始分解，分子式为 $C_6H_{12}N_2O_4Cu$，相对分子质量为 240.71。许志峰等[22]分析螯合物晶体分子中的铜离子为四配位，与四个配位原子处在一平面中，丙氨酸配体的氨基和羧基与铜离子配位形成五元螯合环。

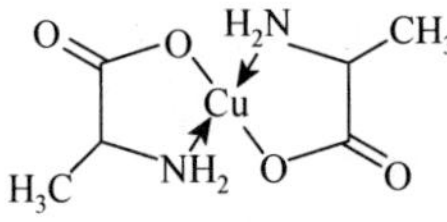

DL-丙氨酸铜

2. 性状

丙氨酸铜为蓝色粉末，不溶于水，不溶于乙醇、乙醚等有机溶剂。

3. 合成

在 100 mL 的三颈烧瓶中加入溶有 0.01 mol DL-丙氨酸和 0.01 mol 氢氧化钾的 50 mL 乙醇溶液。在 65℃回流 1.5 h，过滤。将 0.005 mol 的醋酸铜溶于 20 mL 水中，加入上述滤液，继续反应 1 h，得深蓝色溶液。减压蒸馏除去一半水分，静置，析出蓝色晶体，得本品，产率 83%。

4. 标准

丙氨酸铜未被列入《饲料添加剂品种目录(2013)》，暂无国家标准。

5. 应用

丙氨酸是一种脂肪族的非极性氨基酸。常见的是 L-α-氨基酸，是蛋白质编码氨基酸之一，哺乳动物非必需氨基酸和生糖氨基酸。丙氨酸铜可用作补充氨基酸的营养性添加剂。

3.1.2.3 L-赖氨酸铜，copper L-lysine complex(or chelate)

1. 结构

Duarte 等[23]以氯化铜和 L-赖氨酸盐酸盐为原料，采用溶剂挥发法得到了赖氨酸铜螯合物的晶体，分子式为 $C_{12}H_{32}N_4O_6Cl_2Cu$，即 $Cu(lys\cdot HCl)_2\cdot 2H_2O$，相对分子质量为 462.92，螯合物的铜含量为 13.73%。晶体分子中的水分子为游离水，铜离子与 L-赖氨酸配体的氨基和羧基配位形成五元螯合环；Cu—Cl 的键长在 0.28～0.32 nm，氯是以离子形式存在，与铜离子之间的作用较弱。

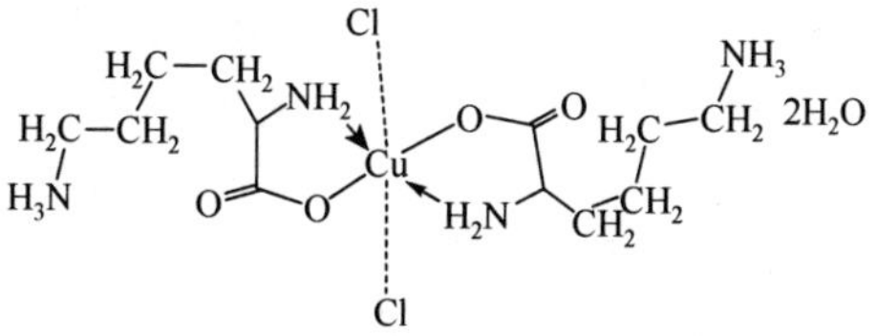

赖氨酸铜

Ricardo 等[24]以 L-赖氨酸盐酸盐和三水合硝酸铜为原料合成了赖氨酸铜[Cu(lys)Cl$_2$]，分子式为 $C_6H_{14}Cl_2CuN_2O_2 \cdot (H_2O)_{0.50}$，相对分子质量为 289.65，螯合物铜含量为 21.94%。晶体结构中的铜离子为五配位。L-赖氨酸配体的氨基和羧基与铜离子配位形成五元螯合环。铜离子与另外的 3 个氯原子配位，其中 2 个氯原子可桥联 2 个铜离子中心形成配位聚合物。螯合物结构式如下：

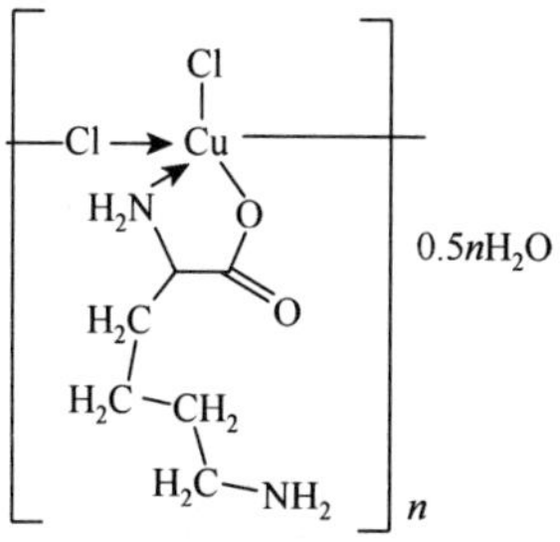

赖氨酸铜 [Cu(lys)Cl$_2$]

2. 性状

L-赖氨酸铜为蓝色粉末，质轻，易溶于水，难溶于乙醇等有机溶剂，熔点为 233.2～233.9℃。

3. 合成

（1）将 10 mmol 的 L-赖氨酸盐酸盐溶于 20 mL 水中，选用 $NH_3 \cdot H_2O$ 保持 pH 在 8～9，6 mmol 的氯化铜（与氨基酸的物质的量比为 3∶5）溶液与氨水交替滴加，60℃下反应 1 h，反应产物 40℃下真空旋转蒸发，减压过滤，滤饼干燥得本品[(lys)$_2$Cu]，产率约为 71%。

（2）以 L-赖氨酸盐酸盐和碱式碳酸铜为原料，按物质的量比 2∶0.5 反应。将 L-赖氨酸盐酸盐溶解，缓慢滴加碱式碳酸铜溶液，60℃下反应 2 h，趁热过滤，滤液减压蒸馏至有蓝色固体析出，冷却静置，抽滤，烘干得本品[(lys)$_2$Cu·2H$_2$O]，产率约 92%。

（3）赖氨酸铜[Cu(lys)Cl$_2$]晶体的合成。①以 L-赖氨酸盐酸盐（55.75 g）和三水合硝酸铜（73.71 g）为原料，溶于 50 mL 蒸馏水中，加热至 50℃，搅拌得蓝色透明溶液，过滤，滤液于 24℃下静置 2 个月，少量晶体析出，得赖氨酸铜[Cu(lys)Cl$_2$]。②将 L-赖氨酸盐酸盐 0.5 g 和三水合硝酸铜 0.613 g 加入 500 mL 99.5%的乙醇中，加热至 50℃，搅拌 5 h 至固体溶解，溶液于 24℃下放置，可缓慢析出赖氨酸铜[Cu(lys)Cl$_2$]晶体。

4. 标准

赖氨酸铜的国家标准暂无。广州天科生物科技有限公司提供的赖氨酸铜[(lys)$_2$Cu·2H$_2$O]

产品的企业标准——《饲料添加剂—赖氨酸铜络合物》(Q/GTKSW 23—2014)，赖氨酸铜的技术指标见表 3.5。本标准规定了该公司生产的饲料添加剂——赖氨酸铜的技术要求、试验方法、检验规则、标签、包装、运输、储存及保质期等。

表 3.5　赖氨酸铜技术指标

项目	赖氨酸铜指标
铜含量/%	≥10.0
赖氨酸含量(以赖氨酸盐酸盐计)/%	≥56.0
赖氨酸铜含量(以 $C_{12}H_{28}N_4O_4Cl_2Cu$ 计)/%	≥67.0
水分/%	≤8.0
粒度(孔径 0.6 mm 试验筛通过率)/%	≥95.0
砷/(mg/kg)	≤10
铅/(mg/kg)	≤20

注：本产品符合中华人民共和国农业部公告第 1224 号。

5. 应用

研究表明，禽畜日粮中添加较低剂量的赖氨酸铜可取得高剂量硫酸铜的促生长效果，减少了高铜对环境的污染。赖氨酸铜可提高仔猪对氮和脂肪的消化率，提高仔猪生长性能。

3.1.2.4　谷氨酸铜，copper glutamate complex (or chelate)

1. 结构

谷氨酸铜的分子式为 $C_5H_{11}O_6NCu$，即 $[COO—CH(NH_2)—(CH_2)_2—COO]Cu\cdot2H_2O$，相对分子质量为 244.69，螯合物的铜含量为 25.97%，配体含量为 59.30%。Carlo 等[7]合成并分析谷氨酸铜的分子结构，谷氨酸铜的晶体结构与谷氨酸锌的结构一致，铜离子为六配位，与 3 个羧基氧、1 个氨基氮和 1 个水分子形成配位键；谷氨酸配体分子中含 2 个羧基，1 个羧基脱氢配位，另一羧基的羟基和氨基与铜离子配位形成五元螯合环，羧基桥联铜离子中心形成配位聚合物。

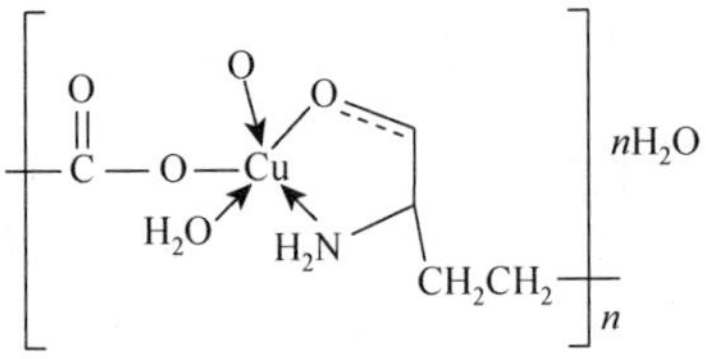

谷氨酸铜

2. 性状

谷氨酸铜为蓝绿色结晶性粉末，易溶于水，不溶于乙醇、甲醇、丙酮等有机溶剂，密度 $1.954\ g/cm^3$。

3. 合成

以谷氨酸和硝酸铜为原料，按物质的量比 1∶1 搅拌溶于水，反应液过滤，室温静置，可缓慢析出谷氨酸铜的晶体。

4. 标准

谷氨酸铜未被列入《饲料添加剂品种目录(2013)》，暂无国家标准。

5. 应用

谷氨酸是生物机体内氮代谢的基本氨基酸之一，也是机体中枢神经系统内含量最高、作用最广泛的兴奋性氨基酸，谷氨酸铜可用作调味剂，并能促进动物生长。

3.1.2.5　蛋氨酸铜，copper methionine complex(or chelate)

1. 结构

国标 GB/T 20802—2006 中的蛋氨酸铜有两种结构，分别为 1∶1 型和 2∶1 型。1∶1 型蛋氨酸铜的分子式为 $C_5H_{11}S_2NO_6Cu$，即 $(C_5H_{10}SNO_2)Cu(HSO_4)$，相对分子质量为 308.82，铜含量 20.58%。1∶1 型蛋氨酸铜的合成资料较少。2∶1 型蛋氨酸铜的分子式为 $C_{10}H_{20}S_2N_2O_4Cu$，相对分子质量为 360.02，螯合物的铜含量 17.65%。张晓鸣等[25]分析确定 2∶1 型蛋氨酸铜的分子式结构为 $(C_5H_{10}SNO_2)_2Cu$，其中 S 未参与配位。

2. 性状

1∶1 型蛋氨酸铜为蓝灰色粉末，有蛋氨酸特有气味。

2∶1 型蛋氨酸铜为蓝紫色粉末，难溶于水，不溶于乙醇，有蛋氨酸特有气味。

3. 合成方法

2∶1 型蛋氨酸铜

(1)以蛋氨酸和硫酸铜为原料，按物质的量比 2∶1，每 50 mL 的 6%蛋氨酸溶液中加入 3.25 mL 的 30% NaOH。将蛋氨酸溶解，加入 NaOH 溶液摇匀，与 $CuSO_4·5H_2O$ 溶液 (2.5 g+20 mL)混合，震荡 15 min，反应液抽滤，滤饼干燥得本品，产率约 90%。

(2)将乙酸铜与蛋氨酸以物质的量比 1∶2 充分粉碎混合，准确称量于试管中，调节水分，然后微波辐射快速合成，用蒸馏水充分洗涤并干燥，得本品。

4. 标准

在《中华人民共和国国家标准——饲料添加剂 蛋氨酸铜》(GB/T 20802—2006)中规定了饲料添加剂蛋氨酸铜的技术要求、试验方法、检验规则及标签、包装、运输、储存及保质期等。本标准适用于由可溶性铜盐及蛋氨酸配位而成的蛋氨酸铜产品。

5. 应用

2∶1 型蛋氨酸铜有很好的油脂抗氧化作用，加入饲料中不会破坏各种类型的维生素，也不会催化饲料中油脂的氧化反应，也可以用于脂肪含量较高的婴幼儿配方奶粉。

3.1.2.6　羟基蛋氨酸类似物螯合铜，copper methionine hydroxy analogue complex chelate

1. 结构

羟基蛋氨酸类似物螯合铜又称羟基蛋氨酸铜，有两种结构，根据物质含量可分为 1∶1 型和 2∶1 型。1∶1 型羟基蛋氨酸铜的分子式为 $C_5H_9O_{3.5}SCu$，即 $(C_5H_8O_3S)Cu·0.5H_2O$，相对分子质量为 220.73，铜含量 28.79%；2∶1 型羟基蛋氨酸铜的分子式为 $C_{10}H_{18}O_6S_2Cu$，即$(C_5H_9O_3S)_2Cu$，相对分子质量为 361.91，铜含量 17.56%[26]。

2. 性状

1∶1 型羟基蛋氨酸铜为蓝色粉末，不溶于水，不溶于乙醇等有机溶剂。

2∶1 型羟基蛋氨酸铜为蓝色结晶性粉末，不溶于水，不溶于乙醇，丙酮等有机溶剂。

3. 合成

1∶1 型羟基蛋氨酸铜

以羟基蛋氨酸和乙酸铜为原料，按物质的量比 1∶0.65，加热搅拌，此时溶液 pH 为 3～4，呈暗绿色，并逐渐生成沉淀，反应一段时间后 pH 达 4～5，静置后抽滤、洗涤，滤饼干燥得本品，产率约 80%。

2∶1 型羟基蛋氨酸铜

以羟基蛋氨酸和 $CuSO_4 \cdot 5H_2O$ 为原料，按物质的量比 2∶1 混匀，加热溶解，80℃ 反应 10 min，然后逐滴加入与羟基蛋氨酸同量的 NaOH 溶液，液体呈现深蓝绿色，继续反应 2 h，有沉淀生成，冷却、抽滤，洗涤，干燥得本品，产率约 83%。

4. 标准

羟基蛋氨酸铜的国家标准暂无。

5. 应用

2008 年 12 月 15 日，欧盟发布欧盟委员会法规(EC) No 1253/2008，法规规定允许羟基蛋氨酸铜螯合物(copper chelate of hydroxy analogue of methionine)作为饲料添加剂用于鸡的增肥，其最大用量为每公斤饲料(含水量为 12%)中铜元素含量为 25 mg，该法规自发布日起二十天后实施。

3.1.2.7　*L*-苏氨酸铜，copper *L*-threonine complex (or chelate)

1. 结构

L-苏氨酸铜的分子式为 $C_8H_{18}N_2O_7Cu$，相对分子质量为 317.78，铜含量 20.00%，配体含量 74.33%。Alberto 等[27]以 *L*-苏氨酸和碱式碳酸铜为原料，郭应臣等[28]以 *L*-苏氨酸和醋酸铜为原料均合成了 *L*-苏氨酸铜。晶体结构中的水分子为游离水，不参与配位；铜离子为六配位，与两个配体的羧基氧、氨基氮原子形成五元螯合环；配体羧基脱氢配位后形成大 π 键桥联两个铜离子中心，形成配位聚合物。

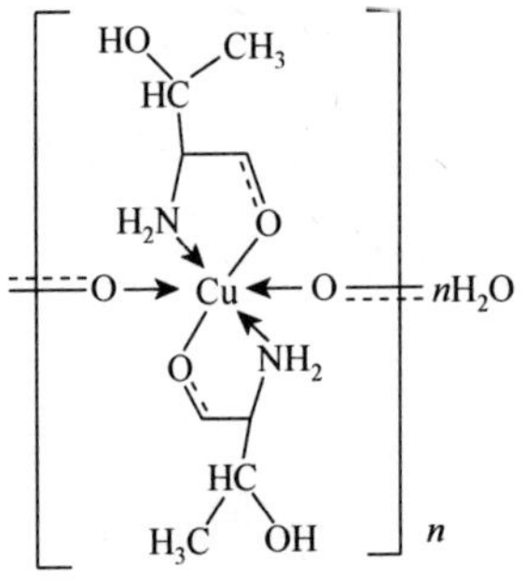

L-苏氨酸铜

2. 性状

L-苏氨酸铜为蓝色结晶性粉末，易溶于水，不溶于乙醇、甲苯等有机溶剂。

3. 合成

1）液相合成法

按物质的量比4∶1，将L-苏氨酸加热溶解后缓慢加入到碱式碳酸铜中，搅拌直到溶液为蓝色，过滤杂质，反应液浓缩结晶，过滤，滤饼干燥得本品。

2）室温固相合成法

以L-苏氨酸和醋酸铜为原料，按物质的量比2∶1混合研磨均匀，加入两倍于氨基酸的无水醋酸钠，研磨30 min，加入少量无水乙醇，继续研磨30 min，溶解过滤，滤液浓缩结晶，过滤，干燥得本品。

4. 标准

L-苏氨酸铜未被列入《饲料添加剂品种目录（2013）》，暂无相应国家标准。

5. 应用

L-苏氨酸是动物机体必需氨基酸，可作饲料营养强化剂。苏氨酸常添加到未成年仔猪和家禽的饲料中，是猪饲料的第二限制氨基酸和家禽饲料的第三限制氨基酸，因此，L-苏氨酸铜可作为饲料添加剂、营养强化剂以及铜的增补剂等使用。

3.1.2.8 N-氨基甲酰-L-谷氨酸铜，copper N-carbamyl-L-glutamate complex（or chelate）

1. 结构

舒绪刚等[29]合成了N-氨基甲酰-L-谷氨酸铜配合物，配合物铜含量25.25%，配体含量74.75%，分析配合物的分子式为$C_6H_8O_5N_2Cu$，相对分子质量251.68。

2. 性状

N-氨基甲酰-L-谷氨酸铜配合物为蓝绿色粉末，200℃开始分解；微溶于水，不溶于乙醇、甲醇、丙酮等有机溶剂。

3. 合成

按物质的量比1∶1，先将N-氨基甲酰-L-谷氨酸加热溶于水，加入硫酸铜，用NaOH溶液调节pH为5.5～6，加热至60～80℃，析出蓝色沉淀，反应1 h结束，反应液过滤，滤饼洗涤，干燥得本品。

4. 标准

N-氨基甲酰-L-谷氨酸铜未被列入《饲料添加剂品种目录（2013）》，暂无相应标准。

5. 应用

N-氨基甲酰-L-谷氨酸铜配合物可用作饲料添加剂，在饲料中添加150～200 μg/g的N-氨基甲酰-L-谷氨酸铜配合物可以显著提高仔猪的生产性能及免疫性能。

3.1.2.9 其他

1. 组氨酸铜，copper L-histidine complex（or chelate）

组氨酸主要用作增味剂和营养增补剂，亦可用于婴幼儿食品及手术后病人食品，也是氨基酸输液及综合氨基酸制剂的重要成分。因此组氨酸铜可用作食品添加剂和营养增补剂。

Deschamps 等[30]以组氨酸和铜盐合成了 2∶1 型组氨酸铜，铜含量 16.70%，分析晶体结构认为螯合物分子中的铜离子为五配位，形成畸变的三角双锥配位构型。铜离子中心围绕 2 个氨基酸配体，一个配体的氨基、羧基和咪唑基中的氮原子与铜离子配位形成一个五元环和一个六元环，另一个配体的氨基和羧基与铜离子配位形成五元环。2∶1 型组氨酸铜的分子式为 $C_{12}H_{18}N_6O_5Cu$，即$(C_6H_8N_3O_2)_2Cu \cdot H_2O$，相对分子质量 380.62。

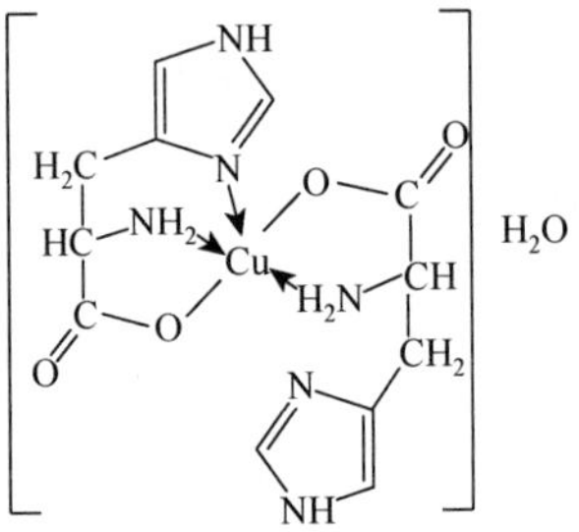

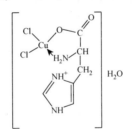

2∶1型组氨酸铜

Bujacz 等[31]合成了 1∶1 型组氨酸铜，铜含量为 20.66%，分子中铜离子为四配位，分别与氨基酸配体和 2 个氯原子配位，配体的氨基和羧基与铜离子配位后形成五元螯合环。组氨酸铜分子式为$(C_6H_8N_3O_2)CuCl_2 \cdot H_2O$，相对分子质量 307.61。

1∶1型组氨酸铜

组氨酸铜未被列入《饲料添加剂品种目录（2013）》，暂无国家标准。

2. 酵母铜，copper yeast complex

酵母铜为混合物，在含无机铜的培养基中由菌种发酵培养制得。日粮中添加酵母铜，可提高仔猪的生长性能及抗氧化酶活性，并优于无机铜的作用效果。

3. 蛋白铜，copper proteinate

蛋白铜为灰黑色粉末，无臭，微溶于水，不溶于乙醇、乙醚、氯仿等。通过将蛋白质水解成复合氨基酸，然后与无机铜盐通过络合反应制得。蛋白铜可作为营养性饲料添加剂，满足动物对铜元素的需求。

3.1.3 铁（Ⅱ）元素配合物

3.1.3.1　甘氨酸铁，ferrous glycine complex（or chelate）

1. 结构

研究认为，甘氨酸铁配合物存在两种稳定结构，根据配合物的物质含量分为 1∶1

型和 2：1 型甘氨酸铁。1：1 型甘氨酸铁的分子式为 $C_4H_{30}N_2O_{22}S_2Fe_2$，相对分子质量为 634.12，配合物的铁含量 17.61%，配体含量 23.65%。1：1 型甘氨酸铁的晶体结构与 1：1 型甘氨酸锌的结构相似，铁(Ⅱ)为六配位，八面体构型，2 个配体羟基氧和 4 个配位水与 1 个铁(Ⅱ)配位，氢键结合六水合硫酸铁形成复合物[32, 33]。

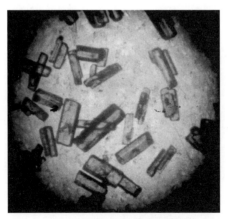

1：1型甘氨酸铁

2：1 型甘氨酸铁的分子式为 $C_4H_{10}N_2O_5Fe$，即 $(C_2H_4NO_2)_2Fe \cdot H_2O$，相对分子质量为 221.96，铁含量为 25.16%，配体含量为 66.70%，稳定常数为 5.08×10^5，甘氨酸铁的铁含量为 27.38%，配体含量为 72.62%，配合物在 120℃ 失去 1 分子水，分析分子式为 $C_4H_8N_2O_4Fe$，相对分子质量 203.94，CAS 号为 20150-34-9。

2：1型甘氨酸铁

2. 性状

1：1 型甘氨酸铁为淡黄色长方体状晶体(图 3.9)或结晶性粉末，易溶于水，不溶于乙醇、乙醚等有机溶剂。

图 3.9　甘氨酸铁的晶体

2：1 型甘氨酸铁为淡黄色结晶性粉末，易溶于水，不溶于乙醇等有机溶剂，失去 1 分子水后为淡黄色粉末，不溶于水，不溶于乙醇、乙醚等有机溶剂。

3. 合成方法

1：1 型甘氨酸铁

(1)将 0.1 mol 的甘氨酸和 0.1 mol 的硫酸亚铁溶于 50~100 mL 水中，加入少量还原性铁粉或几滴浓硫酸，加热至 70℃ 以上，反应 30 min，反应液冷却，晶体析出，过滤、洗涤、晶体烘干即可得本品。

(2)以甘氨酸和固碱为初始原料,先制备甘氨酸钠溶液,随后再加入硫酸铁和催化剂,进行催化反应,反应条件为:pH 为 4,物质的量比 1:1,反应温度 85～90℃,反应时间 2 h,得到甘氨酸铁溶液;此反应液经表面活性剂单晶处理,控制晶体的生长速度,使其逐渐结晶,过滤晶体,干燥得本品。

2:1 型甘氨酸铁

以甘氨酸和硫酸亚铁为原料,按物质的量比 2:1 反应。将甘氨酸溶液加热至 50℃,加入抗氧化剂,同时充氮气使溶液处于无氧状态;加入氯化亚铁,用氢氧化钠溶液调 pH 至 5.5,反应 15 min,用乙醇析出沉淀,抽滤,洗涤,干燥得本品。

4. 标准

在《中华人民共和国国家标准——饲料添加剂 甘氨酸铁络合物》(GB/T 21996—2008)中规定了饲料添加剂 1:1 型甘氨酸铁产品的技术要求、试验方法、检验规则以及标志、标签、包装、运输、储存保质期等要求;其中 1:1 型甘氨酸铁的技术指标见表 3.6。本标准适用于以甘氨酸、硫酸亚铁为主要原料,经化学合成法制得的、分子结构为链状的甘氨酸铁配合物。该产品在饲料中作为矿物质类添加剂。

表 3.6 1:1 型甘氨酸铁的技术指标

项目	指标	项目	指标
甘氨酸铁/%	≥90.0	铁(以 Fe^{2+} 计)/%	≥17.0
三价铁(以 Fe^{3+} 计)/%	≤0.50	总甘氨酸/%	≥21.0
游离甘氨酸/%	≤1.50	干燥失重/%	≤10.0
铅含量/%	≤0.002	总砷/%	≤0.0005
粒度(孔径 0.84 nm 试验筛通过率)/%	≥95.0		

5. 应用

甘氨酸铁为新型补铁剂,用作饲料添加剂可提高仔猪初生重、成活率、生长速度及断奶窝重,预防仔猪贫血,提高免疫率,控制仔猪下痢、腹泻。

3.1.3.2 蛋氨酸铁,ferric methionine complex (or chelate)

1. 结构

根据蛋氨酸铁的物质含量,发现蛋氨酸铁有两种稳定结构,分别为 1:1 型和 2:1 型蛋氨酸铁。徐建雄[34]分析 1:1 型蛋氨酸铁的分子式为 $C_4H_9NO_6S_2Fe$,即[CH_3—S—CH_2—$CH(NH_2)$—COO]$Fe(HSO_4)$,相对分子质量为 287.09,铁含量 19.45%,配体含量 51.62%,37℃溶解度为 7.05 g/(100 mL 水)。汪芳安等[35]分析 2:1 型蛋氨酸铁的铁含量为 14.38%,分析甘氨酸铁的分子式为 $C_{10}H_{24}N_2O_6S_2Fe$,结构为$(C_5H_{10}NO_4S)_2$ $Fe·2H_2O$,相对分子质量为 388.28。

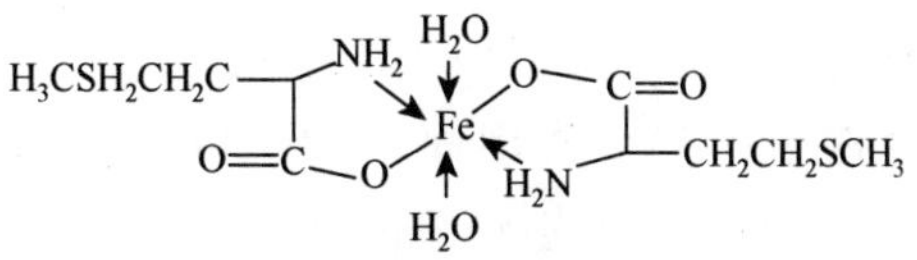

2∶1型蛋氨酸铁

2. 性状

1∶1型蛋氨酸铁为浅灰黄色粉末，具有蛋氨酸特有气味。

2∶1型蛋氨酸铁为乳黄色固体，不溶于水，不溶于丙酮等有机溶剂。稳定常数为 $2.6×10^8$。

3. 合成

1∶1型蛋氨酸铁

以硫酸亚铁和蛋氨酸为原料，按物质的量比1∶1反应，取硫酸亚铁与少量水混匀，加入少量浓硫酸，再加入定量30% H_2O_2 混合均匀，温度升高，并有气体放出。至溶液颜色变成砖红色时，在热溶液中加入蛋氨酸搅拌均匀，冷却后过滤沉淀物，85℃干燥箱中烘干，得黄褐色结晶。

2∶1型蛋氨酸铁

按物质的量比2∶1，将氯化亚铁溶解于含少量还原铁粉的80℃热水中后与蛋氨酸溶液混合，调pH为6.5，真空80℃下反应4 h，趁热过滤，滤液用丙酮沉淀，再过滤，纯化干燥得乳黄色固体。

4. 标准

《中华人民共和国农业行业标准——饲料添加剂 蛋氨酸铁》（NY/T 1498—2008）中规定了饲料添加剂蛋氨酸铁的要求、试验方法、检验规则及标签、包装、运输、储存等内容，适用于由可溶性亚铁盐及蛋氨酸合成的蛋氨酸铁产品。蛋氨酸铁的技术指标见表3.7。

表3.7　蛋氨酸铁的技术指标

项目	指标
蛋氨酸占标示量的百分比/%	≥93
铁（Ⅱ）占标示量的百分比/%	≥90
水分/%	≤5.0
铅/(mg/kg)	≤30
总砷/(mg/kg)	≤10

5. 应用

蛋氨酸铁可用作营养添加剂，可用于食品、医药、饲料等行业。

3.1.3.3　色氨酸铁，ferric tryptophane complex (or chelate)

1. 结构

王建[17]采用水热法合成了色氨酸铁晶体，铁含量 12.08%，螯合物分子式为

$C_{22}H_{22}N_4O_4Fe$，相对分子质量 462.29。分析认为：色氨酸分子作为一个不对称配体与 Fe^{2+} 相连，在配位化合物中起螯合作用而增加配位聚合物的稳定性。分子中亚铁离子为六配位，与 $L(D)$-色氨酸分子的羧基氧原子、氨基氮原子配位形成五元螯合环，L-色氨酸分子和 D-色氨酸分子羧基的 2 个氧配位后高度对称，桥联 2 个亚铁离子中心形成配位聚合物$[Fe(L\text{-}trp)(D\text{-}trp)]_n$。

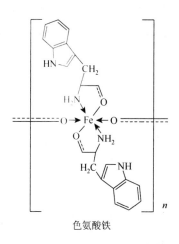

色氨酸铁

2. 性状

色氨酸铁为浅茶色菱形片状晶体，微溶于甲醇，不溶于水、乙醇、氯仿和丙酮，在超声波作用下缓慢溶于二甲基甲酰胺(DMF)。

3. 合成

称取 L-色氨酸 1.5 mmol，加入 1.5 mL 1.0 mol/L KOH，加适量水，在室温下不断搅拌 0.5 h 使之完全溶解，形成透明溶液约 15 mL。将含 0.5 mmol Mohr 盐$[(NH_4)_2SO_4·FeSO_4·6H_2O]$的水溶液在搅拌下滴入上述溶液中，形成均匀混合液。将混合液转入 25 mL 容量的特氟隆内胆，用不锈钢压力釜密封。置于电热鼓风干燥箱中，升温至 150℃，恒温 72 h，再缓慢逐步降至室温，得本品，产率约 76%。

4. 标准

色氨酸铁未被列入《饲料添加剂品种目录(2013)》，暂无国家标准。

5. 应用

3.1.3.4 N-氨甲酰甘氨酸铁，ferric N-carbamyl glycine complex(or chelate)

1. 结构

李嘉伟等[36]合成了 N-氨甲酰甘氨酸铁，铁含量 15.09%，氨基酸配体含量 55.70%，分子式为 $C_6H_{22}N_2O_{12}Fe$，即$(C_3H_5N_2O_3)_2Fe·6H_2O$，相对分子质量 370.09。分析知 N-氨甲酰甘氨酸铁为离子化合物，铁离子与 6 个水分子配位形成正八面体构型，如图 3.10 所示。

2. 性状

N-氨甲酰甘氨酸铁为淡绿色结晶性粉末，易溶于水，微溶于乙醇等有机溶剂。

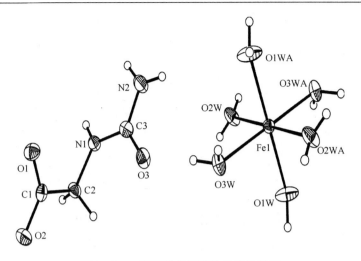

图 3.10　N-氨甲酰甘氨酸铁的结构单元

3. 合成方法

以 N-氨甲酰甘氨酸和 $FeSO_4 \cdot 7H_2O$ 为原料，按物质的量比 2∶1 反应。将 N-氨甲酰甘氨酸溶解，用 NaOH 调节 pH 至 5.5 左右，水浴中加热至 60℃，加入 $FeSO_4 \cdot 7H_2O$ 和少量抗氧化剂，反应 10～30 min。反应液降温，抽滤，滤饼干燥得本品。

4. 标准

N-氨甲酰甘氨酸铁未被列入《饲料添加剂品种目录(2013)》，暂无国家标准。

5. 应用

N-氨甲酰甘氨酸铁可促进仔猪生长，是潜在的新型营养性饲料添加剂，应用前景广泛。

3.1.3.5　其他

酵母铁，ferrous yeast complex

酵母铁为混合物，在含无机铁的培养基中由菌种发酵培养制得，由于各方法选取的菌种、培养基及发酵条件略有差异，所得产物的铁含量、细胞干重等亦有不同。

富铁食用酵母是天然食品，安全性好，除含有高含量高吸收率的铁元素外，还可提供相当数量的蛋白、必需氨基酸及丰富的维生素、甘露寡糖及一些重要的营养辅助因子等。酵母铁暂未被列入《饲料添加剂品种目录(2013)》。

3.1.4　铬(III)元素配合物

3.1.4.1　甘氨酸铬，chromium glycine complex(or chelate)

1. 结构

滕冰和韩有文[37]合成了甘氨酸铬内配盐，铬含量 19.03%，配体含量 80.97%，配合物分子式为 $C_6H_{12}N_3O_6Cr$，相对分子质量 273.19。从理论上讲，Cr^{3+} 有空的 d 轨道，易形成六配位配合物，甘氨酸分子中的 N、O 原子有孤对电子，二者可以形成配位键，且可以形成含五元环的螯合物。

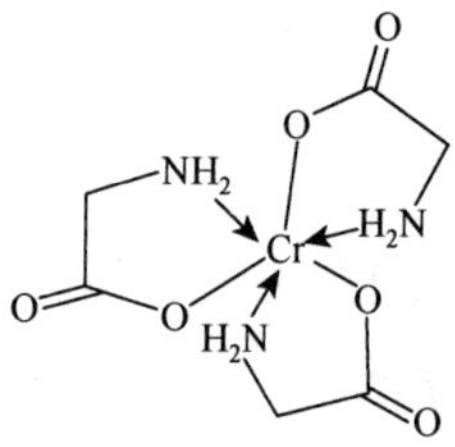

甘氨酸铬

2. 性状

甘氨酸铬为红色粉末，易溶于水，不溶于乙醇、丙酮等有机溶剂。

3. 合成

以甘氨酸和 $CrCl_3 \cdot 6H_2O$ 为原料，按物质的量比 3 : 1 反应。将甘氨酸和 $CrCl_3 \cdot 6H_2O$ 混合，加入水润湿，加热溶解并升温至 80℃，加 NaOH 调 pH 至 6.8～7.2。再称取等量的甘氨酸和 $CrCl_3 \cdot 6H_2O$ 加入上述反应液中，溶解后用 NaOH 调 pH 至 6.8～7.2，冷却，抽滤，滤饼干燥得本品。

4. 标准

甘氨酸铬未被列入《饲料添加剂品种目录(2013)》，国家标准暂无。

5. 应用

甘氨酸铬具有双重营养性和治疗作用，是理想的营养强化剂和饲料添加剂。

3.1.4.2　烟酸铬，chromium nicotinate complex (or chelate)

1. 结构

烟酸也称作维生素 B_3，或维生素 PP，又称尼克酸、抗癞皮病因子。滕冰等[37]和刘红等[38]合成了烟酸铬，配合物的铬含量 12.43%，配体含量 87.57%，配合物的配体与铬的配位比为 3。因此，分析配合物的分子式为 $C_{18}H_{12}N_3O_6Cr$，即 $(C_6H_4NO_2)_3Cr$，相对分子质量为 418.30。

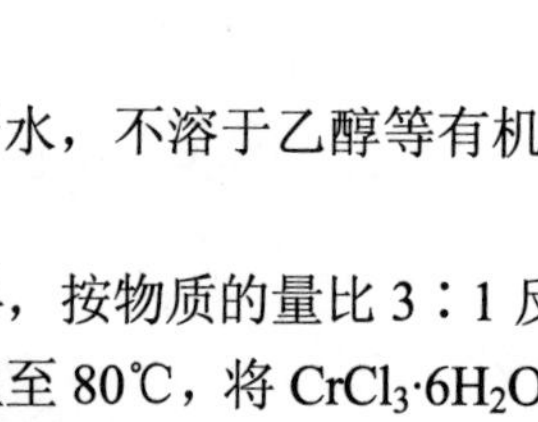

烟酸铬

2. 性状

烟酸铬为灰色粉末，不溶于水，不溶于乙醇等有机溶剂。

3. 合成

以烟酸和 $CrCl_3 \cdot 6H_2O$ 为原料，按物质的量比 3 : 1 反应。取烟酸用水湿润，NaOH 溶液调至 pH 为 8.0 左右，同时升温至 80℃，将 $CrCl_3 \cdot 6H_2O$ 的热溶液在搅拌下倒入上述烟酸钠盐溶液中，用 NaOH 溶液调节 pH 至 6.8～7.2，加水冷却，抽滤，干燥得本品。

4. 标准

烟酸铬未被列入《饲料添加剂品种目录(2013)》，国家标准暂无。

5. 应用

烟酸铬可促进消化系统的健康；减轻胃肠障碍；使皮肤更健康；预防和缓解严重的偏头痛；促进血液循环使血压下降；减轻腹泻现象。

3.1.4.3 谷氨酸铬，chromium glutamate complex（or chelate）

1. 结构

陈阳等[39]合成了谷氨酸铬，配合物的铬含量为 10.64%，配体含量为 60.22%，分析配合物物质含量配位比为 2∶1，分子式为 $C_{10}H_{22}N_2O_{10}Cl_3Cr$，即 $(C_5H_9NO_4)_2CrCl_3\cdot2H_2O$，相对分子质量为 488.64。

2. 性状

谷氨酸铬为玫瑰红色粉末，不溶于水，不溶于乙醇等有机溶剂。

3. 合成

（1）以谷氨酸和 $CrCl_3\cdot6H_2O$ 为原料，按物质的量比 2∶1 反应。称取 $CrCl_3\cdot6H_2O$ 与谷氨酸钠混合，加入水，搅拌并加热至 80℃，用 6 mol/L NaOH 调 pH 至 7.0 左右，反应液由绿色变成玫瑰红色，冷却抽滤，干燥得本品。

（2）以谷氨酸和 $CrCl_3\cdot6H_2O$ 为原料，按物质的量比 2∶1 混合，加热至 80℃，反应液呈蓝绿色，加热反应 10 min，反应体系变为紫红色，缓慢滴加 6 mol/L 的 NaOH 调节 pH 为 4，反应 1 h，体系中出现大量的淡紫色沉淀，静置，冷却，抽滤，滤饼干燥得本品，产率约 62%。反应方程见式（3.1）。

$$C_5H_9NO_4+CrCl_3\cdot6H_2O \longrightarrow Cr(C_5H_9NO_4)_2Cl_3\cdot2H_2O+4H_2O \tag{3.1}$$

4. 标准

谷氨酸铬未被列入《饲料添加剂品种目录（2013）》，国家标准暂无。

5. 应用

谷氨酸铬具有双重营养性和治疗作用，是理想的营养强化剂和饲料添加剂。

3.1.4.4 蛋氨酸铬，chromium methionine complex（or chelate）

1. 结构

有人报到合成了蛋氨酸铬，配合物的铬含量为 10.41%，蛋氨酸配体含量 89.59%。蛋氨酸铬的分子式为 $C_{15}H_{30}N_3O_6S_3Cr$，即 $(C_5H_{10}NO_2S)_3Cr$，相对分子质量为 499.60。并推测分析蛋氨酸铬分子为含 3 个五元环的螯合物。舒绪刚合成了二(μ-)羟·四蛋氨酸合二铬(Ⅲ)，元素分析物质的分子式为 $C_{20}H_{42}N_4O_{10}S_4Cr_2$，因此推断该物质结构式为 $Cr(C_5H_{10}NO_2S)_2(OH)_2(C_5H_{10}NO_2S)_2Cr$ 的双核配合物，即

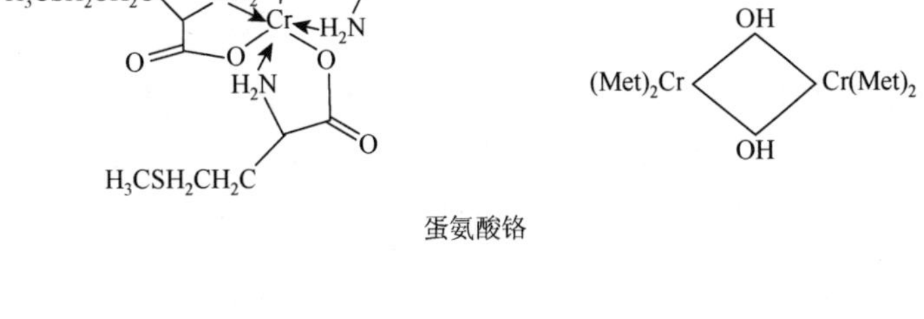

蛋氨酸铬

2. 性状

蛋氨酸铬为紫红色粉末，微溶于水，微溶于乙醇。37℃溶解度为 42 mg/（100 mL 水），熔点为 352～356℃。

3. 合成

（1）以 DL-蛋氨酸和 $CrCl_3·6H_2O$ 为原料，按物质的量比 3∶1 反应。取 DL-蛋氨酸置于 2000 mL 烧杯中，$CrCl_3·6H_2O$ 与蛋氨酸混合，加入 750 mL 水，搅拌并加热至 80℃左右，用 NaOH 调至 pH 为 6.8～7.2，反应液由绿色变成玫瑰红色，冷却抽滤，滤饼干燥得本品。

（2）以蛋氨酸和 $CrCl_3·6H_2O$ 为原料，按物质的量比 3∶1 反应。首先将 $CrCl_3·6H_2O$ 溶于水中，于 40℃水浴中水合 24 h，使其进一步生成水合铬离子$[Cr(H_2O)_6]^{3+}$，溶液颜色由深绿色的 $CrCl_3$ 转变成深蓝色的$[Cr(H_2O)_6]^{3+}$，与 15%的蛋氨酸溶液混合，调节 pH 为 7，80℃反应 1 h 后提纯得本品，产率约 48%。

4. 标准

蛋氨酸铬的国家标准暂无。

5. 应用

蛋氨酸铬可提高饲料的品质，借助氨基酸途径直接吸收，缓解矿物质之间的拮抗竞争作用，充分满足畜禽对铬的营养需求，激活体内多种酶的活性，增强机体免疫机能。

3.1.4.5　其他

1. 组氨酸铬，chromium histidine complex（or chelate）

Pennington 等以组氨酸盐酸盐和硝酸铬为原料合成了组氨酸铬，铬含量 12.31%，分析晶体结构认为组氨酸铬是以组氨酸铬的硝酸盐形式存在。螯合物分子中的铬离子为六配位，形成畸变的八面体配位构型。铬离子中心围绕 2 个氨基酸配体，分别与配体的氨基、羧基和咪唑基中的氮原子配位形成 2 个五元环和 1 个六元环。组氨酸铬的分子式为 $C_{12}H_{16}N_7O_7Cr$，即$(C_6H_8N_3O_2)_2CrNO_3$，相对分子质量 422.28。组氨酸铬未被列入《饲料添加剂品种目录（2013）》，暂无国家标准。

组氨酸铬

2. 谷烟酸铬

谷烟酸铬[38]为红色粉末，不溶于水，不溶于乙醇等有机溶剂。合成方法：在 $CrCl_3·6H_2O$ 的水溶液中加入烟酸，加热溶解，再加入一定量的谷氨酸，在 70～80℃下搅拌 1 h，在搅拌情况下，用 0.2 mol/L 的 $NaHCO_3$ 溶液调至 pH 为 7.0～7.5，再继续搅拌 2 h，静置沉淀，抽滤，滤饼干燥得本品。

谷烟酸铬为混合物，未被列入《饲料添加剂品种目录(2013)》，暂无国家标准。

3. 酵母铬，chromium yeast complex

酵母铬为混合物，在含无机铬的培养基中发酵培养制得。培养方法：在培养基中接入啤酒酵母菌母液，铬浓度 $100\sim300$ μg/mL，pH 为 $4.5\sim6$，28℃，200 r/min 摇瓶培养 $28\sim48$ h，离心分离，洗涤，60℃干燥。因所选酵母菌种和培养基的不同，各酵母铬的制备工艺和铬含量略有差异。

酵母铬可使后期猪的饲料转化率、平均日增重提高，瘦肉率增加，提高畜禽产品品质、抗应激能力，改善动物的免疫机能、繁殖性能。

3.1.5　锰(Ⅱ)元素配合物

3.1.5.1　甘氨酸锰，manganese glycine complex(or chelate)

1. 结构

舒绪刚等[40]合成了甘氨酸锰，配合物的锰含量 17.38%，配体含量 47.44%，分析甘氨酸锰的分子式为 $C_2H_{15}NO_{11}MnS$，相对分子质量为 316.15。

$$\left[\begin{array}{c} H_3N-CH_2-\underset{O}{\overset{}{C}}-O-Mn-O-\underset{O}{\overset{}{C}}-CH_2-NH_3 \\ H_2O\ H_2O \\ H_2O\ H_2O \end{array} \right]^{2+} SO_4^{2-} \quad \left[\begin{array}{c} H_2O\ H_2O \\ H_2O-Mn\leftarrow H_2O \\ H_2O\ H_2O \end{array} \right]^{2+} SO_4^{2-}$$

甘氨酸锰

甘氨酸锰的晶体结构中的锰离子配位数为六，形成变形的八面体构型。甘氨酸锰的结构单元(图 3.11)中，Mn1 与 6 个水分子配位，Mn2 与 2 个甘氨酸的羧基和 4 个水分子配位，配体中端氨基活泼易接受 1 个 H^+ 形成—NH_3^+。因此，甘氨酸锰是以甘氨酸配位锰氢键结合六水合硫酸锰盐的复合物形式存在。

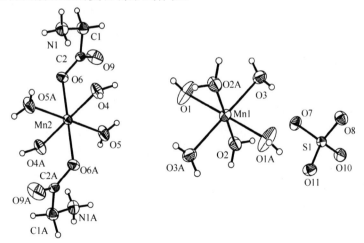

图 3.11　甘氨酸锰的结构单元

2. 性状

甘氨酸锰为淡粉色结晶性粉末，能溶于水，不溶于乙醇、丙酮等有机溶剂，配合物性质稳定，400℃开始分解。

3. 合成

将 0.1 mol 的甘氨酸加热溶于水，加入 0.1 mol 七水合硫酸锰，搅拌，用 NaOH 溶液调 pH 为 6，升温 80℃反应 30 min，反应液冷却，析出淡粉色粉末，过滤，用无水乙醇洗涤，滤饼干燥得本品，产率可达 90%。

4. 标准

甘氨酸锰未被列入《饲料添加剂品种目录(2013)》，暂无国家标准。

5. 应用

甘氨酸锰具有双重营养性和治疗作用，是理想的营养强化剂和饲料添加剂。

3.1.5.2　L-赖氨酸锰，manganese L-lysine complex(or chelate)

1. 结构

张娜等[41]采用微波固相法合成了 L-赖氨酸锰，配合物的锰含量 15.91%，配体含量 84.09%。分析分子式为 $C_{12}H_{26}O_4N_4Mn$，即 $(C_6H_{13}O_2N_2)_2Mn$，相对分子质量 345.30。

2. 性状

L-赖氨酸锰为淡黄色粉末，不溶于水。

3. 合成

以 L-赖氨酸与硫酸锰为原料，按物质的量比 2:1，高速粉碎机粉碎并充分混合，加入适量水作为引发剂，进行微波催化反应；反应结束后，加适量水并调节 pH，抽滤，滤饼干燥得本品，产率约 73%。

4. 标准

L-赖氨酸锰未被列入《饲料添加剂品种目录(2013)》，暂无国家标准。

5. 应用

锰参与动物体内蛋白质、脂肪、碳水化合物等的代谢，对动物生长发育、繁殖机能有明显的影响。提高产蛋率及孵化率，防治家禽胫骨短粗症和脱键症；促进伤口复原。在水产应用中，提高育苗成活率和抗病抗应激能力等。

3.1.5.3　蛋氨酸锰，manganese methionine complex(or chelate)

1. 结构

国家标准(GB/T 22489—2008)的蛋氨酸锰有两种结构，分别为 1:1 型和 2:1 型。1:1 型蛋氨酸锰分子式为 $C_5H_{11}NO_6S_2Mn$，即 $(C_5H_{10}NO_2S)Mn(HSO_4)$，相对分子质量 300.17，锰含量 18.30%，配体含量 49.71%。2:1 型蛋氨酸锰分子式为 $C_{10}H_{22}N_2O_8S_3Mn$，相对分子质量为 449.49，锰含量 12.22%，配体含量 87.78%。蛋氨酸锰的技术标准见表 3.8，显然，标准中规定的蛋氨酸锰均非纯品。

表 3.8　蛋氨酸锰的技术指标

项目		指标	
		2:1 型蛋氨酸锰	1:1 型蛋氨酸锰
锰/%	≥	8.0	15.0
蛋氨酸/%	≥	42.0	40.0
螯合率/%	≥	93.0	83.0

续表

项目		指标	
		2：1 型蛋氨酸锰	1：1 型蛋氨酸锰
水分/%	≤	5	
砷/(mg/kg)	≤	5	
铅/(mg/kg)	≤	10	
镉/(mg/kg)	≤	5	

2：1 型蛋氨酸锰的锰含量为 15.64%，蛋氨酸含量为 84.36%。配合物 205℃ 开始分解（图 3.12），性质稳定。分析分子式为 $C_{10}H_{20}N_2O_4S_2Mn$，即 $(C_5H_{10}NO_2S)_2Mn$，相对分子质量为 351.34。

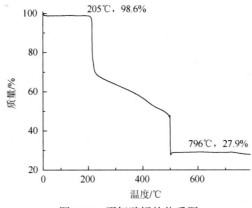

图 3.12　蛋氨酸锰的热重图

2. 性状

1：1 型蛋氨酸锰为白色或类白色粉末，易溶于水，略有蛋氨酸特有气味。

2：1 型蛋氨酸锰为白色或类白色粉末，微溶于水，不溶于乙醇，略有蛋氨酸特有气味。

3. 合成

2：1 型蛋氨酸锰

(1) 以蛋氨酸和氯化锰为原料，按物质的量比 2：1 反应。将蛋氨酸溶解，调节 pH 约为 7.5，加入锰盐，80℃ 下反应 1.5 h。反应液过滤，滤饼分别用水和无水乙醇洗涤，干燥得本品。

(2) 将 $LiOH\cdot H_2O$ 溶解于无水乙醇中，震荡滤去不溶物，加入蛋氨酸，水浴加热回流 1.5 h 后，氮气保护下，加入 $MnCl_2\cdot 4H_2O$，加热回流 1.5 h。冷却，过滤，滤饼干燥得本品。

4. 标准

在《中华人民共和国国家标准——饲料添加剂　蛋氨酸锰》(GB/T 22489—2008) 中规定了饲料添加剂蛋氨酸锰的技术要求、试验方法、检验规则及标签、包装、运输和储存等，其技术指标见表 3.8。本标准适用于由可溶性锰盐及蛋氨酸 (2-氨基-4-甲硫基-丁酸) 合成的物质的量比为 2：1 或 1：1 的蛋氨酸锰产品。

5. 应用

蛋氨酸锰可用作饲料添加剂、食品添加剂，中间体等。

3.1.5.4　羟基蛋氨酸类似物螯合锰，manganese methionine hydroxy analogue complex chelate

1. 结构

羟基蛋氨酸类似物螯合锰又称羟基蛋氨酸锰，根据配合物的物质含量可分为 1∶1 型和 2∶1 型两种结构。1∶1 型羟基蛋氨酸锰的分子式为 $C_5H_8O_3SMn$ 和 $Mn(C_5H_9O_3S)(OH)$，相对分子质量为 203.12 和 221.13，锰含量分别为 27.05%和 72.95%。2∶1 型羟基蛋氨酸锰的分子式为 $C_{10}H_{18}O_6S_2Mn$，即$(C_5H_9O_3S)_2Mn$，相对分子质量 353.32，锰含量 15.55%。

2. 性状

1∶1 型和 2∶1 型羟基蛋氨酸锰均为灰色粉末，不溶于乙醇等有机溶剂。

3. 合成方法

1∶1 型羟基蛋氨酸锰

(1)用羟基蛋氨酸与硫酸锰溶液以物质的量比 1∶（1~2），在 50~100℃，用 NaOH 控制 pH 为 6~8，常压反应 0.8~1.2 h，制得 1∶1 型羟基蛋氨酸锰 $C_5H_8O_3SMn$。

(2)用羟基蛋氨酸与硫酸锰溶液以物质的量比 1∶1，在 30~80℃，用 NaOH 控制 pH 为 5~8，常压反应 0.5~1.2 h，制得 1∶1 型羟基蛋氨酸锰 $Mn(C_5H_9O_3S)(OH)$。

2∶1 型羟基蛋氨酸锰

以羟基蛋氨酸和氢氧化锰为原料，以无水乙醇为溶剂，按物质的量比 2∶1，80℃下反应 2 h，抽滤、滤饼干燥可得本品。

4. 标准

羟基蛋氨酸锰的国家标准暂无。

5. 应用

羟基蛋氨酸锰可用作饲料添加剂。

3.1.5.5　色氨酸锰，manganese tryptophane complex（or chelate）

1. 结构

王建[17]利用水热法合成了色氨酸锰，配合物的锰含量为 11.91%，分析其晶体结构与色氨酸锌、铁的结构相似，锰离子为六配位，色氨酸配体的羧基配位后，羟基氧和氨基与锰离子配位形成五元螯合环，羧基氧桥联两锰离子中心，形成含螯合环的配位聚合物 $[Mn(L\text{-}trp)(D\text{-}trp)]_n$。螯合物分子式为 $C_{22}H_{22}N_4O_4Mn$，相对分子质量为 461.38。

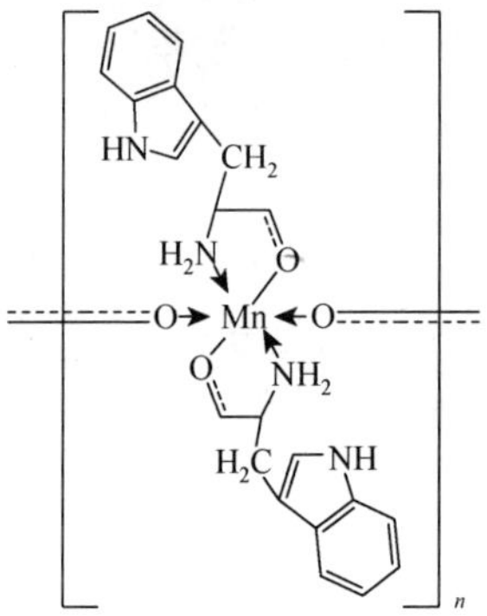

色氨酸锰

2. 性状

色氨酸锰为浅棕色菱形片状单晶，该晶体难溶于水、乙醇、乙腈，极缓慢溶于 DMF 和 DMSO。

3. 合成

（1）称取 1.0 mmol 的 *L*-色氨酸，加入 1.0 mL 1.0 mmol/mL 的 KOH 水溶液，在室温下不断搅拌 0.5 h 使之完全溶解，再加入 7.5 mL 去离子水，形成透明溶液。将 0.5 mmol 的 $Mn(ClO_4)_2·6H_2O$ 逐滴加入上述溶液中，搅拌均匀。用稀 KOH 和稀高氯酸水溶液调节溶液形成浅红色混浊液。将混合液转入 25 mL 容量的特氟隆内胆，用不锈钢压力釜密封。置于电热鼓风干燥箱中，升温至 150℃。恒温 72 h，再缓慢逐步降至室温，可得本品晶体，产率约 56%。

（2）以无机锰盐溶液和色氨酸溶液为原料，且锰盐过量；在 pH 为 7.5～8.2、80～100℃的条件下，采用向色氨酸溶液中滴加无机锰盐溶液的方式进行反应；然后降温、分离、干燥，即得产品。

4. 标准

色氨酸锰未被列入《饲料添加剂品种目录（2013）》，国家标准暂无。

5. 应用

色氨酸锰是一种新型饲料添加剂。

3.1.5.6　*N*-氨基甲酰-*L*-谷氨酸锰，manganese *N*-carbamyl-*L*-glutamate complex（or chelate）

1. 结构

舒绪刚等[42]合成了 *N*-氨基甲酰-*L*-谷氨酸锰，配合物的锰含量为 21.04%，配体含量 72.06%，分子式为 $C_6H_{10}N_2O_5Mn$，即（$C_6H_8N_2O_4$）$Mn·H_2O$，相对分子质量 261.09。

2. 性状

N-氨基甲酰-*L*-谷氨酸锰为灰色粉末，易溶于水，不溶于乙醇、甲醇、丙酮等有机溶剂。

3. 合成

将 *N*-氨基甲酰-*L*-谷氨酸加入水中，加热至澄清，调 pH 为 5.5～6，加入锰盐[物质的量比 1∶(1～1.2)]，加热至 50～80℃反应 1～2 h，冷却至常温，搅拌下将所得溶液缓慢滴加到无水乙醇中，滴毕，固体充分析出，过滤，干燥得本品。

4. 标准

N-氨基甲酰-*L*-谷氨酸锰未被列入《饲料添加剂品种目录（2013）》，国家标准暂无。

5. 应用

N-氨基甲酰-*L*-谷氨酸锰配合物的上述工艺简单，产品纯度较高，质量稳定，适于产业化应用。配合物可以用作动物饲料添加剂，提高动物的生产性能。

3.1.5.7　其他

1. 酵母锰，manganese yeast complex

酵母锰为菌种在含无机锰的培养基中发酵培养制得。酵母锰的生物利用率高于硫酸锰，且具有较好的促生产性能。

2. 蛋白锰，manganese proteinate

蛋白锰在生长环境下较高的生物利用率和在热应激条件下增加的生物利用率表明，蛋白锰是矿物质补加的强有力的参与者。因为蛋白锰的生物利用率较高，若参与日粮配合，在高温条件下，较低的日粮锰水平即可满足仔鸡对锰的需要。

3.1.6　硒（Ⅱ）元素配合物

3.1.6.1　蛋氨酸硒，selenium methionine complex（or chelate）

1. 结构

申帆帆等[43]合成了蛋氨酸硒，分析其硒含量 15.63%，配体含量 84.37%，分子式为 $C_{10}H_{20}O_4N_2S_2Se$，相对分子质量为 351.35。在配位化学中，配合物中硒离子的配位数多为四，蛋氨酸配体的氨基和羧基可与硒离子配位形成稳定的含五元环的螯合物。蛋氨酸硒的晶体结构未见报道。

蛋氨酸硒

2. 性状

蛋氨酸硒为白色粉末，易溶于水，不溶于甲醇、乙醇等有机溶剂，熔点 186.1～188.2℃。

3. 合成

以蛋氨酸和 Na_2SeO_3 为原料，按物质的量比 2.7∶1 溶于水中，搅拌均匀，用 NaOH 溶液调节 pH 至 6.9，50℃下反应 1.5 h，加入甲醇进行结晶，抽滤，干燥得本品。

4. 标准

蛋氨酸硒未被列入《饲料添加剂品种目录（2013）》，暂无国家标准。

5. 应用

1817 年，瑞典的贝采利乌斯从硫酸厂的铅室底部的红色粉状物中制得硒。在体内硒和维生素 E 协同，能够保护细胞膜，防止不饱和脂肪酸的氧化。微量硒具有防癌及保护肝脏的作用。因此，蛋氨酸硒具有双重营养性和治疗作用，是理想的营养强化剂和饲料添加剂。研究表明蛋氨酸硒可提高肥育猪的日增质量，改善猪肉色泽和品质，并能促进动物生长。

3.1.6.2　酵母硒，selenium yeast complex

酵母硒中的硒类似于天然食物中的有机硒，是一种比较理想的补硒保健品和新型的饲料添加剂。我国农业部 1224 号公告文件中规定：酵母在含无机硒的培养基中发酵培养，将无机态硒转化生成有机硒，其中有机态硒含量需大于等于 0.1%，适用于养殖动物，在配合饲料或全混合日粮中的推荐用量（以氨基酸计）为（畜禽、鱼类）0.1%～0.3%，最高限量为 0.5%，另外，产品需标示最大硒含量和有机硒含量，无机硒含量不得超过总硒含量的 2.0%。

合成方法：用麦芽汁加亚硒酸钠作为培养基，加亚硒酸钠，接种啤酒酵母菌后，在 28℃左右培养 2 天，接种酵母菌前，培养基的 pH 为 5.4 左右，硒酵母培养结束时，体系的 pH 为 4.5～5.0。培养结束后，进行离心分离、水洗、55～60℃干燥，粉碎即可得到淡黄色粉状硒酵母。此酵母硒的主要含硒化合物为硒代蛋氨酸[CH_3—Se—CH_2—$CH(NH_2)$—$COOH$]。

3.1.7　其他

3.1.7.1　甘氨酸钙（Ⅱ），calcium glycinate complex（or chelate）

甘氨酸钙营养性添加剂，可用于食品、医药、保健品等行业，在医药中，甘氨酸钙为新型补钙剂，比其他补钙剂更易被机体吸收。

Barbara 等[3]以甘氨酸和氧化钙为原料，合成了白色粉末状极易溶于水的甘氨酸钙，分子式为 $C_4H_{10}N_2O_5Ca$，相对分子质量为 206.20。甘氨酸钙的结构与 2∶1 型甘氨酸锌的结构相似，配体的氨基和羧基的羟基氧与钙离子配位形成五元螯合环，羧基氧桥联两个钙离子中心形成配位聚合物。

孔随飞等[44]以甘氨酸和氢氧化钙为原料，采用微波固相合成法合成了甘氨酸钙盐，分析配合物的分子式为 $C_4H_{18}N_2O_8Cl_2Ca$，即$[(C_2H_5NO_2)_2Ca·4H_2O]Cl_2$，相对分子质量 315.18。

甘氨酸钙暂未被列入《饲料添加剂品种目录（2013）》。

甘氨酸钙

3.1.7.2　蛋氨酸羟基类似物钙盐（Ⅱ），methionine hydroxy analogue calcium

Giovann 等以羟基蛋氨酸和碳酸钙或氢氧化钙为原料合成了羟基蛋氨酸钙，配合物分子式为 $Ca(C_5H_9O_3S)_2$，相对分子质量为 338.45，CAS 号为 4857-44-7。羟基蛋氨酸钙的相关国家标准暂无。

合成方法[45]：将羟基蛋氨酸缓慢滴加到钙盐和水的悬浊液中，25～35℃下反应 1～2 h，过滤后滤液用乙醚萃取，将水层浓缩，冷却，析出本品。

3.1.7.3　甘氨酸镍（Ⅱ），nickel glycinate complex（or chelate）

1751 年，瑞典的克郎斯塔特，用红砷镍矿表面风化后的晶粒与木炭共热，而制得镍。1952 年有报告提出动物体内有镍，后来又有人提出镍是哺乳动物的必需微量元素，1975 年以后学者们逐渐开展了镍的营养与代谢研究。动物实验显示缺乏镍可出现生长缓慢，生殖力减弱。

张然等[46]以甘氨酸和乙酸镍为原料，用水热法合成绿色针状甘氨酸镍晶体，配合物的分子式为$[(NH_2CH_2COO)_2Ni]_n$，镍离子处于 4 个羧基氧原子和 2 个氨基氮原子所形成的六配位的变形八面体场中，通过甘氨酸配体的羧基氧桥联作用，形成一维链状配位聚合物。

甘氨酸镍暂未被列入《饲料添加剂品种目录（2013）》。

3.1.7.4　甘氨酸钴（Ⅱ），cobalt glycinate complex（or chelate）

钴为人体必需的微量元素之一，是构成维生素 B_{12} 的成分之一。钴几乎全部由肾脏迅速排出体外，必须从食物中摄取。钴缺乏可引起恶性贫血哮喘、脊髓炎、青光眼、白癜风等病症，肝炎患者缺钴时易导致肝硬化。目前钴的研究中尚没有毒性报告，副作用尚不十分清楚。但值得注意的是：钴和酒精的联合作用，可引起致死性的心肌病变，即所谓的"啤酒心肌病"。

蒋才武等[47]以甘氨酸和乙酸钴为原料，按物质的量比2∶1，分别采用微波固相合成法和固相合成法合成了甘氨酸钴，分析其分子式为 $C_4H_8O_4N_2Co$。甘氨酸钴暂未被列入《饲料添加剂品种目录(2013)》。

3.1.7.5　色氨酸钴(Ⅱ)，cobalt tryptophane complex(or chelate)

王建以色氨酸和钴盐为原料，利用水热法合成了色氨酸钴，分析其晶体结构与色氨酸锌、铁、锰的结构相似，为配位聚合物[Co(L-trp)(D-trp)]$_n$。其分子式为 $C_{22}H_{22}N_4O_4Co$，相对分子质量为465.37。色氨酸钴为浅棕红色菱形片状晶体，难溶于水、乙醇、乙腈和DMF等。

色氨酸钴未被列入《饲料添加剂品种目录(2013)》，暂无国家标准。

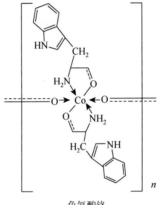

色氨酸铬

3.1.7.6　组氨酸钴(Ⅱ)，cobalt histidine complex(or chelate)

组氨酸钴的钴含量为25.62%，分子式为 $C_{12}H_{18}N_6O_5Co$，即$(C_6H_8N_3O_2)_2Co \cdot H_2O$，相对分子质量385.23。组氨酸钴的晶体结构中的钴离子为六配位，形成畸变的八面体配位构型。钴离子中心围绕两个氨基酸配体，分别与配体的氨基、羧基和咪唑基中的氮原子配位形成一个五元环和一个六元环。+2价钴较为稳定，+3价钴不稳定。Thorup合成了两种三价态的组氨酸铬，分析其结构认为组氨酸钴分别为含1分子游离水的组氨酸钴高氯酸盐和组氨酸钴溴盐，分子中三价钴的配位方式与二价组氨酸铬一致。

组氨酸钴未被列入《饲料添加剂品种目录(2013)》，暂无国家标准。

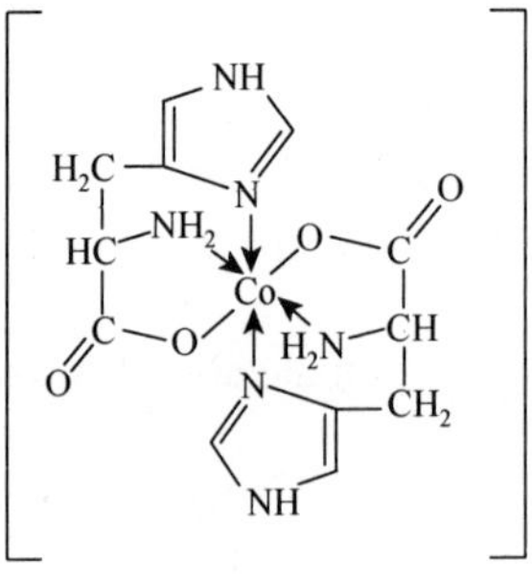

组氨酸钴

3.2 矿物元素配合物加工工艺及技术

矿物元素配合物的性能与效果已被国内外所公认，国内一些大专院校和研究部门近年来也在陆续报道其品种更新、应用范围、饲养效果等方面的研究进展。要使矿物元素配合物产品在国内得到更广泛的应用，则必须加强产品生产，如工艺设计、设备选型等方面的研究。矿物元素配合物的生产是一个典型的无机化合物合成工序，包括反应、结晶、固液分离、干燥等反应单元操作。

3.2.1 矿物元素配合物加工工艺

3.2.1.1 单一氨基酸矿物元素配合物的合成

单一氨基酸矿物元素配合物是指某一种氨基酸和金属离子螯合而形成的配合物。金属离子的来源可以是某些盐、碱、金属氧化物、金属单质等。目前，单一氨基酸矿物元素配合物产品的生产方法大致可分为液相合成法、微波固相合成法和室温固相合成法。

生产中常用的生产方法为液相合成法，故详细介绍，由于生产用无机盐杂质含量高，工艺中设计了无机盐的提纯工序，具体的生产流程和单元操作图见图 3-13 和图 3-14。

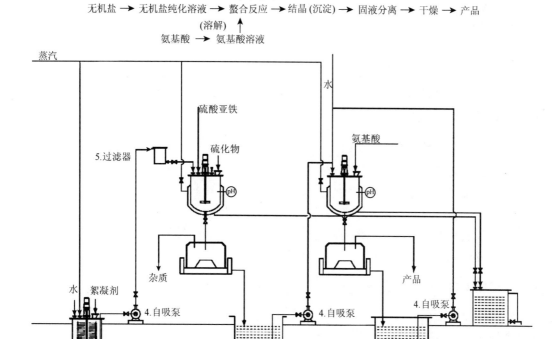

图 3-13 反应、结晶、分离单元操作图

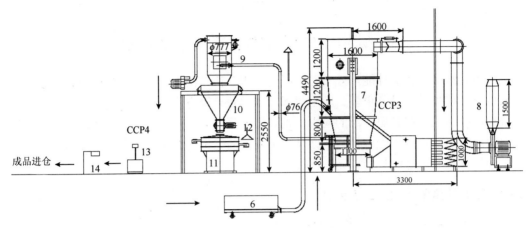

图 3-14　干燥、输送、包装单元操作图(单位：cm)

液相合成法在反应条件和技术上都比较成熟，但缺点是成本较高、工艺复杂、副产物多、大量酸液或碱液的使用和废液排放污染环境等。

微波固相合成法的主要反应流程为

金属盐+氨基酸→混匀→引发剂引发→微波催化→洗涤→干燥→产物

胡亮等[48]采用此方法合成了蛋氨酸锌，卢昊等[49]合成了谷氨酸锌。该方法具有反应速率高、工艺简单、无废液排放、成本低的优点，在食品、医药、化工等行业有着广阔的应用前景，但微波辐射易焦化副产品，大规模工业化生产较难实现。

室温固相合成法是将氨基酸和金属盐研磨混匀，室温下反应进行螯合的制备方法，制备流程为

氨基酸+金属盐+引发剂→混合研磨→干燥产品

反应中的引发剂可以为水、氢氧化钠等。林娜妹等[50]采用此方法合成了甘氨酸锌、甘氨酸铜。固体室温法具有选择性高、副反应少、无溶剂、环境污染小、工艺更简化等优点。但目前关于此法的研究很少，技术不够成熟，现在还不适宜规模化生产。

3.2.1.2　复合氨基酸矿物元素配合物的合成

复合氨基酸的来源非常广泛，豆饼渣、畜禽的羽毛、虾蟹壳、丝绸工业废水、啤酒废酵母、皮革废弃物等都是丰富的蛋白质资源。

根据水解蛋白质获得氨基酸的方法不同，复合氨基酸矿物元素配合物的合成方法分为酶解合成法和酸碱合成法。该方法蛋白质水解成氨基酸的过程稍微复杂，但是原料来源广泛、变废为宝、成本低廉、有利于环境优化。

3.2.2　矿物元素配合物加工技术

液相合成法是矿物元素配合物产品常用的生产方法，编者在此主要介绍液相反应合成法的应用。此方法的主要工艺流程为：金属盐与氨基酸经螯合反应后生成矿物元素配合物，反应液经蒸发(或沉淀)、结晶、离心脱水等工序后进行干燥，干燥后进行破碎、筛析、包装等过程。

3.2.2.1　配位反应

在矿物元素配合物合成中的关键步骤为配位反应，配位反应工艺参数(pH、反应物物质的量比、反应温度、反应时间等)直接影响到产品的含量、产率、品质等。

1. 反应物物质的量比

对于配位反应，氨基酸配位体与金属离子的物质的量比又称配位比，它是一个十分重要的影响因素。从理论上讲，配位比太小则配位程度不高，不能形成稳定的结构，配合物不稳定；若配位比太大生成的分子过大，一方面稳定性过强很难被生物体吸收利用，另一方面会造成氨基酸的浪费，经济上不划算。所以要使配位反应既能达到一定程度的最小配位比以保证产品质量，又要能充分利用氨基酸。螯合反应中，氨基酸和可溶性矿物盐的金属离子的物质的量比一般选择(1∶1)～(3∶1)。

2. 反应温度

配位反应为吸热反应，高的温度可加快反应速率，分子间有效碰撞加剧，理论上，反应温度越高对反应越有利，但温度太高容易破坏氨基酸及其配合物结构；反应温度太低，则配位反应速度较慢且收率较低。因此，反应温度多选择为60～90℃。

3. pH

NaOH(或碳酸氢钠、氨水)可作为反应的 pH 调节剂。反应体系的酸性较强时，配体氨基酸的氨基多以—NH_3^+存在，羧基以—COOH 存在，对反应不利。在一定 pH 范围内，氨基酸配体与金属离子的螯合能力随反应的碱性强度增加而增加，但反应在碱性条件下，金属离子易被沉淀为氢氧化物，产物不纯。因此反应一般选在弱酸条件下(pH 为 4.5～7)进行。

4. 反应时间

研究表明：金属与氨基酸的配位反应是一种 SN_2 反应，即氨基酸的进攻配位与水分子的离去是一系列反应中速度的决定步骤，大多数金属离子在溶液中可以发生速度很快的反应，其半衰期为毫秒到微秒级。因此，金属离子的配位反应迅速，且产率较高，故大部分螯合反应可在几分钟到几十分钟内完成。

3.2.2.2　结晶单元操作

结晶是化工分离单元中一个基本的工艺过程。结晶过程具有可以分离出高纯或超纯的晶体、能耗较低且操作安全等优点。许多工业产品如无机肥料、纯碱、化学试剂、橡胶、橡皮、聚合物和塑料、维生素、建筑材料、炸药等的制造，都与结晶过程有着十分密切的关系。

作为一种典型的化工单元操作过程，结晶具有以下优点：①能耗少。绝大多数化合物的结晶是一个放热过程，与精馏、干燥等能耗大的单元操作相比，结晶相转变潜能仅为精馏的 1/3～1/7，分离能耗仅为精馏的 10%～30%。②适用于共沸物等复杂物系的分离。由于近 90%的有机化合物体系为低共熔型，使用普通精馏方法难以达到目的。使用萃取、共沸精馏等方法虽然理论上可以进行分离，但是操作中受到萃取剂选择等实际条件的制约而难以达到完全分离的目的；再者，萃取剂等其他组分的引入，延长了工艺路线，增加投资和操作费用，而且不可避免地影响最终产品的质量。与精馏、萃取相比，结晶过程中没有其他物质的引入，结晶操作的选择性高，可制取高纯或超纯产品（≥99.9%色谱纯产品）。③结晶操作温度较低，对设备腐蚀程度小。④改善操作环境，减少环境污染。

溶质从溶液中结晶出来要经历两个步骤：晶核生成和晶体生长。晶核生成是在过饱和溶液中生成一定数量的晶核；而在晶核的基础上成长为晶体，则为晶体生长。影响整个结晶过程的因素很多，如溶液的过饱和度、杂质的存在、搅拌速度以及各种物理场等。结晶过程可以按照不同的标准进行分类。通常按照过饱和度的产生方式，溶液结晶可以分为蒸发结晶、冷冻结晶、溶析结晶、高压结晶等。

1. 蒸发结晶

蒸发结晶通过加热溶液，蒸发溶剂，改变溶液的浓度，物系由非饱和状态变为饱和状态(通常为过饱和状态)，进入过饱和区进行结晶操作。真空蒸发结晶利用减压状态下脱除溶剂，这对于热敏性物质的分离具有重要的作用。利用真空蒸发结晶，不仅可以降低结晶物系的温度，而且能够避免热敏性物质的分解，提高分离效率。结晶作为青霉素生产的最后一步精制提纯过程，是保证青霉素产品质量的关键步骤，安排合理的工艺路线和操作时间对产品质量控制和经济效益具有重要意义。

2. 冷冻结晶

冷冻结晶通过将待分离的物系降温冷却，利用物质间凝固点的差异，对应于不同的温度梯度形成不同的结晶顺序，从而达到分离提纯的目的。

3. 溶析结晶

溶析结晶通过向结晶体系加入添加剂(亦称媒晶剂)，以降低溶质在原溶剂中的溶解度，促进溶质的析出，达到溶质从溶液中分离的目的。所加入的添加剂可以是气体、液体或固体。溶析结晶在有机工业结晶中的作用举足轻重，并在混合电解质溶液的分离过程、热敏性物质的分离过程以及高黏度体系的快速成核过程等方面发挥出巨大作用。

溶析结晶过程中，溶剂和沉淀剂的选择对于结晶体系具有较大影响。在溶剂中，不纯物具有较大的溶解度，不易被沉淀出来。如果使用单一沉淀剂不能使杂质沉淀出来，可以考虑使用混合沉淀剂。沉淀剂应该溶解于原来溶剂而不溶解于待结晶的组分，并且应当易于与原来的溶剂分离。对于冷却结晶和蒸发结晶过程，溶析操作也可以用于成核过程。

目前溶析结晶过程主要不足在于：晶体主粒度小、变异系数高、产品过滤分离难度大、杂质含量高。

4. 高压结晶

高压结晶过程是利用加压下物系液、固相变规律的一种新型分离精制技术，最显著优点是生产效率高，一次处理周期可短至 2～5 min。

3.2.2.3　分离单元操作

分离技术是研究生产过程中混合物的分离、产物的提取或纯化的一门新型学科。由于化工分离技术的应用领域十分广泛，原料、产品和对分离操作的要求多种多样，这就决定了分离技术的多样性。按机理划分，可大致分成五类，即：生成新相以进行分离(如蒸馏、结晶)；加入新相进行分离(如萃取、吸收)；用隔离物进行分离(如膜分离)；用固体试剂进行分离(如吸附、离子交换)和用外力场或梯度进行分离(如离心萃取分离、电泳)。

图 3.15 所示是一种典型的工艺过程，在实验室的合成试验中，水溶性的矿物元素配合物可采用有机溶剂分离提纯，如水溶性的甘氨酸铜、甘氨酸锌和赖氨酸锌等配合物可用无水乙醇等有机溶剂沉淀分离。但在实际工艺生产中，由于生产成本等因素，配位反应后通常对反应液先进行蒸发(或沉淀)、浓缩、结晶处理后再进行分离。反应液的浓缩浓度、温度、时间等对形成的产物晶体颗粒、产率等有很大影响。不溶性矿物元素配合物可在反应过程中直接沉淀分离，如蛋氨酸锌、蛋氨酸锰等不溶性配合物可直接沉淀分离。

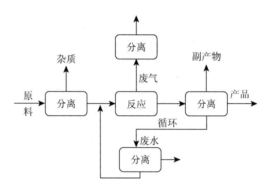

图 3.15　生产工艺中分离过程[51]

矿物元素配合物的晶体颗粒或沉淀多采用离心分离。离心分离设备指的是利用离心力实现非均相分离的一种分离设备。随着生命科学技术的发展，离心分离技术已成为生物化学与分子生物学中不可缺少的分离技术手段。

1. 离心分离的功能

离心分离是机械分离的一种工具与手段。它可以用于机械地分离不溶解的固体与液体，分离的依据是颗粒的大小和(或)密度，或密度不同的不相混合的液体。最为常见的是，将具有较高密度的固体从液体中分离出来。离心分离有两个机械分离分支：以沉降为基础的分离和以过滤为基础的分离。1878 年，瑞典工程师 Gustaf de Laval 取得了第一个工业离心机的专利。

化工操作中的分离设备主要指离心机，主要用于加工工业以实现许多分离功能和功用。按离心机的操作方式可以分为：分批操作、自动分批操作和连续操作三种型式。离心分离在化工过程中大体上可用于以下操作。

(1) 澄清(clarification)是从液体中分离不溶颗粒。其目的在于通过固体的去除，使单一液体的澄明度达到最大化。

(2) 分类(分级)(classification)是将一个悬浮体(或稀浆)分流为两个流体。目的在于根据颗粒大小和(或)密度的差别来使固体分离。

(3) 脱水(dewatering)是从悬浮体(或稀浆)中移出绝大多数的固体而产生一个渣饼块，以便于交付和运输。如果渣饼块的物质是可用作燃料的，则可提高其燃烧值；如果内容物可用于加工，则可通过除去液体，主要是水，降低加工和运输成本；等等。

(4) 提取(extraction)是在一种不能混溶的有机液体与一悬浮体(或稀浆)的混合物中，将溶质从水相转移到有机相中，然后回收有机相。

(5) 净化(purification)和浓缩(concentration)是指两种不能混溶的液体的分离，而液体中含有不溶解的固体，也可能没有。净化过程目的在于产生一个很洁净的轻质相的液体，而浓缩过程则产生一个很纯净的重质相的液体。

(6) 漂洗(rinsing)目的在于在悬浮体(或稀浆)中的固体物从离心机中分离出来之前，从分散的固体物上除去母液。此操作的目的是获得几乎没有污染的固体物。

(7) 清洗(washing)是采用逆流或交叉方式进行清洗，以溶解掉悬浮体中的杂质，或结晶及无定形固体悬浮体(或稀浆)。本过程采用一系列离心机以增加固体物的净化度，或使清洗液体用量最小化。

(8) 增稠(thickening)是从一液体中分离出绝大多数的固体物以产生一个具有合适黏度的可流动的固体物流体。通常过程的目标在于减少液体的含量，而成为一种可泵送的、可混合的固体悬浮体(或稀浆)。

以上只是离心分离在化工过程中应用的功能，而实质上仅是不可混合的液体的混合物，或液体与不可溶解的固体颗粒的混合物的组分分离的一种手段。它通过改变旋转速度和设备的尺寸来产生一个巨大的重力场(离心力场)来达到分离的目的。在工业上使用的离心机能造成一个 20 000g 的重力场(g, gravitational acceleration，重力加速度)，而在有些实验室的超高速离心设备中则能使重力场产生的重力加速度高达 360 000g。超高速离心机和气体离心机在建立分子尺寸范围的分离梯度上具有特殊的功能。常用的重力操作，如固体在液体中的沉降或漂浮，液体从固体颗粒中排出或甩干和液体依照密度的分层，这些过程在离心场中是极为有效的。

卧式虹吸刮刀卸料离心机是一种连续运转、间歇卸料的虹吸过滤式离心机。①与普通刮刀卸料离心机相比，虹吸离心机的过滤推动力除离心机外，还有类似于真空的虹吸，故分离效果大大加强，产量也高得多(高 40%～60%)，单台处理量为 7～8 L/h，且分离后的固相含湿量更低，水分质量分数≤9%。②适用于固相颗粒小、黏度高、过滤速度慢以及需对滤饼进行充分洗涤的物料的分离。③残余滤饼层能够再生。通过反冲洗网可以改善滤饼和过滤介质的过滤性能。此外，进料前的反冲还可使物料分布更加均匀，从而降低进料时因进料不均匀而引起的不平衡。④液压系统采用可编程序控制器(programmable controller)联合控制，自动化程度高，动作准确可靠。⑤隔振基础设计了减振垫，从而大大减小了机器振动对厂房及设备造成的危害。

3.2.2.4　干燥单元操作

干燥技术的过程是多种学科技术交汇进行的一个过程，变数多、牵涉面广、机理十分复杂。

干燥技术是饲料工业生产过程中不可缺少的重要组成部分。通过物料干燥特性试验可知，物料干燥过程可以分为三个阶段。第一阶段为物料预热阶段，在此期间主要是对湿物料进行预热，同时也有少量湿分汽化，物料的温度很快升到近似等于湿球温度；第二阶段为恒速干燥阶段，此阶段主要特征是热空气传给物料的热量全部用来汽化湿分，物料表面温度一直保持不变，湿分则按一定速率汽化；第三阶段为降速干燥阶段，此时物料的干燥速率由内部扩散过程控制，热空气所提供的热量只有一小部分用来汽化湿分，而大部分则用来加热物料，使物料表面温度上升，但是干燥速率则逐步降低，直至达到平衡含湿量为止。

1. 干燥方法

干燥方法按操作方式可分类为连续式干燥和间歇式干燥；按操作压力可分类为减压干燥和常压干燥；按热量传递方式可分类为传导干燥、对流干燥、辐射干燥、介电加热干燥等。下面是常见的几种干燥方法。

1) 过热蒸汽干燥法

过热蒸汽干燥法是现在的饲料生产业中使用比较多的一种，也是新兴的一种比较节能的干燥方法。其原理是利用过热蒸汽直接与湿物料接触而去除水分，是一种蒸发式的干燥方法。过热蒸汽干燥法的主要优点是：传质阻力小、传热系数大、蒸汽用量少、利于保护环境、无爆炸和失火的危险及有灭菌消毒的作用等。但过热蒸汽干燥法也有一定的局限性，对于热敏性物料，这种干燥方法不适宜使用，若过热蒸汽回收不利则节能效果会受到极大影响，另一方面成本也相对较高。

2) 顺流干燥法

顺流干燥法是在产品的干燥中应用最为广泛的一种方法。顺流干燥法的原理：热介质(热空气)与饲料共同从上方向下流动，利用热气的不断流动而带走水蒸气，因此称顺流。顺流干燥法的特点是可以使用高温干燥介质，单位的热量和耗气量低，干燥后的产品品质良好等。

3) 热风干燥法

热风干燥法属于比较传统的干燥方法之一。其原理是：利用具有一定温度的空气经过所要干燥的物料的表面，以热气的流动来降低物料的水分，以此达到干燥的目的。此方法干燥速度比较慢且消耗的能量比较高，但这种干燥方法操作容易控制，目前还利用这种方法对饲料的干燥为数不多。

4) 喷雾干燥——流化床工艺为一种新兴的干燥方法

喷雾干燥是液体工艺成形和干燥工业中应用最广泛的工艺，最适用于从溶液、乳液、悬浮液和可塑性糊状液体原料中生成粉状、颗粒状或块状固体产品。根据国内外实际生产经验，干燥系统热风温度范围可达 190~537℃，但通常不超过 350℃。流化床工艺包括对粒子材料的干燥、冷却、附聚、造粒和包衣等。此方法生产的成品纯度高，具有良好的分散性和流动性，且工艺过程具有连续性好、自控水平高、粉尘污染少、能耗低的优点，非常适合工业化生产应用。

5) 真空冷冻干燥法

真空冷冻干燥法也是一种新兴的干燥技术。其原理是：根据固、液、气三态的物理性质在某种外界环境下可达到共存的状态。水的固、液、气三态是由温度和压力所决定的，为了达到这种三态的平衡点：在当压力下降到 610 Pa、温度在 0.0098℃时，水的三态就可共存。实验研究所得，当压力低于 610 Pa 时，无论温度如何变化，水的液态都不能存在。此时若是对冰加热，冰越过液态过程而直接升华成气态。同理，若保持温度不变而降低压力，也会得到同样的结果。真空冷冻干燥法是根据水的这种性质，利用制冷设备先将物料冻结成固态，再抽成真空使固态冰直接升华为水蒸气，从而达到干燥的目的，其流程图见图 3.16。

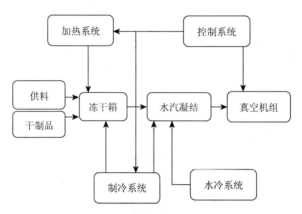

图 3.16　真空冷却干燥工艺流程图[52]

6）微波干燥法

微波干燥法只需通过调节外加微波的频率便可改变干燥的时间。微波干燥方法具有热惯性小、选择性加热、穿透能力强、干燥时间短、速度快而且环保，容易实现自动化控制等特点。微波干燥是一种比较高效的干燥方法，但目前的微波干燥法还不够成熟，国内外都还处在不断发展、开发研究和利用的阶段。

2. 干燥设备

干燥设备按构造可以分为喷雾干燥器、流化床干燥器、气流干燥器、桨式干燥器、箱式干燥器及旋转闪蒸干燥器等。振动流化床干燥机是由振动电机产生激振力使机器振动，物料在给定方向的激振力的作用下跳跃前进，同时床底输入热风使物料处于流化状态，物料颗粒与热风充分接触，进行剧烈的传热传质过程，此时热效率最高。该干燥机的上腔处于微负压状态，湿空气由引风机引出，干料由排料口排出，从而可以达到较理想的干燥效果。该干燥机流化均匀，无死角，温度分布均匀，热效率高，振动力平稳，可调性强，适用于颗粒、粉、条、丝、梗状物料干燥。但是，振动流化床的设备比较庞大，一次性投入高。下面是几种干燥机的简单介绍。

1）气流干燥机

（1）带式穿流干燥机　物料由加料器均匀地铺在网带上，网带采用 12～60 目不锈钢丝网，由传动装置拖动在干燥机内移动。干燥机由若干单元组成，每一单元热风独立循环，部分尾气由专门的排湿风机排出，废气由调节阀控制，热气由下往上或由上往下穿过铺满物料的网带，完成热量与质量传递的进程，带走物料水分。该干燥机网带缓慢移动运行，速度可根据物料湿度自由调节，干燥后的成品连续落入收料器中。

(2)脉冲气流干燥机　脉冲气流干燥机是利用高速热气流，使被干燥物料悬浮其中，物料与热空气充分接触，形成导热、对流和热辐射的复杂热交换过程，从而达到使物料干燥的目的。由于采用了变截面风管，气流的速度不断变化，物料与热气之间产生剧烈的相对运动，使汽化表面和干燥介质不断更新，达到快速干燥效果，其干燥强度和容积换热系数极大，被干燥物料温度一般不超过 50℃，热敏性物料也较适宜使用。但由于气流干燥操作气速高，物料与管壁的磨损较大；流动阻力较大，动力消耗高。

2)喷雾干燥机

(1)离心喷雾干燥机　空气先经过滤器过滤，然后经加热器加热。热空气在干燥室顶部蜗壳通道内经热风分配器产生均匀旋转的气流并进入干燥室内。物料通过高速旋转的雾化盘或高压喷嘴分散为微细的料雾，料雾与旋流的热空气接触，水分迅速蒸发，在极短的时间内物料得到干燥。料液雾化后，比表面积大，瞬间蒸发快，十几秒即可干燥，并可调节颗粒大小。

(2)压力喷雾干燥机　压力喷雾干燥机的工作过程为：料液通过隔膜泵以高压输入，喷出雾状液滴，然后同热空气并流下降，大部分粉粒由塔底排料口收集，废气及其微小粉末经旋风分离器分离，废气由抽风机排出，粉末由设在旋风分离器下端的设备收集。该机还可装备二级除尘装置，使物料回收率在 96%～98%。该干燥机干燥速度快，料液经雾化后比表面积大大增加，在热风气流中，瞬间就可蒸发 95%～98%的水分，完成干燥的时间仅需十几秒到数十秒，特别适用于热敏性物料的干燥。

但是，当加热温度低于 150℃时，其容积传热系数低，需要较大的容积；热效率较低；气固物料分离要求高，一般需要两级除尘。

3)热风循环烘箱

热风循环烘箱采用蒸汽或电为热源，用离心风机热交换器以强制换热的方式加热空气，热空气层流经过烘盘，与物料进行传热传质。新鲜空气不断地从进风口进入烘箱进行补充，再从排湿口排出，这样可以保持烘箱内适当的相对湿度。该烘箱最大特点是大部分热风在箱内进行循环，从而增强了传热，节约了能源；而且它利用强制通风的作用，减小了上下温差。烘箱一般设有分风装置，用户可在使用前进行风叶调节，使上下温差处于最佳状态。但设备投入大，热容量系数小，热效率低。

4)沸腾床干燥机

物料从干燥机床身侧面加入，热风从其底部加入，并穿过多孔分布板与一定料层厚度的物料接触，然后以一定的气流速度使物料呈流化、沸腾状态。物料在气流中上下翻动，互相混合与碰撞，气固之间接触面积大，传热传质十分剧烈，从而较大地提高了干燥效率。该干燥机是一种理想的干燥设备。

干燥机种类如此之多，选择干燥设备时，应注意如下几点。

(1)除非生产上已经证明，此种干燥机适用于该产品的干燥，否则，必须进行实验室试验，经试验证明，此种干燥机是否适用；

(2)当几种干燥机同时适用时，要进行设备费及操作费的比较，选择最佳者；

(3)当一种干燥机不能达到干燥要求时，首先要想到采用组合的干燥方法，即将两种或三种干燥方法组合起来，完成干燥任务。如气流干燥+流化床干燥；喷雾干燥+流化床干燥(内置)+流化床干燥+冷却(外置)；喷雾干燥+带式干燥；滚筒干燥+流化床干燥；旋转快速干燥+气流干燥等。多级干燥，可以降低干燥机的出口温度，可以节能。

　　矿物元素配合物由于配体不同，需要处理的物料种类繁多，无机矿物盐与有机物配体特性各异。它们性状差异极大，质量要求各不相同[53, 54]。就形态而言，有溶液、悬浮体、淤浆、黏膏、粉体、颗粒、块状体、不定形状的散乱物料等；就性质而言，有松散和黏结性的，受热脱水时有不变形和易熔化的；物料中的水分也有表面水和结晶水等不同的储存形态。干燥产物的质量除了湿含量这一最基本的要求外。一般还要求化学、生化等性质保持不变，有许多产品对堆积密度、粒度和色泽等物理性质有特定的要求。显然，不同类型的物料要求用不同的技术方法和干燥设备解决其干燥问题。

3.2.2.5　产品

　　产品密度通常为 $480\sim800\ kg/m^3$。产品的质量标准须根据动物类型及生产工艺水平，符合国家标准的企业生产标准；标准内容应包括：添加剂元素含量、适用动物、添加比例、色泽、气味、粒度、含水量、有害元素、含量、储存期、储存方法、使用方法等。

　　成品保管还要抓好防潮，严格执行有效期制度，先生产的先出库以缩短库存时间。

参 考 文 献

[1] Tepavitcharova S，Rabadjieva D，Havlíček D，et al. Crystallization and characterization of the compounds Gly·MSO₄·mH₂O(M=Mg²⁺，Mn²⁺，Fe²⁺，Co²⁺，Ni²⁺，Zn²⁺；m=0，3，5，6). Journal of Molecular Structure，2012，1018(6)：113-121.

[2] 舒绪刚，张敏，樊明智，等. 2 种甘氨酸锌络合物的晶体结构研究. 饲料研究，2014，(13)：75-79.

[3] Barbara W L，Hirshfeld F L，Richards F M. Glycinate complexes of zinc and cadmium. American Chemical Society Journal，1959，81(16)：4412-4416.

[4] 徐鑫. 甘氨酸螯合锌食品添加剂的研究. 哈尔滨：东北农业大学硕士学位论文，2002.

[5] 李群，刘飞飞，于岚. L-赖氨酸锌螯合物的研究. 应用化工，2010，39(3)：441-443.

[6] 刘伟明，朱志国，冷红霞，等. L-赖氨酸锌配合物中锌的五配位奇数结构研究. 分子科学学报，2000，16(2)：114-117.

[7] Carlo M G. The crystal structure of zinc glutamate dihydrate. Acta Crystauographica，1966，21：600-605.

[8] 邢颖，段庆荣，黄国发，等. 谷氨酸锌螯合物的制备及测定新方法. 中国土壤与肥料，2011，(5)：92-97.

[9] 于桂生. 蛋氨酸锌的制备与组成的测定. 天津化工，2005，19(4)：50-51.

[10] 张晓鸣，徐学明，杜宣利. 蛋氨酸锌络合物合成工艺的研究. 中国粮油学报，1997，12(2)：48-53.

[11] 李春春，吴治先，钟国清，等. 饲料添加剂羟基蛋氨酸锌螯合物的制备工艺研究. 饲料添加剂，2013，(11)：33-36.

[12] Predieri G. Metal chelates of 2-hydroxy-4-methylthiobutanoic acid in animal feeding：preliminary investigations on stability and bioavailability. Journal of Inorganic Biochemistry，2003，(95)：2-3.

[13] Yoshikawa Y，Ueda E，Suzuki Y，et al. New insulinomimetic zinc(Ⅱ)complexes of alpha-amino acids and their derivatives with Zn(N₂O₂) coordination mode. Chem. Pharm. Bull.，2001，49(5)：652-654.

[14] 胡晓波，乔李娜，龚毅，等. 苏氨酸锌的制备与表征. 食品工业科技，2012，24(33)：355-357.

[15] 张有明，林奇，魏太保. L-天冬氨酸锌螺旋链状超分子聚合物的微波合成、晶体结构及其毒性研究. 中国科学(B 辑化学)，2004，34(2)：154-159.

[16] 杨云裳，常玉枝，张应鹏，等. 响应曲面法优化 L-组氨酸锌螯合物的合成工艺. 食品工业科技，2011，32(5)：335-338.

[17] 王建. 色氨酸配位聚合物的合成、表征及流动电位法对氨基酸等结晶过程的研究. 南京：南京工业大学博士学位论文，2009.

[18] Shu X G，Wu C L，Wan K，et al. Synthesis，Crystal Structure and Spectroscopic properties of Zn(Ⅱ) with N-carbamylglutamate ligand. Chinese Journal of Structural Chemistry，待刊发.

[19] 舒绪刚，张敏，樊明智，等. 饲料添加剂——甘氨酸络合铜的合成及晶体结构研究. 饲料工业，2014，35(2)：44-46.

[20] Carlo M G，Richard E M. The crystal structure of copper glutamate dihydrate . Acta Cryst.，1966，21：594-600.

[21] Moussa S M，Fenton R R，Kennedy B J，et al. Hydrogen bonding in cis-bis(L-alaninato) copper(Ⅱ)：a single crystal neutron diffraction study. Inorganica Chimica Acta，1999，288：29-34.

[22] 许志峰，邝代治，张复兴. DL-丙氨酸-铜(Ⅱ)配合物的晶体结构. 衡阳师范学院学报，2002，23(6)：60-62.

[23] Duarte M T L S，Carrondo M A A F de C T，Goncalves M L S S. The preparation and crystal structure analysis of a 2∶1 complex between L-lysine and copper(Ⅱ) Chloride. Inorganica Chimica Acta，1985，108：11-15.

[24] Ricardo C S，Bruno N F，Jose R S，et al. Structure and magnetism of catena-poly[copper(Ⅱ)-μ-dichloro-L-lysine]hemihydrate：copper chains with monochloride bridges. Polyhedron，2012，47：53-59.

[25] 张晓鸣，贾承胜，张凤，等. 蛋氨酸铜螯合物的制备及其抗氧化性质研究. 食品与机械，2009，25(5)：59-62.

[26] 吴治先，李春春，钟国清，等. 羟基蛋氨酸铜螯合物的制备与表征. 人工晶体学报，2014，43(2)：474-479.

[27] Alberto C R，Oscar E P，Eduardo E，et al. Castellano structure and single crystal EPR study of Cu(Ⅱ) (L-threonine)₂·H₂O. Inorganica Chimica Acta，2000，305：19-25.

[28] 郭应臣，邱东方，包晓玉，等. L-苏氨酸铜(Ⅱ)超分子配合物的合成、晶体结构及性质. 化学通报，2010，1：79-82.

[29] 舒绪刚，高均勇，许祥，等. N-氨基甲酰-L-谷氨酸锰络合物的制备方法及应用. CN：201210077986. 3，2012-08-08.

[30] Deschamps P，Kulkarni P P，Gautam-Basak M，et al. The saga of copper(Ⅱ)-L-histidine. Coordination Chemistry Reviews，2004，249(9)：895-909.

[31] Bujacz A，Turek M，Majzner W，et al. X-ray structure of a novel histidine-copper(Ⅱ) complex. Russian Journal of Coordination Chemistry，2010，36(6)：430-435.

[32] 舒绪刚，张敏，樊明智，等. 甘氨酸亚铁的合成及晶体结构研究. 江西农业学报，2014，26(9)：103-105.

[33] 李奎，洪作鹏. 甘氨酸亚铁的合成及结构表征. 饲料广角，2006，(9)：18-19.

[34] 徐建雄. 蛋氨酸铁螯合物的制备及其性质鉴定. 上海农学院学报，1997，15(3)：215-217.

[35] 汪芳安，黄泽元，王海滨，等. 蛋氨酸亚铁螯合物的合成及表征. 湖北化工，2001，(4)：17-19.

[36] 李嘉伟，舒绪刚，张敏，等. N-氨甲酰甘氨酸亚铁的合成及表征. 仲恺农业工程学院学报，2013，26(4)：16-19.

[37] 滕冰，韩有文. 铬(Ⅲ)螯合物的制备及相关性质鉴定. 动物营养学报，2000，12(3)：19-23.

[38] 刘红，李炳奇，孙延鸣. 有机铬(Ⅲ)螯合物的合成及其应用研究. 黑龙江畜牧兽医，2004，(3)：46-47.

[39] 陈阳，钟国清，付鹏. 谷氨酸铬配合物的合成工艺. 广州化工，2009，37(6)：86-88.

[40] 舒绪刚，张敏，樊明智，等. 甘氨酸锰的合成及表征. 江西师范大学学报，2014，38(3)：300-303.

[41] 张娜，周民杰，阎建辉. 微波固相合成赖氨酸螯合锰的研究. 湖南理工学院学报，2011，24(2)：59-61.

[42] 舒绪刚，高均勇，许祥，等. N-氨基甲酰-L-谷氨酸锰络合物的制备方法及应用. CN：102718803A，2012-10-10.

[43] 申帆帆，车影，靳利娥，等. 蛋氨酸硒络合反应条件的响应曲面法优化. 中国粮油学报，2010，25(2)：121-125.

[44] 孔随飞，张玉红，蔡菊. 甘氨酸钙的合成和结构表征. 饲料研究，2012，(6)：34-35.

[45] 徐宏斌，程开花，史丹丹. 羟基蛋氨酸及其钙盐的合成研究进展. 现代生物医学进展，2009，9(7)：1387-1389.

[46] 张然，车冠春，王凤青，等. 一维链状配位聚合物[Ni(Gly)₂]ₙ的水热合成与晶体结构. 曲阜师范大学学报，2007，33(3)：94-96.

[47] 蒋才武，陈超球，梁利芳，等. 微波辐射条件下 Cu(Ⅱ)、Co(Ⅱ)、Ni(Ⅱ)、Zn(Ⅱ)与甘氨酸配合物的固相合成、表征及应用. 广西师范学报，2000，17(1)：32-37.

[48] 胡亮，乐国伟，施用晖. 微波固相合成蛋氨酸锌工艺的研究. 食品工业科技，2007，28(1)：193-195.

[49] 卢昊，王春维，张怡. 微波固相合成谷氨酸锌的工艺研究. 中国粮油学报，2010，25(2)：121-125.

[50] 林娜妹，李大光，舒绪刚. 室温固相法制备甘氨酸铜的工艺研究. 食品添加剂，2009，30(1)：263-265.

[51] 费维扬，王德华，尹晔东. 化工分离技术的若干新进展. 化学工程，2002，30(1)：63-66.

[52] 林山，陈学永. 饲料的干燥技术. 机电技术，2011，(6)：74-78.

[53] Yang C T，Vetriehelvan M，Yang X D，et al. Syntheses，struetural Properties and catecholase activity of copper（Ⅱ）complexes with reduced Schiff base *N*-（2-hydroxybenzyl）-amino acids. Dalton. Trans.，2004，113-121.

[54] Freeman H C，Snow M R. Refinement of the structure of bisglycino-copper（Ⅱ）monohydrate，Cu（NH$_2$CH$_2$COO）$_2$·H$_2$O. Acta Cryst.，1964，17：1463-1470.

[55] Hursthouse M B，Jayaweera S A A，Milbum H，et al. Crystal structure of aqua（glycyl）-*L*-trptophanato copper（Ⅱ）dehydrate. J. Chem. Soe. Dalton. Trans.，1975，2569-2572.

第4章 矿物元素配合物检测技术

随着饲料工业和畜禽养殖业的迅速发展，我国的畜产品生产已从短缺状态转变为过剩状态。畜产品的数量已不再是人们生活需求的首要问题，而畜产品的品质优劣成了人们关注的重点，正逐渐引起人们的高度警惕。饲料是人类的间接食品，与人民生活水平和身体健康息息相关，因此对饲料添加剂的检测是必不可少的。

4.1 矿物金属配合物检测分析概述

对饲料产品质量及安全指标进行检测，是国家制定政策和标准的科学基础，是行政监督、执法的重要依据。

发达国家非常重视饲料法规的制定和实施，并且建立完整的饲料质量监督管理体系。美国《联邦规章典集》(CFR)在第21篇"食品与药品"第一章"食品药品管理"第E节"兽药/饲料和相关产品"中，包括总则、动物食品标签、非标准化的动物食品通用名称、新兽药、禁止用于动物食品或饲料的物质等20多个具体规章，对涉及饲料生产经营的各个环节需要遵循的规定做出详细规定。2011年1月2日，美国国会两院还通过了《食品和药品管理局食品安全现代化法》，该法共分四章42条，主要从食品安全问题的预防、安全检测、安全标准的执行、应对措施、对进口食品的监管强化合作伙伴关系等方面做出了规定。

我国在借鉴国外先进技术基础上，饲料产品质量检测技术逐步提高，尤其是对饲料安全的检测和评价技术取得很大的发展。目前，我国已制定了多种矿物金属配合物的相关标准，如甘氨酸锌、甘氨酸铁、蛋氨酸锌、蛋氨酸铁等。矿物元素配合物的分析检测主要是围绕基本属性及功能来进行。常用分析检验方法有感官分析法、物理性质分析法、化学分析法等。

4.2 矿物元素配合物的物理性质评定

矿物元素配合物的一些外观和物理指标都会对矿物元素配合物的应用效果造成一定影响。

4.2.1 矿物元素配合物的感官评定

感官分析法是利用人的视觉、嗅觉和触觉，通过矿物元素配合物的外观(如色泽、粒度、形状、气味、性状特征、一致程度，以及是否结块、霉变等)，对其质量状况做出初步判断。该方法是人们接受待检样品后，必须进行的第一步检验。

色泽、形状等可通过对样品在适当光线下眼观比较。

粒度是控制矿物元素配合物颗粒直径大小的指标。一般来说，矿物元素配合物的加工颗粒粒度越小，其单位体积内的表面积越大，在饲料中分布越广，效果越好。粒度可通过视觉、触觉初步判断。

气味是指某些矿物元素配合物含有配体氨基酸的特有气味，如蛋氨酸锌、蛋氨酸铜等含蛋氨酸特有气味，可通过嗅觉简单判断。

流散性评估可通过把矿物元素配合物粉末置于干燥的有塞玻璃瓶中加以摇晃，应无黏壁现象。

4.2.2　矿物元素配合物的物理性质分析

矿物元素配合物的物理指标主要包括颗粒粒度、流散性、溶解性等。

颗粒粒度，实际上矿物元素配合物颗粒过细由于静电等原因导致其在饲料生产中难以混合均匀。微量元素以及载体的粉碎粒径应达到 325 目（45 μm）以上才能达到饲料粉碎的要求和混合的目的。目前，矿物元素配合物的颗粒粒度主要用双层筛选法测定。

流散性，是指一种颗粒物质在静止状态下，流动并分散的物理特性。理论上，流动性越好，越利于矿物元素配合物添加剂在饲料生产混合中的均匀混合。另外，也可辅以显微镜检验，通过观察颗粒的形状判断流散性的好坏，颗粒成球状的产品流散性好于块状产品。

熔点，是固体将其物态由固态转变（熔化）为液态的温度。一般用毛细管法和微量熔点测定法。在实际应用中我们都是利用专业的测熔点仪来对一种物质进行测定。

溶解性，矿物元素配合物的溶解性的测定较简单，用适量水溶解即可。

混合均匀度，从产品中抽取一定数量的样品，求变异系数（CV）。粉碎粒度的大小是影响饲料混合均匀的一个重要因素。对于微量物质，目前常用的方法是通过载体来承载微量物质，以使其能够混合均匀。

虽然仪器分析对产品的一致性判断更为客观、科学，对于产品质量的验收和控制更为精确。在检测矿物元素配合物的气味、色泽等方面感官评定方法是不可代替的，也是最重要的评价手段。

4.3　矿物元素配合物的化学性质评定

化学分析法是以物质的化学反应为基础的分析方法，是依赖于特定的化学反应及其计量关系来对物质进行分析的方法。化学分析法历史悠久，是分析化学的基础，又称为经典分析法，是饲料类产品分析检测最常用的方法。

对于新的矿物元素配合物，通常采用各种化学分析法对其结构、性能进行表征，常用的方法有含量分析（元素分析）、红外光谱法、X 射线衍射法、热分析技术法、紫外-可见吸收光谱法等。

4.3.1　矿物元素配合物的含量测定分析

4.3.1.1　矿物元素含量的测定分析

1. 锌（Ⅱ）含量的测定

1）乙二胺四乙酸二钠（EDTA）滴定法

（1）样品用水溶解，用氨-氯化铵缓冲溶液调节样液 pH 为 10，以铬黑 T 为指示剂，用 EDTA 标准溶液滴定, 由消耗掉 EDTA 标准溶液的体积计算出锌的含量。反应原理见式(4.1)和式(4.2)(NYSL-1008-2007)。

$$Zn^{2+}+HIn^{2-}\Longrightarrow ZnIn^-+H^+ \tag{4.1}$$

$$ZnIn^-+H_2Y^{2-}\Longrightarrow ZnY^{2-}+HIn^{2-}+H^+ \tag{4.2}$$

(2)将试样用盐酸溶解, 加适量的水, 加入六次甲基四胺作为掩蔽剂(或氟化铵、硫脲和抗坏血酸作为掩蔽剂), 以乙酸-乙酸钠溶液调节 pH 为 5~6), 以二甲酚橙为指示剂, 用乙二胺四乙酸二钠标准溶液滴定, 滴定至溶液由紫红色变为亮黄色即为终点(GB/T 17810—1999)。

2)火焰原子吸收光谱法

试样用盐酸和过氧化氢溶解, 于原子吸收光谱仪波长 213.9 nm 处, 用空气-乙炔贫燃性火焰测量锌的吸光度。本方法测定锌含量范围: 0.001%~6.00%。

2. 铜(Ⅱ)含量的测定

1)间接碘量法

在弱酸溶液中, Cu^{2+} 与过量的 KI 作用生成 CuI 沉淀, 同时析出 I_2, 析出的 I_2 以淀粉为指示剂, 用 $Na_2S_2O_3$ 标准滴定溶液滴定至溶液蓝色消失。反应原理见式(4.3)~式(4.5)。

$$2Cu^{2+}+4I^-\Longrightarrow 2CuI\downarrow+I_2 \tag{4.3}$$

$$2Cu^{2+}+5I^-\Longrightarrow 2CuI\downarrow+I_3^- \tag{4.4}$$

$$I_2+2S_2O_3^{2-}\Longrightarrow 2I^-+S_4O_6^{2-} \tag{4.5}$$

间接碘量法是铜盐的经典测定方法, 但羟基蛋氨酸铜中的甲硫基可与碘发生反应, 因此, 不能用碘量法直接测定其含量[1]。

2)EDTA 滴定法(GB/T 20802—2006)

试样消化后, 在 pH 为 5 条件下, EDTA 可与铜离子配位, 用 1-(2-吡啶偶氮)-2-萘酚(PAN)指示剂指示滴定终点计算铜含量。

EDTA 滴定法的指示剂还可选用二甲酚橙和紫脲酸铵, 吴治先等[2]在分析羟基蛋氨酸铜中铜的含量时, 认为该法操作过程简单、方便、分析结果的重现性好、准确度高, 测定快速, 滴定终点变色易观察, 且用紫脲酸铵作为指示剂效果最好。

GB/T 20975.3—2008 中测铜含量的方法有新亚铜灵分光光度法、火焰原子吸收光谱法、电解重量法和草酰二酰肼分光光度法, 适用于铝及铝合金中铜含量的测定, 测定范围在 0.0005%~8.0%。

3. 铁(Ⅱ)含量的检测

1)硫酸铈滴定法(GB/T 21996—2008)

试样用酸溶解后, 其中的二价铁(Fe^{2+})用硫酸铈标准溶液滴定, 二价铁(Fe^{2+})被氧化成三价铁(Fe^{3+}), 四价铈(Ce^{4+})被还原成三价铈(Ce^{3+}), 用二苯胺磺酸钠作指示剂, 由消耗的硫酸铈标准滴定溶液的体积计算出二价铁(Fe^{2+})的含量。反应原理见式(4.6)。

$$Fe^{2+}+[Ce(SO_4)_3]^{2-}\Longrightarrow Ce^{3+}+Fe^{3+}+3SO_4^{2-} \tag{4.6}$$

2)邻菲罗啉分光光度法(NY/T 1498—2008)

样品溶液中的二价铁与邻菲罗啉作用生成红色螯合离子, 根据颜色的深浅定量地比色出铁的含量。

3) 邻二氮菲分光光度计法(GB/T 20975.4—2008)

试样以盐酸溶解,用盐酸羟胺还原铁,控制试液 pH 为 3.5～4.5,二价铁离子与邻二氮菲显色,于分光光度计波长 510 nm 处测定其吸光度。

本方法测定铁含量范围:0.001%～3.5%。

4) 三价铁含量的测定(碘量法)

在酸性溶液中加入碘化钾,利用碘(I^-)还原作用,2 mol 碘(I^-)可以等量将 2 mol 三价铁还原为 2 mol 二价铁,同时析出 1 mol 碘,然后用硫代硫酸钠标准滴定溶液滴定析出的碘,从而间接地测定试样中三价铁的含量。

4. 锰(Ⅱ)含量的测定

1) 高碘酸钾分光光度法(GB/T 20975.7—2008)

试样以氢氧化钠溶液溶解,用硫酸、硝酸酸化,在磷酸存在条件下,用高碘酸钾氧化显色,于分光光度计波长 525 nm 处测量其吸光度。

本方法测定锰含量范围:0.004%～1.80%。

2) 分光光度法

准确称取试样,用硝酸-高氯酸混合液(4:1)加热溶解,加入浓硝酸,30% H_2O_2,加热除去氯,冷却,加一定量的浓硝酸和 H_3PO_4,摇匀,再加 10% $NaIO_4$ 溶液煮沸至溶液呈紫红色,冷却移至容量瓶,以试剂空白或水为参比在 540 nm 波长处测定标准液及试液吸光度。

王静等[3]认为用该法测定饲料及添加剂等有机物中的锰含量,结果准确,重复性好,回收率高,符合产品质量监督要求。

3) 配位滴定法

在 pH 为 9.5～10.5 的氨溶液中,以百里酚酞配位剂或铬黑 T 为指示剂,Mn^{2+} 可被 EDTA 直接滴定,EDTA 与 Mn^{2+} 形成 1:1 配合物。在 Mn^{2+} 的分析测定中,常用的有直接配位滴定法和配位反滴定法。

(1) 由于 GB 8253—1987 的测定方法操作难度大,滴定终点难判断,何传琼等[4]对该法进行了改进。操作步骤:称 0.1～0.2 g 饲料级硫酸锰试样,置于锥形瓶中,加 100 g 水溶解,加入 15 mL 1:10 的盐酸羟胺溶液,加入 25 mL 氨-氯化铵缓冲溶液,加热煮沸 15 min,取下稍冷,加 5 滴铬黑 T 指示液,用 0.05 mol/L 标准 EDTA 溶液滴定至溶液变为蓝色即为终点。

(2) 配位反滴定法的原理是在试液中先准确加入过量的 EDTA 标准溶液,根据 Mn^{2+} 与 EDTA 生成的配合物比 Mg^{2+} 与 EDTA 生成的配合物稳定的性质,用镁标准溶液反滴定过量的 EDTA,同样是以铬黑 T 为指示剂,终点由蓝色转为紫红色。该方法克服了直接滴定法滴定温度要求严格和指示剂的加入时间不易掌握的缺点,但对于杂质离子的干扰无法完全克服。

4) 氧化还原法

(1) 氧化还原滴定法 称取 0.3 g 左右(准确至 0.0001 g)试样,溶解,再分别加入 20 mL pH 为 5.4 的缓冲溶液、5 mL EDTA-Cu 溶液、3 滴 1-(2-吡啶偶氮)-2-萘酚,用 EDTA

标准溶液滴定至溶液由紫红色变为绿色为终点。

(2) 预氧化法　准确称取试样，采用氯酸钾预先氧化法，在高温并有磷酸存在下，将二价锰离子氧化为三价锰离子，生成性质稳定的 $Mn(H_2P_2O_7)_3^{2-}$ 络离子，经冷却并稀释后，以二苯胺磺酸钠作指示剂，再用硫酸亚铁铵标准溶液滴定生成的三价锰离子。李家胜等[5]认为该法滴定终点指示剂颜色变化极敏锐，终点判别清晰，步骤简便，快速省时，所用试剂少。经多批样品测定，表明方法测定结果符合规定要求。

(3) 硝酸铵氧化法 (HG 2936—1999)　在磷酸介质中，于 220～240℃下用硝酸铵将试样中的二价锰氧化成三价锰，以 N-苯代邻氨基苯甲酸做指示剂，用硫酸亚铁铵标准滴定液滴定。

钟国清等[6]认为该法准确度高，且简便快速，几乎无干扰，但加入硝酸铵后有氮氧化物气体产生，需要在通风橱中进行。

方法 3)～4) 多用于饲料级硫酸锰的测定。

5. 铬 (III) 含量的测定 (GB/T 20975.18—2008)

1) 萃取分离二苯基碳酰二肼分光光度法

用硝酸铈铵将三价铬离子氧化成六价铬离子，再用 4-甲基-戊酮-2 萃取六价铬离子，然后将其转入到水相后使之与二苯基碳酰二肼形成有色配合物，于分光光度计波长 545 nm 处测量其吸光度。本方法适用测定铬含量范围：0.0001%～0.69%。

2) 火焰原子吸收光谱法

试样用盐酸和过氧化氢溶解，于原子吸收光谱仪波长 357.9 nm 处，以一氧化二氮-乙炔 (或空气-乙炔) 富燃性火焰测量铬的吸光度。本方法测定铬含量范围：0.010%～0.60%。

3) 碘量法

将三价铬经过氧化转化为六价铬，因为六价铬具有氧化性可以将溶液中的碘离子氧化为单质碘，再通过硫代硫酸钠反滴定溶液中的碘离子，以淀粉做指示剂，通过颜色的变化判定滴定终点，从而测出样品中铬的含量。反应方程式见式 (4.7)～式 (4.9)。

$$2Cr^{3+}+3H_2O_2+8OH^- \Longrightarrow Cr_2O_7^{2-}+7H_2O \tag{4.7}$$

$$Cr_2O_7^{2-}+14H^++6I^- \Longrightarrow 2Cr^{3+}+3I_2+7H_2O \tag{4.8}$$

$$I_2+2S_2O_3^{2-} \Longrightarrow 2I^-+S_4O_6^{2-} \tag{4.9}$$

萃取分离二苯基碳酰二肼分光光度法、火焰原子吸收光谱等方法多用于微量或痕量的铬含量测定，碘量法可用于常量的铬含量测定。

6. 硒 (II) 含量的测定 (GB/T 13883—2008)

1) 氢化物原子荧光光谱法

试样经酸加热消化后，在盐酸介质中，将试样中的六价硒还原成四价硒，用硼氢化钠作还原剂，将四价硒在盐酸介质中还原为硒化氢，由载气带入原子化器中进行原子化。在硒空心阴极灯照射下，基态硒原子被激发至高能态。在去活化回到基态时，发射特征波长的荧光，其荧光强度与硒含量成正比，与标准系列比较定量。

本方法适用于配合饲料、浓缩饲料及预混合饲料中硒的测定，定量限为 0.01 mg/kg。

2) 原子吸收分光光度法（AAS）

试样经混合酸消化，使硒游离出来，在微酸性溶液中硒（Se^{4+}）和 2,3-二氨基萘（DAN）生成 4,5-苯基并硒二唑，用环己烷直接在生成配合物的同一酸溶液中萃取。用荧光光度计在激发波长为 376 nm，发射波长为 520 nm 条件下测定荧光强度并计算出试样中硒的含量。

本方法适用于配合饲料、浓缩饲料及预混合饲料中硒的测定，定量限为 0.02 mg/kg。

4.3.1.2 配体含量的测定

1. 凯氏定氮法（GB/T 6432—1994、GB 5009.5—2010）

凯氏定氮法是测定化合物或混合物中总氮量的一种方法，即在有催化剂的条件下，用浓硫酸消化样品将有机氮都转变成无机铵盐，然后在碱性条件下将铵盐转化为氨，随水蒸气馏出并为过量的硼酸溶液吸收，再以标准酸滴定，就可计算出样品中的氮量。由于蛋白质含氮量比较恒定，可由氮含量计算蛋白质含量，故此法是经典的蛋白质定量方法。

本方法适用于配合饲料、浓缩饲料和单一饲料的测定，不适于添加无机含氮物质、有机非蛋白质含氮物质的测定。

2. 分光光度法

食品中的蛋白质在催化加热条件下被分解，分解产生的氨与硫酸结合生成硫酸铵，在 pH 为 4.8 的乙酸钠-乙酸缓冲溶液中与乙酰丙酮和甲醛反应生成黄色的 3,5-二乙酰-2,6-二甲基-1,4-二氢化吡啶化合物。在波长 400 nm 下测定吸光度值，与标准系列比较定量，结果乘以换算系数，即为蛋白质含量。

本方法适用于食品中蛋白质的测定，不适于添加无机含氮物质、有机非蛋白质含氮物质的食品测定。

3. 燃烧法

试样在 900～1200℃高温下燃烧，产生气体，其中碳、氮等元素燃烧产生干扰的气体和盐类被吸收管吸收，氮氧化物被全部还原成氮气，形成的氮气气流通过热导检测仪（TCG）进行检测。

本方法适用于蛋白质含量在 10 g/100 g 以上的粮食、豆类等固体试样的检测，不适于添加无机含氮物质、有机非蛋白质含氮物质的食品测定。

4. 蛋氨酸的测定（GB/T 20802—2006）

在中性介质中准确加入过量的碘溶液，将两个碘原子加到蛋氨酸的硫原子上，过量的碘溶液用硫代硫酸钠标准溶液回滴，从而求出试样中蛋氨酸含量。

本方法适用于蛋氨酸、羟基蛋氨酸及其矿物元素配合物等类似产品的检测。

5. 游离甘氨酸的测定（GB/T 21996—2008）

以冰乙酸为溶剂，结晶紫为指示剂，高氯酸标准溶液为滴定剂，反应生成氨基乙酸的高氯酸盐。

由于用户在不同供应商评估时，希望产品质量鉴定有法可依。横向比较不同产品的游离甘氨酸时，国家标准测定结果具有一定的参考价值，但编者建议使用国家标准测定游离甘氨酸含量必须注意以下两点。

(1)严格控制使用样品的量,保持一致,注意样品的含水量,保证使用的冰醋酸的高纯度;

(2)样品溶于冰醋酸后,剩余的样品必须过滤除掉后,再开始滴定。

4.3.1.3 螯合率的测定

螯合率是指矿物元素配合物中螯合元素占总元素的比例,螯合率计算式:螯合率=螯合态微量元素含量/微量元素总含量。事实上,"螯合率"的提出是不充分的,因为在配位化学中是没有"螯合率"这一概念。但是,在实际应用中,人们通常把螯合率看作一种反应得率。螯合率的检测方主要按国家标准进行。

1. 凝胶过滤色谱法(GB/T 13080.2—2005)

试样在水中加热、离心后,分成沉淀和溶液两部分。溶液中所含的可溶性氨基酸螯合物及金属离子经过凝胶分离,在规定条件下洗脱,金属离子形成氢氧化物沉淀,将固定在凝胶柱顶端无法洗脱,可溶性氨基酸螯合物则可通过配体氨基酸的携带从凝胶柱上洗脱下来,实现和金属离子的分离;可溶性氨基酸螯合物洗脱分离完成后,加入 EDTA 溶液洗脱,使金属离子从色谱柱上洗脱。用原子吸收光谱法测定沉淀态氨基酸螯合物、可溶性氨基酸螯合物及金属离子的含量,分别计算出沉淀态氨基酸螯合物、可溶性氨基酸螯合物占金属元素总量的比例即可计算出相应的氨基酸螯合物的螯合率。

本方法适用于蛋氨酸铁、蛋氨酸铜、蛋氨酸锰、蛋氨酸锌、羟基蛋氨酸铁、羟基蛋氨酸铜、羟基蛋氨酸锰、羟基蛋氨酸锌等螯合物螯合率的测定。

2. 阳离子交换树脂法(GB/T 8144—2008)

离子交换树脂在氨基酸方面的应用主要集中于多种氨基酸的分离、离子交换树脂的动力学研究和氨基酸与树脂之间的作用等方面。

其主要原理是利用生成的氨基酸螯合物不带电荷,其本身与树脂间不存在离子交换。据此原理,强酸性阳离子交换树脂在适当缓冲溶液存在时处理氨基酸金属离子溶液,游离态的金属离子被交换到树脂中,而螯合态金属离子仍留在溶液中。将溶液加硫酸酸化至微酸性,用碘量法测定螯合态金属元素的含量,再根据金属元素总含量可求出微量元素氨基酸螯合物的螯合率。

此法操作简单,对实验仪器的要求不高,且准确度高、精密度好。但此法不适合那些不能确定金属元素总量的样品的螯合率测定。在微量元素氨基酸螯合物中,金属元素的总量不容易测定。所以该法有很大的局限性。

3. 有机溶剂沉淀法

该法也称为有机溶剂萃取法,该方法一直以来在氨基酸螯合物的分离提纯方面都有广泛的应用,相对于上两种方法,此法更适用于肥料领域。利用氨基酸金属离子螯合物难溶于有机溶剂,但游离态的金属离子易溶于有机溶剂的特性来分离两种形态的金属离子。经分离后用 EDTA 配位滴定法测定含量,即可得到螯合率。常用来作为萃取剂的有机溶剂有甲醇、乙醇及丙酮等。

有机溶剂萃取法操作简便,适合于大量样品的测定,节约时间,是氨基酸矿物元素螯合率测定的理想方法。

4. 等吸收双波长消去法

等吸收双波长消去法是舒绪刚等[7]提出并建立的，是一种新的测定氨基酸矿物元素螯合率的检测方法。该法具有一定局限性，目前仅应用于甘氨酸锌、铜、铁配合物螯合率的测定。作者采用紫外-可见分光光度法建立标准曲线来测定甘氨酸铜的螯合率，对甘氨酸亚铁和甘氨酸锌则采用等吸收双波长消去法测定螯合率。

原理：用电子分析天平称取一定量的氨基酸矿物元素配合物和相应的金属盐溶解（精确到 0.0001 g），然后用紫外-可见分光光度计进行分析。由于吸光度(A)具有加和性，在干扰组分的吸收光谱上吸光系数(E)相同的两个波长处测定混合组分的吸光度，则可消除干扰吸收。若被测组分的吸光系数有显著差异，可使测定误差减小，在此情况下，即可直接测定混合物在此两波长处的吸光度值差值，该差值与待测物浓度成正比，而与干扰物浓度无关。

用数学式表达如下：

$$\Delta A^{a+b} = A_1^{a+b} - A_2^{a+b} = A_1^a - A_2^a + A_1^b - A_2^b = C_a(E_1^a - E_2^a) \times 1 + C_b(E_1^b - E_2^b) \times 1$$

因为，$E_1^b = E_2^b$，所以，$\Delta A^{a+b} = C_a(E_1^a - E_2^a) \times 1 = \Delta E^a \times C_a \times 1$。

此处设 b 为干扰物，在所选的波长 λ_1、λ_2 处的吸光度相等，所以，$\Delta A^{a+b} = 0$。则 ΔA^{a+b} 与待测物 a 浓度成正比，与干扰物 b 的浓度无关。

1）甘氨酸铜

称取 0.5 g 的甘氨酸铜配成 100 mL 溶液，测其紫外-可见吸收光谱图，然后分别取 0.05 g、0.10 g 和 0.15 g 的氯化铜和硫酸铜也配成 100 mL 的溶液，测其紫外-可见吸收光谱图。据图可知，氯化铜和硫酸铜在 0.503～1.501 g/L 范围内对甘氨酸铜的螯合率的测定可以忽略不计，然后取 2～9 mL 的上述甘氨酸铜溶液配成 20 mL，在甘氨酸铜的最大吸收波长下测定其标准曲线为：$A=-0.00148+0.20242C$(R^2=0.99977)，称取其他样品 0.5 g 配成 100 mL，取 5 mL 再配成 20 mL 溶液后测其吸光度，参照标准曲线计算出浓度后就可测定螯合率。

计算公式如式(4.10)所示。

$$螯合率(\%) = \frac{C \times 2}{5m} 100\% \tag{4.10}$$

式中，m 为甘氨酸铜的质量，g；C 代入标准曲线计算可得，g/mL。

2）甘氨酸锌

甘氨酸锌螯合率的测定方法：称取 0.1 g 甘氨酸锌配成 100 mL 的溶液，测其紫外-可见吸收光谱图，然后取 0.02 g 氯化锌配成 100 mL 的溶液，测其紫外-可见吸收光谱图，在其谱图上找到吸光度相等的两个波长（λ_1=190.35 nm 和 λ_2=193.70 nm），然后在这两个波长下，取上述甘氨酸锌溶液 7～10 mL 配成 20 mL 溶液，测定甘氨酸锌的标准曲线，求出相应的 E，即可求出 ΔE。称取待测的甘氨酸锌样品 0.1 g 配成 100 mL，取 8 mL 再配成 20 mL 溶液，在 λ_1=190.35 nm 和 λ_2=193.70 nm 下测定吸光度，求出 ΔA，然后计算出浓度 C，代入螯合率计算公式就可以求出螯合率。

螯合率的测定方法如下所述。

193.70 nm 下甘氨酸锌的标准曲线：$A=0.3715+1.37425C$(R^2=0.99818)。

190.35 nm 下甘氨酸锌的标准曲线：$A=0.64429+0.21976C(R^2=0.99697)$。

$$\left.\begin{array}{l}\Delta E=1.37425-0.21976=1.15449\\[2mm]\Delta A=\Delta E\times C=1.15449C\end{array}\right\} \tag{4.11}$$

故可得

$$螯合率(\%)=\frac{C\times2}{8m}\times100\% \tag{4.12}$$

式中，m 为称取的甘氨酸锌的质量，g；C 为由式（4.11）算出的浓度，g/mL。

3）甘氨酸亚铁

甘氨酸亚铁的螯合率测定方法：称取 0.1 g 甘氨酸亚铁配成 100 mL 的溶液，测其紫外-可见吸收光谱图，然后取 0.04 g 氯化亚铁配成 100 mL 的溶液，测其紫外-可见吸收光谱图，在其谱图上找到吸光度相等的两个波长（$\lambda_1=190.40$ nm 和 $\lambda_2=195.10$ nm），然后在这两个波长下，取上述甘氨酸亚铁溶液 9～12 mL 配成 20 mL 溶液，测定甘氨酸亚铁的标准曲线，求出相应的 E，即可求出 ΔE。称取待测的甘氨酸亚铁样品 0.13 g 配成 100 mL，取 10 mL 再配成 20 mL 溶液，在 $\lambda_1=190.40$ nm 和 $\lambda_2=195.10$ nm 下测定吸光度，求出 ΔA，然后计算出浓度 C，代入螯合率计算公式就可以求出螯合率。

螯合率的测定方法如下所述。

195.10 nm 下甘氨酸亚铁的标准曲线：$A=0.94883+1.40944C(R^2=0.99922)$。

190.35 nm 下甘氨酸亚铁的标准曲线：$A=0.831+0.7239C(R^2=0.99848)$。

$$\left.\begin{array}{l}\Delta E=1.40944-(0.7239\sim0.68554)\\[2mm]\Delta A=\Delta E\times C=0.68554C\end{array}\right\} \tag{4.13}$$

故可得

$$螯合率(\%)=\frac{C\times2}{10m}100\% \tag{4.14}$$

式中，m 为称取的甘氨酸亚铁的质量，g；C 为由式（4.13）算出的浓度，g/mL。

5. 线性扫描伏安法

线性扫描伏安法是测定氨基酸配合物螯合率的新方法。其主要原理是根据制备的修饰电极制作工作曲线，再根据测得样品的峰电流数据，利用工作曲线方程求出试液中氨基酸配体的浓度，并计算样品中游离配体的含量。

黎德勇等[8]采用玻碳修饰电极测定蛋氨酸锌中游离和总的蛋氨酸含量，从而建立线性扫描伏安法间接测定蛋氨酸锌的螯合率。舒绪刚等[9]分别制备了 $\{ZnSO_4[ZnCl_2(\mu\text{-S-}CH_2CH_2NH_2)]\}_n$/CS-Zn 修饰电极，并用于铜离子的检测，在试验条件下，取得良好的检测效果，抗干扰性好、稳定性强、检测灵敏度高。

该法简单、灵敏度高、稳定性良好，且电极可以重复使用。因此，在氨基酸配合物的检测领域，该方法具有广阔的前景。

4.3.1.4　其他

1. 水分的测定

试样在 80±2℃恒温干燥箱内，在常压下烘干，直至恒重，逸失的质量为水分。

2. 铅含量的测定（GB/T 13080—2004）

1）干灰化法

将试样在马福炉 550±150℃温度下灰化之后，酸性条件下溶解残渣，沉淀和过滤，定容制成试样溶液，用火焰原子吸收光谱法，测量其在 283.3 nm 处的吸光度，与标准系列比较定量。

干灰化法适用于含有机物较多的饲料原料、配合饲料、浓缩饲料中铅的测定。

2）湿消化法

试样中的铅在酸的作用下变成铅离子，沉淀和过滤去除沉淀物，稀释定容，用原子吸收光谱法测定。

湿消化法分盐酸消化法和高氯酸消化法。盐酸消化法适用于不含有机物质的添加剂预混料和矿物质饲料中铅的测定。高氯酸消化法适用于含有有机物质的添加剂预混料中铅的测定。

3. 砷含量的测定（GB/T 13079—2008）

1）银盐法

样品经酸消解或干灰化破坏有机物，使砷呈离子状态存在，经碘化钾、氯化亚锡将高价砷还原为三价砷，然后与锌粒和酸产生的新生态氢生成砷化氢。在密闭装置中，被二乙胺基二硫代甲酸银（Ag-DDTC）的三氯甲烷溶液吸收，形成黄色或棕红色银溶胶，其颜色深浅与砷含量成正比，用分光光度计比色测定。形成胶体银的反应式见式（4.15）。

$$AsH_3+6Ag(DDTC)\!\!=\!\!=\!\!6Ag+3H(DDTC)+As(DDTC)_3 \tag{4.15}$$

2）硼氢化物还原光度法

样品经酸消解或干灰化破坏有机物，使砷呈离子状态存在，在酒石酸环境中，硼氢化钾将砷离子还原成砷化氢（AsH_3）气体。在密闭装置中，被 Ag-DDTC 的三氯甲烷溶液吸收，形成黄色或棕红色银溶胶，其颜色深浅与砷含量成正比，用分光光度计比色测定。

3）氢化物原子荧光光度法

样品经酸消解或干灰化破坏有机物，加入硫脲使五价砷还原为三价砷，再加入硼氢化钾使三价砷还原生成砷化氢，由氢气载入石英原子化器中分解为原子态砷，在特制砷空心阴极灯的发射光激发下产生原子荧光，其荧光强度在固定条件下与被测液中的砷浓度成正比，与标准系列比较定量。

以上三种方法均适用于各种配合饲料、浓缩饲料、添加剂预混合饲料、单一饲料及饲料添加剂中砷含量的测定。

4.3.2 矿物元素配合物的结构分析

矿物元素配合物的结构分析即矿物元素配合物的定性分析。因为氨基酸与金属离子在一定条件下发生化学反应，生成的产物会因条件不同而有一定的差别，为了确定所得产物为矿物元素配合物，需对其进行结构表征分析。本节介绍几种常用的表征方法，这些方法并不一定是独立使用的，有时需要两种或多种方法共同表征物质结构。

4.3.2.1 光谱分析法

1. 红外光谱法

红外光谱(infrared spectroscopy, IR)的研究开始于 20 世纪初期,自 1940 年商品红外光谱仪问世以来,红外光谱在有机化学研究中得到广泛的应用。到 70 年代,在电子计算机蓬勃发展的基础上,傅里叶变换红外光谱(FTIR)实验技术进入现代化学家的实验室,成为结构分析的重要工具。

通常可以将红外光谱分为三个区域:近红外区(0.76~2.5 μm,13158~4000 cm^{-1})、中红外区(2.5~25 μm,4000~200 cm^{-1})和远红外区(25~1000 μm,200~10 cm^{-1})。一般来说,近红外光谱是由分子的倍频和合频产生的,中红外光谱属于分子的基频振动光谱,远红外光谱则属于分子的转动光谱和某些基团的振动光谱。

红外光谱法是对物质进行定性鉴定的重要方法,也是最常用的分析方法之一,既可用于研究分子的结构和化学键,也可表征和鉴别化学物种。红外光谱具有高度特征性,可以采用与标准化合物的红外光谱对比的方法来做分析鉴定。

1) 红外吸收光谱法

通常所说的红外吸收光谱就是指的中红外光谱,它是由于分子吸收红外辐射,发生振动能级的跃迁(同时伴随着转动能级的跃迁)而产生的吸收光谱,又称为分子振动转动光谱。中程红外光谱仪器最为成熟、简单,使用历史久,应用广泛,因而资料积累最多。由于基频振动是红外活性振动中吸收最强的振动,所以本区最适宜进行红外光谱的定性和定量分析。该红外光区的测定仪器有红外分光光度计、非分散红外光度计和傅里叶变换红外光谱仪等。

张凤等[10]采用红外光谱法鉴定了 2:1 型蛋氨酸锰的合成,他分别分析了蛋氨酸和蛋氨酸锰的红外光谱图(图 4.1)发现蛋氨酸与锰盐螯合后,主要官能团的出峰位置和峰形发生了明显的变化,生成了螯合物。蛋氨酸在 3000 cm^{-1} 左右的宽吸收峰和 1700 cm^{-1} 附近的强吸收峰是—COOH 的特征峰;螯合物谱图中在 3260 cm^{-1} 和 3365 cm^{-1} 出现氨基的对称和不对称吸收峰,较蛋氨酸的相应峰发生了移动;蛋氨酸中羧基的 C=O 伸缩振动出现在 1580 cm^{-1} 附近,螯合物中这一吸收峰也有移动,这是由于锰离子取代了 H$^+$,与羧基形成了共价键。氨基酸红外谱图在 2100 cm^{-1} 有 α-氨基酸的特征吸收峰,螯合物此特征吸收峰则消失。

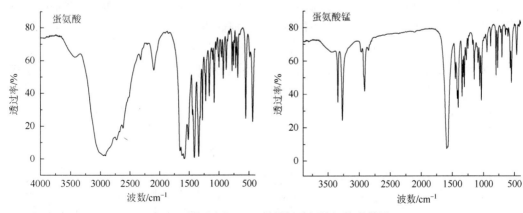

图 4.1 蛋氨酸和 2:1 型蛋氨酸锰的红外光谱图

许良忠等[11]也利用红外光谱分析了甘氨酸与铜、锰和锌的配合物红外光谱。此法不仅可以用于单项氨基酸与金属离子螯合物的定性鉴定，对于复合氨基酸螯合物仍然适用。张小燕等[12]利用红外光谱法鉴定了复合氨基酸铜的生成。她以蛋白粉和硫酸铜为原料进行螯合，从实验结果发现产物中蛋白质的—NH—键的吸收峰由 3422 cm^{-1} 移至 3385 cm^{-1}，说明蛋白粉中的—NH—键发生了明显的化学反应，这一改变可以证明氨基酸螯合铜的生成。

2) 近红外光谱技术

近红外光(NIR)是介于可见光(VIS)和中红外光(MIR 或 IR)之间的电磁波，是人类最早发现的非可见光区域。

近红外光谱技术作为一种分析手段是从 20 世纪 50 年代开始的，并在 80 年代以后的 10 多年里成为发展最快、最引人注目的光谱分析技术，是光谱测量技术与化学计量学学科的有机结合，被誉为分析的"巨人"。近红外光谱主要是分子振动的非谐振动使分子振动从基态向高能级跃迁时产生的，记录主要是含氢基团 X—H(X=C、O、N)振动的倍频与合频吸收信息，信息量极为丰富。NIR 光谱具有丰富的结构和组成信息，非常适合用于碳氢有机物质的组成与性质检测，因此在矿物元素配合物方面的应用鲜有报道。

3) 远红外光谱技术

由于远红外线对人体有许多有益处的作用，所以远红外线在医疗领域中常常被应用到。

2. 紫外光谱法

在紫外光谱中，波长单位用 nm(纳米)表示。紫外光的波长范围是 10～400 nm，紫外光谱能够准确测定有机化合物的分子结构，对从分子水平去认识物质世界，推动近代有机化学的发展是十分重要的。

由于配体氨基酸的特殊结构及性质，氨基酸在紫外光区都有较强的吸收能力，且主要集中在远紫外区(<220 nm)，当氨基酸与金属离子形成配合物后其吸收峰的高度和位置都会发生改变。这是因为氨基酸同红外光谱一样需要特殊的官能团产生吸收峰，这些官能团连接在氨基酸上后会有不同的变化，使得每一种氨基酸都有特定的吸收峰。如酪氨酸的最大光吸收波长为 275 nm(苯酚基)、苯丙氨酸为 257 nm(苯基)、色氨酸为 280 nm(吲哚基)。相对于红外吸收峰，紫外吸收峰略显粗糙，不能看到特定官能团峰的变化，但更加简单明了。刘飞飞等[13]利用紫外扫描证明了赖氨酸螯合铜及赖氨酸螯合锌的生成。管海跃等[14]也利用此法证明了甘氨酸螯合锌的生成。

紫外光谱的测定大都是在溶液中进行的，绘制出的吸收带大都是宽带。由于取代基或溶剂的影响，使最大吸收峰向长波方向移动的现象称为红移现象，最大吸收峰向短波方向移动的现象称为蓝(紫)移现象。

3. 拉曼光谱分析法

拉曼光谱分析法是基于拉曼散射效应，对与入射光频率不同的散射光谱进行分析以得到分子振动、转动方面的信息，并应用于分子结构研究的一种分析方法。

拉曼光谱属于分子的振动和转动光谱，通常简称为分子光谱。早在 1923 年，斯迈克尔等著名物理学家就预言了单色光被物质散射时可能有频率改变的散射光，印度物理学家拉曼于 1928 年在实验室中发现了这种散射，因而以拉曼的名字命名为拉曼散射，相应的散射光谱亦称为拉曼光谱。拉曼光谱与红外光谱同属分子光谱，都能够提供分子振动频率的信息，但产生两种光谱的机理有本质区别，拉曼光谱是分子对单色光的散射所产生的光谱，红外光谱是吸收光谱，即分子对红外光源的吸收所产生的光谱。

4.3.2.2　热重分析法

热重分析法(TG)，是在程序控制温度下，测量配合物的质量与温度或时间的关系的方法。通过分析热重曲线，我们可以知道样品及其可能产生的中间产物的组成、热稳定性、热分解情况及生成的产物等与质量相联系的信息。其主要特点是定量性强，能准确地测量物质的质量变化及变化的速率。TG 是常用的分析方法，并且时常与红外光谱等分析方法配合使用。

TG 有时还会用到差热分析法(DTA)和差示扫描量热法(DSC)，这两种方法从热量变化角度来研究动力学问题。DTA 曲线和 DSC 曲线的共同特点是峰在温度或时间轴上的相应位置、形状和数目等信息与物质的性质有关，因此可用来定性地表征和鉴定物质。

舒绪刚等[15, 16]在红外光谱分析的基础上，又采用 TG 分析验证了甘氨酸锰、N-氨甲酰甘氨酸亚铁等的合成。李群等[17]在红外光谱分析和 X-射线粉末衍射分析的基础上，利用 TG-DTA 验证了 L-赖氨酸锌的合成。

4.3.2.3　X-射线衍射分析法

X-射线衍射分析通常有单晶法和粉末法。

1. X-射线单晶衍射分析

X-射线单晶衍射分析是物理学的一个分支，动物营养工作者可能不熟悉。这里对它进行简单的介绍。该分析方法测定晶体结构的工作始于 1912 年，它是通过单晶对 X-射线的衍射效应来测定物质内部结构的方法。经过物理学家、数学家及化学家的共同努力，发展到现在，该法以能在分子、原子水平上提供完整而准确的物质结构信息，而成为结构测定中最权威性的方法。随着结构分析的理论和实验手段的发展，它在化学等领域的应用越来越广泛。

该法数据收集得到的衍射照片一般有几十张至几百张，经过指标化、积分以及标度平均化处理后得到用于结构分析的原始数据(hkl 文件)，然后用 SHELX 程序做结构求解及精修，最后得到晶体和分子中原子的化学结合方式、分子的立体构型、构象、电荷分布、原子在平衡位置附近的热振动情况以及精确的键长、键角和扭转角等结构数据(cif 文件)。

王建[18]在紫外光谱、红外光谱等分析的基础上，又利用该方法来表征色氨酸锌、色氨酸铁、色氨酸镍等聚合物的晶体结构；舒绪刚等[16]利用红红外光谱、热重分析与该方法结合表征了甘氨酸锌(图 3.1，图 3.2)、甘氨酸铁、甘氨酸铜(配合物)(图 3.7)、甘氨酸锰(图 3.11)等的晶体结构。

2. X-射线粉末衍射分析

X-射线粉末衍射(XRD)是非常重要的物理分析方法，快捷、简单、准确率高，是当前各种固体材料做物相鉴定最常用的手段。XRD 谱图和数据不仅是研究或改进产品过程中的重要指标,并已成为申报新产品(固体)专利时,判断创新性的主要依据和专利保护的重要数据。两张相近的谱图可能代表同一物质或两个不同物相,需小心加以判断。X-射线粉末衍射的应用已渗透到物理、化学、地质、天文、生命科学、石油化工、医药学等行业。

在生物无机化学的应用中,X-射线粉末衍射(XRD)法可以利用氨基酸与金属离子螯合后其主要的吸收峰会发生明显的位移,晶面间距(d)和相对强度(I/IO)也会发生相应的改变等特性来证明物质的合成。管海跃等[14]在紫外光谱、红外光谱及热重分析的基础上加入此方法来验证了一水合甘氨酸锌螯合物的生成。此外,梁敬魁等[19]介绍了利用 X-射线粉末衍射法测定晶体结构的方法。施颖等[20]分析认为:粉末衍射数据的分峰方法对处理某些空间群而言是可行的,但是对于另一些空间群则不合理。在晶体对称性较低或多种组分混存的条件下,衍射线的重叠可能会非常严重,使得粉末衍射数据的解析相当困难。

4.3.2.4　质谱分析法

质谱法的基本原理是有机物样品在离子源中发生电离,生成不同质荷比(m/z)的带正电荷离子,经加速电场的作用形成离子束,进入质量分析器,在其中再利用电场和磁场使其发生色散、聚焦,获得质谱图,从而确定不同离子的质量,通过解析,可获得有机化合物的分子式,提供其一级结构的信息。

质谱法可以与多种技术联用,各种分析技术联用是现代分析发展的特点,联用技术即可进行分离,同时又可对目标物进行定性和定量。分析中常见的联用技术有气相色谱-质谱联用技术(GC-MS)、液相色谱-质谱联用技术(LC-MS)、液相色谱-电感耦合、等离子体光谱-质谱联用技术(LC-ICP-MS)等。

质谱分析法多应用于有机物的结构表征,在矿物元素配合物的结构分析方面的应用较少。

4.3.2.5　其他

1. 双硫腙显色法

双硫腙显色法则是一种化学鉴定方法。双硫腙试剂与金属离子有非常灵敏的配位反应,其配位强度低于氨基酸与金属离子螯合强度。当溶液中含有痕量的金属离子便会与双硫腙产生颜色反应而生成红色的配合物,并且随着金属离子含量的增多而加深。双硫腙显色法不但可以用于产物的定性鉴定,还可以验证分离过程是否完全。但这种方法不能准确定量,只能做定性鉴别。

在 1995 年,滕冰便提出了采用双硫腙显色法对微量元素氨基酸螯合物的鉴别分析,该检验方法简易实用,便于操作。

2. 茚三酮反应(蛋白质定性分析方法)

1910 年 Ruhemann 首次发现了茚三酮与氨基酸能发生颜色反应。除脯氨酸、羟脯氨酸和茚三酮反应生成(亮)黄色物质外,所有的 α-氨基酸及 α-羧基的肽都能和茚三酮在弱酸性条件下反应生成蓝紫色物质。茚三酮反应分为两个步骤，先是氨基酸被氧化生成 CO_2、NH_3 和醛，茚三酮被还原成还原型茚三酮，然后还原型茚三酮与另一个茚三酮分子及 NH_3 缩合生成有色物质。反应式见图 4.2。

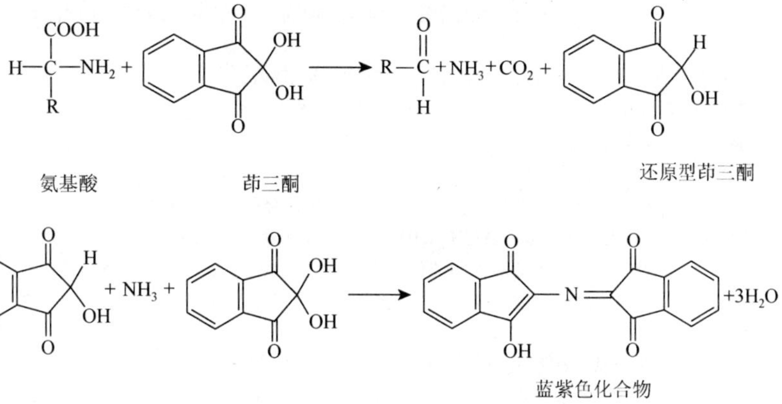

图 4.2　茚三酮反应机理

茚三酮反应非常灵敏，根据生成物颜色的深浅，用分光光度计在 570 nm 波长下进行比色就可测定样品中氨基酸的含量，也可以在分离氨基酸时作为显色剂对氨基酸进行定性或定量分析。例如，在甘氨酸配合物的合成中，可利用甘氨酸金属配合物、甘氨酸与无机盐混合物在冰乙酸中游离甘氨酸浓度的差异，通过与茚三酮在弱酸性条件下反应生成蓝紫色物质，可初步区分甘氨酸微量元素配合物与混合物。

3. 甲醛滴定法

氨基酸为两性物质，在溶液中存在一定平衡(图 4.3)。常温下，甲醛可以迅速与氨基酸的氨基结合生成亚甲基化合物，使平衡右移，溶液酸度增加，滴定中和终点移至酚酞变色区域(pH 为 9.0 左右)。因此可用酚酞为指示剂，通过标准氢氧化钠溶液进行滴定。

$$^{+}H_3N-\underset{}{\overset{R}{\overset{|}{C}}}H-COO^- \rightleftharpoons H_2N-\overset{R}{\overset{|}{C}}H-COO^- + H^+$$

图 4.3　甲醛滴定法溶液中平衡式

4. 比色法

比色法是以生成有色化合物的显色反应为基础，通过比较或测量有色物质溶液颜色深浅来确定待测组分含量的方法。比色法可用于氨基酸、核酸、蛋白质、糖等有机分子的定量检测。其基本原理是 Lambert-Beer 定律，即当溶液厚度一定时，有色溶液对单色光的吸收值与溶液的浓度成正比。选择适当的显色反应、控制好适宜的反应条件是比色分析的关键。

此外，由于一些氨基酸配体带有特定官能团，因此可以通过氨基酸与相关试剂的特殊反应来进行定性和定量分析。如检测酚类氨基酸的 Folin-酚试剂法、米隆反应、Folin-Ciocalteau 反应；检测精氨酸的坂口试剂测定法；检测含苯环氨基酸的黄蛋白反应；检测色氨酸的乙醛酸反应；检测巯基和检测半胱氨酸的硝普盐试验、Sulliwan 反应，等等。

参 考 文 献

[1] 蒋云霞，钟国清，曹军. 碱式氯化铜中铜和氯的测定方法. 饲料研究，2009，(11)：38-39.

[2] 吴治先，李春春，钟国清. 羟基蛋氨酸铜中铜含量的测定. 中国饲料，2012，(19)：29-30.

[3] 王静，孙合美，谷巍，等. 分光光度法测定饲料及饲料添加剂等有机物中锰含量. 山东畜牧兽医，2010，(增刊)：43-45.

[4] 何传琼，潘秀香，赵显法，等. 改进的 EDTA 法检测饲料级硫酸锰中的锰. 中国锰业，2014，32(1)：36-38.

[5] 李家胜，刘波静. 预氧化法快速测定饲料级硫酸锰含量. 分析与测试，2001，(3)：11.

[6] 钟国清. 饲料级硫酸锰测定方法研究. 四川化工与腐蚀控制，2000，3(6)：6-8.

[7] 林娜妹. 甘氨酸微量元素化合物的室温固相合成及检测. 广州：广东工业大学硕士学位论文，2009.

[8] 黎德勇，莫丽君，岳伟超，等. 线性扫描伏安法测定蛋氨酸螯合铜. 轻工科技，2013，(9)：135-136.

[9] 舒绪刚，吴春丽. {ZnSO$_4$[ZnCl$_2$(μ-S-CH$_2$CH$_2$NH$_2$]}$_n$ 修饰玻碳电极对铜离子的测定. 待发表.

[10] 张凤，张晓鸣. 蛋氨酸锰的合成及其对油脂催化氧化的研究. 食品工业科技，2008，29(9)：243-245.

[11] 许良忠，文丽荣. 过渡金属-甘氨酸配合物的 IR 光谱. 光谱实验室，2002，19(5)：641-643.

[12] 张小燕，杜建强，李亚萍，等. 复合氨基酸螯合铜的制备工艺研究. 西北大学学报，2002，32(1)：36-38.

[13] 刘飞飞. 赖氨酸铜/锌的合成、表征及昆布氨酸性质研究. 青岛：青岛大学硕士学位论文，2010.

[14] 管海跃，崔艳丽，毛建卫. 一水合甘氨酸锌螯合物的合成及其表征. 浙江大学学报，2008，35(4)：442-445.

[15] 李嘉伟，舒绪刚，张敏，等. N-氨甲酰甘氨酸亚铁的合成及表征. 仲恺农业工程学院学报，2013，26(4)：16-19.

[16] 舒绪刚，张敏，樊明智，等. 甘氨酸锰的合成及表征. 江西师范大学学报，2014，38(3)：300-303.

[17] 李群，刘飞飞，于岚. L-赖氨酸锌螯合物的研究. 应用化工，2010，39(3)：441-443.

[18] 王建. 色氨酸配位聚合物的合成、表征及流动电位法对氨基酸等结晶过程的研究. 南京：南京工业大学博士学位论文，2009.

[19] 梁敬魁，陈小龙，古元新. 晶体结构的 X 射线粉末衍射法测定——纪念 X 射线发现 100 周年. 物理，1995，24(8)：483-490.

[20] 施颖，梁敬魁，刘泉林，等. X 射线粉末衍射法测定未知晶体结构. 中国科学(A 辑)，1998，28(2)：171-176.

[21] 陈小明，蔡继文. 单晶结构分析原理与实践. 北京：科学出版社，2003.

[22] 中本一雄. 无机和配位化合物的红外和拉曼光谱. 黄德如，汪庆仁译. 北京：化学工业出版社，1986.

[23] 曾昭琼. 有机化学(第三版). 北京：高等教育出版社，1995.

[24] 戈克尔，张书圣，温永红，等. 有机化学手册(原著第二版). 北京：化学工业出版社，2006.

[25] 唐宗薰. 中级无机化学. 北京：高等教育出版社，2003.

[26] 王世平，王静，仇厚缘. 现代仪器分析原理与技术(第一版). 哈尔滨：哈尔滨工程大学出版社，1991.

[27] 江苏省畜牧兽医学校. 饲料添加剂及分析(第一版). 北京：中国农业出版社，1998.

[28] Deacon G B，Phillips R J. Relationships between the carbon-oxygen stretching frequencies of carboxylato complexes and the type of carboxylate coordination. Coordination Chemistry Reviews，1980，33(3)：227-250.

[29] Roth M. Fluorescence reaction for amino acids. Inorg. Chem.，1971，43(7)：880-882.

[30] Spackman D H，Stein W H，Moore S. Automatic recording apparatus for use in the chromatography of amino acids. Anal. Chem.，1958，30(7)：1190-1206.

[31] Jaworska M，Szulinska Z，Wilk M. Development of a capillary electrophoretic method for the analysis of amino acids containing tables. Journal of Chromatography A，2003，993(1-2)：165-172.

[32] Hirokawa T，Nishimoto K，Jie Y，et al. Isotachophoretic separation behavior of rare-earth EDTA chelates and analysis of minor rare-earth elements in all ironore by bi-directional isotachophoresi-particle-induced X-ray emission. J. Chromatogr.，2001，919(2)：417-426.

[33] Holme D J，Peck H. Analytical Biochemistry. 3rd edition. New York：Addison Wesley Longman Limited，1998.

[34] Krishnan K，Plane R A. Raman study of glycine complexed of zinc(Ⅱ)，cadmium(Ⅱ)and beryllium(Ⅱ)and the formation of mixed complexes in aqueous solution. Inorg. Chem.，1967，(1)：55-60.

[35] Nakamoto K. Infrared and Raman Spectra of Inorganic and Coordination Compounds. 6th edition. New York：Wiley & Sons，2008.

第5章 矿物元素配合物动物饲养试验研究方法

5.1 动物饲养试验的设计

试验设计，广义理解是指试验研究课题设计，也就是拟定整个试验计划，主要包括课题名称，试验目的，研究依据、内容及预期效果，试验方案。试验方案包括试验单元的选取、重复数确定、试验单元的分组、处理的分配、试验的记录项目和要求、试验结果的分析方法和经济效益或社会效益估计，已具备的条件，需购置的仪器设备，参加研究人员的分工，试验时间、地点、进度安排和经费预算，成果鉴定，学术论文撰写等内容。而狭义的试验设计仅仅是指试验方案的确定。

试验设计的目的是避免系统误差，控制、降低试验误差，以最低成本，无偏估计或预测处理效应或这些效应之间的关系，从而对样本所在总体作出正确、可靠的推断。

5.1.1 动物饲养试验设计方案

在动物科学研究或生产实践中，常要做动物饲养试验。试验方法一般有活体或离体的饲养试验、消化试验、代谢试验、屠宰试验、化学分析等(图 5.1)。动物饲养试验就是要比较不同处理对动物性能的影响，一般就是比较不同处理的效应，测定动物生产性能、产品质量、耗料、组织及血液生化指标和健康状况等，观察缺乏症状出现的程度，以评定饲料营养价值、确定特定动物的营养需要、比较不同饲养水平的效果，是最常用的动物营养研究方法，如评定新的饲料添加剂。

消化试验一般就是要测定动物对营养物质或能量的消化率；在消化试验的基础上，增加测定尿中排泄的养分和能量，就是所谓的代谢实验；屠宰试验和化学分析试验只是观测方法的区别，比较不同动物体成分的变化，或比较不同营养水平对体成分的影响，或比较不同动物品种或品系沉积养分的能力。

试验一般包括三个组成部分，即设计、试验和试验结果分析，其中试验设计是基础。动物科学上常用的试验设计，从设计目的上看有简单对比试验、析因试验等；从形式上看有完全随机分组设计、随机区组设计、拉丁方设计、反转设计(交叉设计)、套设计(也叫做系统分组设计、分级设计)和抽样调查设计等；从内容上看有单因素试验(一元配置法)、多因素试验(多元配置法)等。这些内容有专门著作，这里不再赘述。

设计动物饲养试验时，通常考虑的非试验因素有品种、年龄、性别、生理状态、养殖密度、环境条件、管理措施、测量方法、保健措施等，一般强调通过试验设计消除全部非试验因素的影响，或结合试验结果分析给予处理，即统计控制。这里强调，统计控制是在设计试验时确定的，不是试验结束分析试验结果时才确定。

动物饲养试验方案关键是试验因素及其水平的选择与安排。

完全方案：在列出因素水平的组合(即处理)时，要求每一因素的每个水平都要碰见一次，这时，水平组合(即处理)数等于各个因素水平数的乘积。例如，以 3 种饲料配方对 3 个品种肉鸭进行试验，两个因素分别为饲料配方(A)、品种(B)。饲料配方(A)分为 $A1$、$A2$、$A3$ 水平，品种(B)分为 $B1$、$B2$、$B3$ 水平。有 $A1B1$、$A1B2$、$A1B3$、$A2B1$、$A2B2$、$A2B3$、$A3B1$、$A3B2$、$A3B3$ 共 $3×3=9$ 个水平组合(处理)。这 9 个水平组合(处理)就构成了这两个因素的完全试验方案。

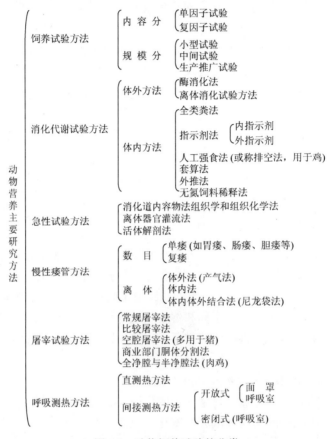

图 5.1　动物饲养试验的分类

根据完全试验方案进行的试验称为全面试验。全面试验既能考察试验因素对试验指标的影响，也能考察因素间的交互作用，并能选出最优水平组合，从而能充分揭示研究对象的内部规律。

全面试验宜在因素个数和水平数都较少时应用。

不完全方案：是将试验因素的某些水平组合在一起形成少数几个水平组合。这种试验方案目的是探讨试验因素中某些水平组合的综合作用，而不在于考察试验因素对试验指标的影响和交互作用。这种在全部水平组合中挑选部分水平组合获得的方案称为不完全方案。根据不完全方案进行的试验称为部分试验。动物饲养试验的综合性试验、正交试验等都属于部分试验。

综合性试验是针对起主导作用且相互关系已基本清楚的因素设置的试验，它的水平组合(处理)就是一系列经实践初步证实的优良水平的配套。正交试验是在全部处理中选出有代表性的处理设置试验。

在动物科学研究中，用得较多的试验设计是单因素 k 水平($k \geqslant 3$)设计、析因设计、重复测量设计和反转设计等。后面介绍的"最优化"设计一般是非平衡组合试验。

动物饲养试验设计的总原则是：①必要性(科学价值、经济价值和社会价值)；②可行性(人力、物力、财力和时间)；③科学性(试验设计、观测和试验结果的统计分析方法要求全面、正确、严谨、及时和诚实)；④发挥优势(合理调配科研人员、仪器设备，充分发挥团队协作互补优势)；⑤经济合理(以最少的经费获取最有价值、最可信的结论，这就是优化试验设计)。

5.1.2 试验设计的三要素

试验研究中不可缺少的三项内容分别是试验因素(处理因素)、受试对象(试验对象)和试验效应(观测指标)，通常将它们称为试验设计的三要素。要掌握试验设计的三要素之间的关系：试验因素→试验对象→试验效应，这是试验设计的关键技术之一。

(1)试验因素。试验因素是指外部施加于受试对象的某种研究或干预因素(本身特征有时可作为处理因素)，一个因素可分为几个水平。在试验设计中，只有变化的量才称为因素，因素的取值范围根据实际需要合理确定。例如，在不同动物品种生产性能比较试验中，品种即为试验因素，除品种外的其他饲养管理因素和环境因素均为非处理条件。

要根据试验目的、任务和条件选择确定试验因素；各因素的水平确定要适当，水平要有先进性和针对性，水平的数目要合适，水平的范围及间隔大小要合理；试验方案中必须设立作为比较标准的对照；试验处理间应遵循唯一差别原则；拟定试验方案时要正确处理试验因素和试验条件之间的关系；注意抓住主要处理因素，控制非处理因素(混杂因素)。

单因素试验设计是指在研究设计中要探索的因素只有一个。动物科学研究常用试验设计方法有组间比较设计、自身对照设计和配对设计。

多因素试验设计是指在研究设计中要探索的因素不是一个而是多个。常用的试验设计方法有：①析因设计，特点是在一个设计方案中包括几个处理因素，每个因素又包括几个水平，优点是效率高、节省人力、物力；②正交设计，其要点是把选定的因素与水平代入一张正交表，按照正交表的规定，安排试验；③序贯设计，其特征是事先不规定研究对象的例数及做多少次重复试验，每进行一次都由上一次的结果确定，获得结论时停止试验，可节省人力、物力。

(2)试验对象。试验对象是指接受试验因素作用的对象，亦称试验单元。动物科学试验对象种类常见的有：人、动物、微生物、细胞、分子、基因等。确定试验对象的标准：纳入标准、排除标准、判定标准，要注意试验对象的相似性和可比性。

(3)试验效应。试验效应就是试验指标。指试验因素施加于试验对象后所起的作用。任何效应都是通过指标的具体取值反映出来的，所以效应指标是鉴定效应的尺度。

试验效应分类：按效应指标的性质分为，①定量指标：能通过工具测量获得具体数值的指标，如产奶量、日增重、采食量等；②定性指标：表现为互不相容的类别或属性的指标，如生存或死亡；③等级指标：表现为有顺序等级的类别或属性的指标，如治疗效果全愈、好转、不变、恶化等。

选择试验指标的依据有如下六个方面：关联性、客观性、灵敏性、可用性(敏感性和特异性)、精准性(精确性和准确性)和稳定性。如果试验效应指标选择不当，就不能准确反映试验因素的作用，研究结果就缺乏科学性，因此，选择好试验指标是非常重要的环节。

试验指标分为主要指标和次要指标。主要指标是指专业上认为最能准确反应试验因素作用的效应指标。次要指标指其他有一定意义的相关效应指标。

5.1.3　确定试验方案的原则

试验设计主要目的是估测处理效应，控制和估计试验误差，以便科学合理地统计分析，做出正确推断。一般只要试验准备工作做得精细，由试验动物、饲料种类、饲养管理条件所引起的系统误差，比较容易克服。而由个体特性不同、舍内小气候不一致，管理上的微小差异随机性所引起的偶然误差是难以完全消除的。为了尽量减少这类试验误差，提高试验的精准性，试验设计创始人 Becked 提出重复、局部控制、随机化这三条基本原则。

试验设计的原则就是试验设计的基本要求。动物饲养试验实质上是研究动物对试验因素(营养成分、日粮结构、环境因素等)的反应程度，即使在相同条件下的重复试验，其结果也会有一定差异。为了对生产实际具有指导意义，就要求试验设计科学合理，有代表性、可信度和可重复性，同时也应保证消除来自试验动物和外界的干扰因素。

(1)样本的代表性。①总体设计与目的一致性：样本选择与课题一致(样本的代表性)，要符合课题要求，样本中每个个体符合总体要求。②试验材料(包括动物)应能代表总体(群体)，抽样方法是关键。③试验条件既要代表目前条件，也能反映将来成果转化地区的自然条件、饲料状况和管理水平等。

(2)样本的随机性。随机化(randomization)就是在抽样或分组时使总体中任何一个个体都有同等机会被抽取进入样本，以及样本中任何一个个体都有同等机会被分配到每个处理组中。

随机化的目的是使实验误差符合正态分布，趋于相互抵消。因此，重复与随机相结合，试验就能提供无偏的试验误差估计。实践证明根据这条原则设计试验，配合适当的统计分析，是获得可靠试验结果的重要保证。通过随机化，使各组的试验对象具有相同的特征，避免试验者主观因素的影响。

随机化方法：怎样进行随机化是试验设计的重要内容。常用的方法有两种：查随机数字表；计算机随机化程序。注意：随机不是随意。要尽量运用统计学知识来设计自己的试验，减少外在因素和人为因素的干扰。

(3)试验动物的均匀性(样本的均衡性与可比性)。均衡是指在各组间除了处理因素这一点之外其他条件相同。否则就会产生混淆，造成偏倚。随机化是保证非处理因素均衡性的重要方法。一个试验设计方案的均衡性好坏，关系到试验研究的成败。应充分发挥具有各种知识结构和背景的人的作用，群策群力，方可有效提高试验设计方案的均衡性。但是，限于试验条件，并非所有的试验都能做到均衡性。

试验对象的选择非常关键。接受不同处理的动物之间要有可比性，除处理因素外，其他因素的影响要能够控制。例如，在动物饲养试验中，如果要比较两种矿物元素对猪生长性能的影响，那么在选择参试猪时，要求遗传、年龄、性别、胎次、生理状态和健康状态、饲养管理条件等尽量一致，或者可以控制，以保证样本的均衡性与可比性，这样，不同处理结果才有可比性。

动物试验常设置预饲期，一般为 5～7 天，就是为了消除试验动物生理状态的差异。对于分期试验一般也设置间隔过渡时期。此外，试验日粮的质量应符合设计要求，且要考虑滞后效应的影响。

在一些试验规模较小(比如用瘘管牛做尼龙袋半体内消化试验)时，无法全面保持均匀性，只能多设重复进行个体误差校正，这与随机抽样原则并不冲突，目的都是为了尽量控制和消除非试验效应。如果有些非试验因素的效应不能通过随机抽样和均衡化消除或抵消时，就只有通过统计控制来剖析，如协方差分析中设置的协变量。

(4)试验的可信度。可信度可用准确性和精确性两个指标来衡量。准确性不等于精确性，但要获得高的准确性，必须首先提高精确性。用降低误差的办法，诸如增加重复数、随机化、配对比较、区组设计等，都有利于提高试验的精确性。这里样本的可靠性是关键，要考虑犯两类错误的概率大小。

(5)试验的可重复性。由于试验受供试动物个体之间差异和环境条件等因素影响，不同地区或不同时间进行的相同试验，结果往往不同，即使在相同条件下的试验，结果也有一定差异。因此，为了保证试验结果的重复性，必须认真选择供试动物，严格把握试验过程中的各个环节，严格检查各种设施、条件，遵守操作规程，详细观察，准确记录，仔细核对，认真分析，对可疑数据进行必要的重复验证，以避免人为因素引起的误差，从而确保本人和其他研究人员在相同试验条件下也能重复得到同样的结果。在有条件的情况下，进行多次或多点试验，这样获得的试验结果才有较好的重复性。

(6)试验内的重复。这里的重复是指试验中同一处理实施在两个或两个以上的试验单元上。重复的主要目的和作用是估计试验误差、提高试验结果的可靠性。在动物试验中，一头动物可以构成一个试验单元，有时一组动物构成一个试验单元。重复的实质就是在相同试验条件下做多次独立重复试验。

设置重复的主要作用：估计试验误差和降低试验误差。如果同一处理只实施在一个试验单元上，那么只能得到一个观测值，则无从看出差异，因而无法估计试验误差大小。只有当同一处理实施在两个或两个以上的试验单元上，获得两个或两个以上的观测值时，才能估计出试验误差。

样本标准误与标准差的关系是 $S_{\bar{x}} = S / \sqrt{n}$，即平均数抽样误差大小与重复次数的平方根成反比，所以重复次数多可以降低试验误差。但实际应用时，重复数太多，试验动物的初始条件不易控制一致，也不一定能降低误差。重复数多少可根据试验要求和条件而定，供试动物个体间差异大时重复数应多些，差异小时可少些。当重复数较多时，每重复内的头数可适当减少；反之，当重复少时应增加每重复的头数。

样本含量：重复次数即样本含量。样本含量估计是试验设计的重要内容。

　　重复原则并非要求研究者无限追求大样本，但需要足够的样本含量。究竟需要多大规模，要根据不同的问题和试验设计的要求，用专门的统计方法估计。一般认为重复 5 次以上的试验才具有较高的可信度。

　　(7)局部控制——试验条件的局部一致性。局部控制可进一步减小误差。当试验环境或试验单元差异较大时，仅根据重复和随机化两原则设计试验不能将试验环境或试验单元差异所引起的变异从试验误差中分离出来，因而试验误差大，试验精确性与检验灵敏度低。为此，在试验环境或试验单元差异大的情况下，可将整个试验环境或试验单元分成若干个小环境或小组，在小环境或小组内使非处理因素尽量一致，这就是局部控制。每个比较一致的小环境或小组，称单位组(或区组)。单位组间的差异可在方差分析时从试验误差中分离出来，降低试验误差。局部控制的一般原则是，同一区组内，要求试验条件尽可能同质；而不同区组间，允许试验条件异质。

　　重复、随机化、局部控制称为费雪(Fisher)三原则。

　　(8)对照。对照是指试验因素的水平数至少有两个，其中一个为对照组。设置对照的目的是判断受试者前后的变化是由试验而不是其他因素引起的，只有通过设立对照才可比较试验效应的差别；要分析一个处理是否有效，只有通过与另一种处理比较才能鉴别。当某些处理本身夹杂着重要的非处理因素时，还需设立仅含该非处理因素的试验组为试验对照组。

　　对照的方式有空白对照、安慰剂对照、标准对照、自身对照、相互对照、试验对照、历史或中外对照。历史或中外对照组的设立，这种对照形式应慎用，其对比的结果仅供参考，不能作为推理的依据。

　　这里强调三点：第一，每个要研究的效应都应该有与之相应的单独设置的处理，并且每个处理至少要有两个或更多的水平，否则就无法剖析这个效应。第二，每个处理都要设置重复，没有重复就无从估计试验误差，也就无从估计试验结果的可靠性。第三，设计动物饲养试验的最根本原则是"唯一差别"原则，也就是除处理因素外，其他非试验因素要通过试验设计或统计处理来"控制"，设置对照就是为了消除干扰因素的影响。

　　(9)时间留余。时间分配上留有余地非常必要，这样才能富有弹性地实施试验计划，并不断调整好自己的试验进度。

　　(10)经济原则。不论什么试验，都有它的最优选择方案，这包括资金使用，也包括人力时间的损耗，必要时可以预测一下自己试验的产出和投入的比值，当然是以你所拥有的或可以利用的试验条件做基础的。

5.1.4　试验误差和偏差的控制

　　在动物科学研究中，试验处理常受各种非处理因素影响，使试验处理的效应不能真实反映出来，就是说，试验得到的观测值不但有处理的真实效应，而且还包含其他因素影响，这就出现了实测值与真值的差异，这种差异在数值上的表现称为试验误差。观察值(实际值)与真实值(理论值)之差称为试验误差，简称误差(error)。

　　1. 试验误差的种类

　　由于产生误差的原因和性质不同，试验误差可分为系统误差和随机误差两类。系统误差影响试验的准确性，随机误差影响试验的精确性。为提高试验的准确性与精确性，必须避免系统误差，降低随机误差。

误差的来源：为有效避免系统误差，降低随机误差，必须了解试验误差的来源。动物试验误差的主要来源有三个：过失误差、系统误差和随机误差。

(1) 过失误差(gross error)：由于观察错误造成的误差。例如，观察者有意或无意的记录错误，计算错误，数据核查、录入错误，度量衡单位错误，甚至故意修改数据导致的错误。过失误差在统计学研究中是不允许的，必须通过加强调查、录入和分析人员的责任心，完善检查核对制度等方法来避免和消除过失误差，以保证数据和结果的真实性。

(2) 系统误差(systematic error)：由处理以外的其他非试验条件的明显不一致所造成。由于某些已知的或未知的因素造成，而且具有一定变化规律的误差称为系统误差，又称偏倚(bias)。系统误差的产生有以下来源：仪器差异、方法差别、试剂差异、条件差异、顺序差异和人为差异。

系统误差处理方法：系统误差对研究结果的影响很大，但是系统误差一般是恒向、恒量的，且有其特定变化规律，所以可通过严格、科学的试验设计将其减小或控制在最小范围内。

(3) 随机误差(random error)：又叫偶然误差。在严格控制非试验条件相对一致后仍不能消除的偶发性误差，是由于试验对象个体的变异及一些无法控制的因素波动而产生的误差，是排除过失误差、系统误差之后尚存在的误差。如：正常成年人的体重，身高、心率各不相同。

随机误差的特点是由多种无法控制的因素引起，其大小和方向是随机变化。随机误差不可避免但是有规律，它以零为中心呈正态分布，所以可用概率统计学方法对随机误差进行估计。

随机误差的产生：随机误差有抽样误差和随机测量误差两种。

抽样误差(sampling error)：在随机抽样过程中，由于抽样而引起的样本统计量和总体参数之间的差异。由于生物个体的变异性等原因使得误差广泛存在，抽样误差的大小主要取决于个体之间变异程度的大小和样本含量的多少，变异程度越大，样本含量越小，抽样误差就越大。减少抽样误差的主要办法是选择自身变异小的试验对象，如选择来自同一动物同一批试验材料，同时各试验对象的条件保持一致，如动物的饲养环境、处理措施等。

随机测量误差(random measurement error)：指在同一条件下对同一观察单元的同一指标进行重复测量所产生的误差。由于技术限制，随机测量误差目前也无法避免，只能尽量提高仪器设备的准确性和精密性来控制随机测量误差在容许范围之内。

误差是不可避免的，而避免错误发生是完全可以做到的。不同的误差应采取不同的方法进行处理。

2. 控制试验误差的途径

在动物试验中，误差主要是由于供试动物个体之间差异和饲养管理不一致造成。针对误差的主要来源，应采取有效措施，如尽量选择一致的试验动物，尽量做到饲养管理一致，认真细致地进行观测记载等，力求避免系统误差，降低随机误差。

(1)试验材料的变异。供试动物固有的差异是指各处理的供试动物在遗传和生长发育上或多或少的差异性。如试验动物的遗传基础、性别、年龄、体重不同，生理状况、生产性能不一致等，即使是全同胞或同一个体不同时期也会存在差异。

(2)饲养管理操作技术的差异。指在试验过程中各个处理在饲养技术、管理方法及日粮配合等在质量上的不一致，以及在观测记载时由于工作人员的认真程度，掌握的标准不同或测量时间、仪器的不同等所引起的偏差。

(3)环境条件的差异。主要指那些不易控制的环境差异，如栏舍温度、湿度、光照、通风不同所引起的差异等。

(4)由一些随机因素引起的偶然差异。如偶然疾病的侵袭、饲料的不稳定等引起的差异。

(5)统计控制。统计控制有两层含义：①通过合理试验设计既能获得试验处理效应与试验误差的无偏估计，也能控制和降低随机误差，提高试验精确性。降低随机误差的途径有3个，一是通过模型化方法使那些可预料的随机误差不再随机，用一个可控随机变量来解释它，进而解释总变异；二是设置重复，因为有重复观测值时就可把误差方差从主题方差中分离出来。材料一致性不变时，增加观测样本规模可降低随机误差；三是抽样控制，提高样本的代表性时注意研究对象的变异。②对于那些效应较大的变异因素，可以在设计试验时视为一个变量，引入试验模型，在分析试验结果时析出这个变量的效应，由此即可降低模型误差，提高试验精度。

在多水平模型，有时总均数的估计会受下列两个因素的影响：一是处理组的均数与处理组的样本含量有关，这时抽样偏差会改变处理组均数，所以抽样时要注意避免抽样偏差，预测处理组均数时要考虑组大小；二是模型残差大时会影响任何统计分析的标准误，包括处理组均数，这时就要考虑误差的组成，把干扰因素导入试验模型，通过统计控制减少模型误差分量。

5.1.5　动物饲养试验设计技术要点

动物饲养试验是指：在接近或模似生产条件下，对供试动物的环境条件、饲粮组成、营养水平、采食量等重要因素，做详尽而准确的记录(对肉用动物还需作屠宰试验)，对其所产产品按规定进行测定，然后经数据整理、统计和效益(包括经济、社会和环境效益)分析、技术判断，最后作出科学结论。从广义上讲，除上述要求外还应包括试验条件下的消化与代谢试验、营养物质与能量平衡试验。本章主要介绍动物饲养试验研究的设计与统计分析方法原理，介绍矿物元素配合物的生物利用率和营养需要量评估方法。

动物饲养试验是最常用、最可靠的一种试验方法，广泛用于评定饲料营养价值、研究动物营养需要、测定添加剂使用效果、比较饲料配方、比较饲养方式优劣和鉴别动物生产能力等方面，因此，动物饲养试验是饲料营养、饲养管理科技人员必须掌握的应用技术。

进行动物饲养试验，必须要有明确的目的和科学的方法。根据不同试验目的，采用相应试验方案，但无论哪一种试验方案的制订和试验后对结果的分析，均需符合生物统计原理。

矿物元素配合物的动物饲养试验研究应按照《新饲料和新饲料添加剂管理办法》的

要求和规定，在动物体内确认候选添加剂的饲养效果和残留，也是该候选添加剂能否成为一个新产品的最后一道考核标准。

1. 试验动物的选择

试验动物是接受处理因素的对象，对假说的检验主要根据试验动物对处理因素的反应，因此，试验动物的选择十分重要，它直接影响试验质量，甚至是成败。选择试验对象的总方针是：试验动物对拟施加的处理因素敏感，能充分反应；该动物经济、易于获得。具体地说，选择试验动物应考虑以下几个方面。

(1) 种属。一方面，所有哺乳动物(甚至整个动物界)的生命现象，特别是一些最基本的生命过程，有一定共性；另一方面，不同种属的动物，在解剖、生理特征和对各种因素的反应上，又各有其个性。例如，不同种属动物对同一饲料喂养的易感性不同。因此，熟悉并掌握这些种属差异，有利于动物试验的进行，否则可能贻误整个试验。例如，在研究棉酚对雄性动物生殖功能的影响时，反刍动物与单胃动物的反应很不一样。

(2) 品系。由于遗传变异和自然选择作用，即使同一种动物，也有不同品系，经过杂交，使不同个体之间在基因型上千差万别，表现型上同样参差不齐。这种离散的倾向有利于动物对外部环境变化的适应，但却不利于科学试验的进行。多年来，人们通过连续20 代以上亲缘交配办法，培育出各种纯合子动物，即纯系动物。这种动物同一品系的个体基因基本相同，从而决定了它的解剖生理特征和反应性的一致性，这就为动物试验提供了较理想的均一群体，可以用较小的样本规模，取得较好的试验结果。

新的矿物元素配合物最终能否用于养殖生产，要看他对于生产中使用的动物是否有好的效果。所以在动物饲养试验，选择试验动物应该是养殖生产中规模最大的品种，这样得到的试验结论便于推广。

(3) 年龄与体重。年龄是一个重要的生物量，动物的解剖生理特征和反应性随年龄而有明显变化，一般幼年动物比成年动物对添加剂更敏感，断奶仔猪的敏感性比成年猪高，所以一般认为仔猪不能完全取代成年猪的试验。年龄选择要根据试验目的和不同年龄动物的特点而定。

(4) 性别。不同性别动物在解剖生理特征上有差异。许多试验证明，不同性别的动物对同一添加剂的敏感性差异较大，对各种刺激的反应也不尽一致，雌性动物性周期不同阶段和怀孕、授乳时的机体反应性有较大改变，因此，一般优先选雌性动物或雌雄各半做试验。动物性别不影响动物试验结果的试验或一定要选用雌性动物的试验例外。有些情况下，如不加考虑可能造成错误结论。

(5) 生理状态。动物的生理状态如怀孕、授乳时，对外界环境因素作用的反应性常与不怀孕、不授乳的动物有较大差异。因此，在一般饲养试验研究中不宜采用这种动物。但当为了某种特定目的，如评估添加剂对妊娠期母猪和胎儿及产后母猪和仔猪的影响时，就必须选用这类动物。

(6) 健康状态。动物健康状态对动物试验效果有重要影响，除了应用疾病模型的试验外，都应选用健康状态良好的动物。"健康"的标准随试验要求和客观条件可能有些出入，但一般而言，试验动物应该外观正常(无畸形或异常，如外伤、皮肤感染等)，营养状态正常(体重不低于该年龄应达到的标准，毛发清洁、光泽等)，行为正常(反应不迟钝亦不亢进，步态无异常）等。

对于疾病模型的动物，则应注意维持其状态，防止受其他因素的干扰。

2. 试验单元的要求

试验所用的材料称为试验对象。如用鸡做试验，鸡就是本次试验的试验对象，或称为受试对象。试验单元（experimental unit）是指试验中安排一个处理的最基本试验单位，也叫试验单位，就是能施以不同处理的最小材料单元。如一个小区（experimental plot），一头动物或同一笼里的几只鸡，同圈的几头猪等。

供试动物的数量及要求。试验动物或试验对象选择正确与否，直接关系到试验结果的正确性和试验实施的难度，以及别人对试验新颖性和创新性的评价。因此，试验动物应力求均匀一致，尽量消除不同品种、不同年龄、不同胎次、不同性别等差异对试验的影响。新引进的动物应有一个适应和习惯过程。

一个完整的试验设计中所需试验材料的总数称为样本含量（也叫做样本规模，sample size）。最好根据特定的设计类型估计出较合适的样本含量。样本过大或过小都有弊端。

饲养试验中正确确定试验单元非常重要，这里强调不同试验单元要相互独立、互不干扰。对于牛、马等大家畜以头为试验单元，但要拴系饲养；群饲的（猪、鸡、羊）应以单圈或单笼为一个试验单元，尽管每圈多头每笼多只。不能将群饲的每头作为一个试验单元，因为它们不相互独立。

在配对试验、非配对试验和多个处理比较试验中，同一处理的不同重复是指同一处理实施在不同试验单元上。若试验以个体为试验单元，则同一处理的不同重复是指同一处理实施在不同个体上；若以群体为一个试验单元，则同一处理的不同重复是指同一处理实施在不同群体上，这时如果每个处理只实施在一个群体上，不管这群动物数量多大，实际相当于只实施在一个试验单元上，只能获得一个观测值，就无法估计试验误差。

曾见到鸡试验中把数百数千只分几组而不是若干只为一个试验单元，处理试验结果时却按照实际鸡只数做处理重复数。在本科学生毕业论文中，有将 3000 只鸡分为对照与试验两组，而无重复，取连续 3 天产蛋数进行统计检验，这样的错误结果无意义。

禽类个体小、变异大、易死亡，所以正确做法应以群组或笼作为一个试验单元。处理试验结果时，如果有某些笼或群组有鸡只在试验过程中淘汰或死亡，那么，不同试验单元即不同笼的平均数具有不同精度，对这种笼平均数数据不应直接用费雪的方差分析法处理。

3. 试验因素的选择

试验中，凡对试验结果可能产生影响的原因或要素，都称为试验因素（experimental factor）。动物试验结果受品种、年龄、性别、生理状态、养殖密度、环境条件、管理措施、测量方法、保健措施诸方面影响，这就是影响动物试验的因素。要想获得正确可靠的饲养试验结果，必须了解影响动物饲养试验效果的各种因素，排除各种干扰因素。

试验因素依赖于研究目的，研究者希望着重研究的某些条件或方法，亦称处理因素，如不同温度、用药种类、用药剂量等。把除试验因素外其他所有对试验指标有影响的因素称为非试验因素，或非处理条件，又称干扰因素或混杂因素。例如，研究 3 种饲料的营养效果，猪的胎次、年龄等为非试验因素。干扰因素对试验结果的影响常造成试验误差。

影响因素有客观与主观，主要与次要因素之分。研究者希望通过研究设计进行有计划的安排，从而能科学地考察其作用大小的因素称为试验因素(如矿物元素配合物的种类、用量、浓度、作用时间等)；对评价试验因素作用大小有一定干扰性且研究者并不想考察的因素称为区组因素或称重要的非试验因素；其他未加控制的许多因素的综合作用统称为试验误差。试验因素取不同水平时试验对象产生的反应称为试验效应。试验效应是反映试验因素作用强弱的标志，它必须通过具体指标来体现。

单因素试验是指整个试验中只比较一个试验因素的不同水平的试验。单因素试验方案由该试验因素的所有水平构成。这是最基本、最简单的试验方案。例如，在猪饲料中添加 4 种剂量的某种矿物元素，进行饲养试验。这是有 4 个水平的单因素试验，矿物元素的 4 种剂量，即该因素的 4 个水平就构成了试验方案。

多因素试验(析因试验)是指在同一试验中同时研究两个或两个以上试验因素的试验。多因素试验方案由该试验的所有试验因素的水平组合(即处理)构成。多因素试验方案分为完全方案和不完全方案两类。

多因素全面试验的效率高于多个单因素试验的效率。全面试验的主要不足是，当因素个数和水平数较多时，水平组合(处理)数太多，以至于在试验时，人力、物力、财力、场地等都难以承受，试验误差也不易控制。所以一个试验中研究的因素不宜过多，凡能用简单方案的试验，就不用复杂方案。

一般是根据试验目的、任务和条件挑选试验因素。在确定研究课题后，对试验目的、任务进行仔细分析，抓住关键，突出重点，拟订试验方案，首先挑选对试验指标影响较大的因素。若只考察一个因素，则可用单因素试验；若考察两个以上因素，则应采用多因素试验。如进行猪饲料添加某种微量元素的饲养试验，在拟定试验方案时，设置一个添加一定剂量微量元素的处理和不添加微量元素的对照，得到一个包含 2 个处理的单因素试验方案；或设置几个添加不同剂量微量元素的处理和一个不添加微量元素的对照，得到一个包含多个处理的单因素试验方案。进行微量元素不同添加剂量与不同品种猪的饲养试验，则安排一个二因素试验方案，把猪的不同品种也看做一个试验因素。

在试验性研究中，感兴趣的变量是明确规定的，因此，研究中的一个或多个因素可以被控制，使得数据可以按照因素如何影响变量来获取。对完全随机化设计的数据采用单因素方差分析。

影响试验结果的全部因素，包括试验因素和非试验因素，一起构成一个系统，这就是我们的研究对象。理论上说，试验系统中的每个因素都可以用一个变量表示。由于系统的复杂性和统一性，试验系统内各个变量间常不相互独立，而是具有某种质的和量的关系。这种量的关系的具体数学形式，随试验系统而改变，特定试验系统中变量间的数学关系，与变量间的生物学关系和畜牧学关系一样，设计试验时都要给予足够的考虑。

4. 试验的水平与处理

试验因素的不同状态或数量等级称为该因素的水平(level)。为分析试验因素产生的作用，常要将试验因素分为不同水平进行，如微量元素的不同剂量，不同时间点数等。试验系统中每个因素的不同水平，可以看做是系统中相应变量的不同取值。

试验因素个数和水平数常要根据专业而定，建议"少而精"。水平数目过多，不仅难反映各水平间差异，而且加大处理数；水平数太少又容易漏掉一些好信息，致使结果分析不全面。每个因子的水平数一般在2～4个为宜。需要指出，有比较才有鉴别，一个试验因子至少要有2个水平才能比较，否则其本身不构成因子。

具体水平的确定：这要看具体的专业需要。例如，要研究海参的硒需要量，没有前人报道做参考，这时可考虑以下几个方面：一是正常海水的硒含量，二是海参体的含硒量，三是硒在海参体内的代谢生理。如果知道硒的最大中毒剂量，那么就可以正常海水含硒量和最大中毒量为"水平"的取值范围，以海参体含硒量为参考来确定具体水平。

水平间差异：根据各试验因素的性质分清水平间差异。各因素水平可根据不同课题、因素的特点及动物反应能力来定，以使处理效应容易表现出来。各因素的水平要适当，要有先进性和针对性，水平数目要合适，水平范围及间隔大小要合理。有些因素在数量等级上只需少量差异就反映出不同处理的效应，如饲料中微量元素的添加等。而有些则需较大的差异才能反映出不同处理效应，如常规饲料原料用量等。

试验方案中各因素水平的排列要灵活掌握。一般可采用等差法（即等间距法）、等比法和随机法3种。①等差法：指各相邻两个水平数量之差相等，如矿物元素各水平的排列为10 mg、20 mg、30 MG，其中20 MG为中心水平，向上向下都相隔10 MG；②等比法：指各相邻两个水平的数量比值相同，如矿物元素各水平排列为7.5 MG、15 MG、30 MG、60 MG，相邻两水平之比为1∶2；③随机法：指因素各水平随机排列，如矿物元素各水平排列为15 MG、10 MG、40 MG、30 MG，各水平的数量无一定关系。

水平组合与处理。同一试验中各因素不同水平组合在一起而构成的技术措施（或条件）就叫做水平组合（level combination）。

处理（treatment）指试验研究中进行比较的试验技术措施，也就是在试验研究中欲施加给受试对象的某些因素。在单因素试验中，一个处理指该因素的一个水平；在多因素试验中，一个处理指一个水平组合。如矿物元素配合物试验的各种矿物元素配合物，治疗某病的几种疗法或药物，药理研究中某药的各种剂量等。在试验的全过程中，处理因素要始终如一保持不变，按一个标准进行试验。如果试验的处理因素是药物，那么药物的成分、含量、出厂批号等必须保持不变。如果试验的处理因素是手术，那么就不能开始时不熟练，而应该在试验之前使熟练程度稳定一致。

5. 试验指标的选择

试验因素取不同水平时在试验单元上所产生的反应称为试验效应，一般是通过某些观测指标数值的大小来体现。试验指标（experimental index）指试验中用来反映试验处理效果好坏的标志，简称指标，动物试验中就是动物性状，如产量、体重、生长速度。

要结合专业知识，尽可能多地选用客观性强的指标，在仪器和试剂允许的条件下，应尽可能多选用特异性强、灵敏度高、准确可靠的客观指标。对一些半客观（比如读pH试纸上的数值）或主观指标（对一些定性指标的判断上），一定要事先规定读取数值的严格标准，只有这样才能准确地分析试验结果，从而也大大提高试验结果的可信度。

确定试验指标要注意：①主观指标，如果观测指标必须包含这类靠主观判断确定具体表现数据的指标，则应详细列出评判标准，要符合国家标准和行业共识；②客观标准，应满足有关标准和行业共识。如有创新，应详细作出操作规则和解释；③特异指标，根据需要和可能来决定；④先进指标，不要局限于本单位的设备条件，要协作；⑤如果可以选择，那么以易测量而精度又高的指标为好。

用于矿物元素配合物营养研究的方法极为广泛，各种试验方法都有优缺点，较为完善的科研设计应多角度(多学科、多指标、多靶点、多层次)，采用不同方法，可以实现互补，比较准确地证明或解决某个学术问题。动物饲养试验最主要的试验指标是生长速度、饲料效率、产品质和量。现代营养学研究常采用多学科交叉的方法系统，因此，研究者应尽可能全面地采用多种试验手段来提高研究水平。例如，要证明某一矿物元素配合物的生理意义，可采用生理学方法证明其物理变化特征；采用形态学方法证明其在体内的空间分布特征；采用生物化学或分子生物学方法证明其存在的数量及调节方式；采用药理学方法证明其对生理功能的影响或作用机制；采用基因敲除技术则可证明其对发生发育或出生后生理功能的影响；采用的方法越多对该分子功能的了解就越全面、越深入。

还需要指出的是，选择试验指标也要根据所在单位及实验室的实际条件，要善于利用本单位的设施和设备来设计试验，由于对一个目标的研究能够通过多种途径，因此，设施设备条件相对不足的单位，只要能充分利用现有条件，合理组织各学科和研究者的力量，并在研究设计上多下工夫，也能够做出出色的研究成果；联合利用其他实验室也是可以考虑的。

6. 估计矿物元素需要量的试验设计

测定矿物元素需要量的试验设计需要严格考虑以下几点：①基础日粮中待测矿物元素的含量不足，可能需要添加其他矿物元素添加剂以确保待测的矿物元素为第一不足的矿物元素；②待测日粮中除待测矿物元素外其他养分的含量必须充足；③待测矿物元素浓度最少设 5 个水平，2 个高于估计的需要量，2 个低于估计的需要量，使得浓度范围包括最佳浓度(需要量)；④试验时期足够长，这与反应标准有关；⑤用合适的统计模型描述反应目标和确定需要量。

为使不同矿物元素和不同生长阶段估计的需要量保持一致，可用 Robbins 等[1]的断点法(breakpoint methodology)确定"需要量"。生长猪需要量是基于矿物元素含量不足的日粮观测的平均日增重，对于怀孕母猪和泌乳母猪，还要考虑更多的参数。再者，对于日粮矿物元素组成或有效浓度，为便于比较，可用比较通用的有效养分和可消化养分为指标。

后备猪一般应考虑生产反应(如平均日增重)；可根据日粮组分估计矿物元素有效浓度；要记录日粮营养水平、参试猪体重(平均的、初始的和结束的 BW)和有关的性能参数如平均日增重、日饲料采食量等；试验结束时要计算每千克体重(BW)增重需要的有效矿物元素的克数。

怀孕母猪矿物元素需要量试验除考虑后备猪那些指标外，还要考虑母猪的饲料采食量、配种时的体重(第 1 天)和怀孕结束时的体重(第 113 天)、总产仔数、仔猪出生重，和生产反应如矿物元素存留量、血浆矿物元素反应等。与后备猪试验要求一样，要根据日粮原料组成计算出有效矿物元素含量和需要量。

泌乳母猪矿物元素需要量试验除考虑怀孕母猪那些指标外，还要考虑泌乳期长度、断奶仔猪数、母猪开始体重和结束时的体重或哺乳期体重改变量和窝增重(或泌乳量)。

7. 不良反应监测

有机配位体将微量元素紧紧控制的就是微量元素配合物，有机微量元素的功能取决于有机结合的程度是否能保护微量元素免于不期望的反应。不良反应又称副作用，一个有效的饲料添加剂或多或少地都会有一些不良反应，有的还可能有毒性甚至严重毒性反应。饲料添加剂不良反应的监测往往比饲养效果评价更为复杂而重要。饲料添加剂的不良反应检测可以参照《药品不良反应报告和监测管理办法》(卫生部令第 81 号)进行。检测不良反应可与动物饲养试验一起结合进行，不需要单独另列试验。

影响动物饲养试验效果的动物饲养环境主要有：①气候因素。包括温度、湿度、空气的流速及清洁度、光照、环境噪音等。②动物饲养密度应符合卫生标准，有一定活动面积，不能过分拥挤，不然会影响动物健康，影响试验结果。各种动物所需笼具的面积和体积因饲养目的而异，哺乳期所需面积较大。

饲料含有霉菌会影响动物饲养试验，黄曲霉在生长及产毒过程中需要消耗铁、铜、锰、锌等微量元素。据报道，在脱脂玉米中添加不同浓度的微量元素能够显著促进黄曲霉毒素的产生；培养基中缺乏锌、锰、铜等微量元素，能抑制黄曲霉毒素的产生或菌丝中毒素的分泌。因此被黄曲霉毒素污染的玉米等原料中，营养成分组成及含量受到严重破坏。

动物机体黄曲霉毒素中毒后，由于肝肾等器官受到损伤，造成体内相关生理生化反应的失衡引起微量元素永久性或暂时性的重新分布；进而造成动物机体由于微量元素紊乱导致的一系列病理变化。霉菌毒素中 AFB1 致动物中毒后，会损伤肝脏等器官，降低动物采食量和对饲料的消化吸收率，这就使得饲料中的微量元素不能充分吸收，体内相关微量元素的缺乏不能得到补充，加剧了由 AFB1 导致的微量元素缺乏症。黄曲霉毒素 B1 可在奶中残留 1.6%，一周小猪肝毒素浓度可增加 8 倍。

5.1.6 最佳样本规模的确定

确定了试验动物后，需要考虑选择多大的样本量。样本量过少，在统计学上会产生假阴性的结果；样本量过大，则会增加人力、时间、经费的负担。因此，确定恰如其分的样本量非常必要。根据统计学原理，试验结果的重现性和可靠性与试验的重复次数有关；也与试验的质量有关，如试验质量高、误差小，所需重复数也可减少。

组间对比：如果处理组与对照组的反应差别较大，所需样本量就小；反之，需要样本量大。有时候反应差别不大，单靠增加样本量不现实，应从专业角度考虑这种微小差别是否有现实意义。

试验指标：试验手段、仪器设备越精密，所需样本量可减少。因此，在试验设计中应尽量注意仪器的校正、操作的规范化、指标的统一等，以提高试验质量。

要提高试验效率应注意以下几点：①各处理组样本量相等，试验效率提高，可用较少样本量取得显著结论；②定量指标数据的试验效率高于定性指标数据，故尽量采用定量指标以提高试验效率；③自身对照试验或配对试验可减少个体差异，提高试验效率，但应注意配对是否合理、前后两次测量值有无自然差异等，还应在自身对照的基础上设置组间对照。

随机化：拉丁方设计、正交设计和交叉设计等方法能提高试验效率，应优先选用。

样本量估算：试验研究设计时要注意重复次数。不同设计方案，处理数不同时，要求的最低重复次数不同。鉴于国内外此类教科书很多，这里不再赘述。本节重点介绍王继华等[2, 3]给出的设置最佳样本大小的方法原理。

1. 两因素多个处理效应比较试验的数学模型

假设要比较 i 和 j 两个因素 P 个处理的性能效果，用 y_{ijk} 表示第 ij 个处理第 k 个重复的表型值，用双下标 ij 表示处理，当 $i=j$ 时为对照组，当 $i \neq j$ 时为试验组。

一般假定：

$$y_{ijk} = \mu_{ij} + e_{ijk}, \quad \mu_{ij} = \mu + G_{ij} \tag{5.1}$$

$$y_{ijk} \sim N(\mu_{ij}, \sigma_{ij}^2) \tag{5.2}$$

$$ij=1, \cdots, P; \ k=1, 2, \cdots, n_{ij}$$

式中，μ 为一般均数；G_{ij} 为第 ij 个处理效应；e_{ijk} 为模型残差；n_{ij} 第 ij 个处理重复数。

模型中模型残差既含随机观测误差，也含有抽样或观测引起的随机误差。由模型可知，第 ij 个处理组的表型方差等于其误差方差（即模型残差方差），所以二者统一记为 σ_{ij}^2。

在试验中，参加比较的处理属于同一总体，每一处理都是一个子总体。试验中观测值 y_{ijk} 的平均数 X_{ij} 的方差为 $\mathrm{Var}(X_{ij}) = \sigma_{ij}^2 / n_{ij}$，$P$ 个参试处理参加试验，则整个试验平均的误差方差为

$$\sigma^2 = \frac{1}{P} \sum_{ij=1}^{P} (\sigma_{ij}^2 / n_{ij}) \tag{5.3}$$

记整个试验总经费为 C，购置测定仪器等基本费用为 C_0，获取第 ij 个处理组每一试验单元（这里假定为动物个体）观测值必需的费用为 C_{ij}，则有

$$C = C_0 + \sum_{ij}^{P} C_{ij} n_{ij} \tag{5.4}$$

2. 样本大小的最佳分配

在总试验经费 C 给定时，我们可寻求使整个试验的平均误差方差 σ^2 最小的 n_{ij} 值，或在给定要检出的两个处理效应的差值（最小显著差数，LSD）时寻求使试验成本 C 最小的 n_{ij} 值。根据条件极值原理可构造拉格朗日函数：

$$f(n_{ij}) = \frac{1}{P} \sum_{ij}^{P} \sigma_{ij}^2 / n_{ij} + \lambda (C_0 + \sum_{ij=1}^{P} C_{ij} n_{ij} - C) \tag{5.5}$$

求 $f(n_{ij})$ 对 n_{ij} 的偏导数：$\dfrac{\partial f(n_{ij})}{\partial n_{ij}} = \lambda C_{ij} - \dfrac{1}{P} \sigma_{ij}^2 / n_{ij}^2$，$ij=1, 2, \cdots, P$，令式中的偏导数为零，得

$$\lambda C_{ij} - \frac{1}{P} \sigma_{ij}^2 / \hat{n}_{ij}^2 = 0 \tag{5.6}$$

由此导出

$$\lambda = \frac{1}{P\hat{n}_{ij}^2} \cdot \frac{\sigma_{ij}^2}{C_{ij}} \tag{5.7}$$

$$\hat{n}_{ij} = \frac{1}{\sqrt{\lambda P}} \cdot \frac{\sigma_{ij}}{\sqrt{C_{ij}}} \tag{5.8}$$

把上述结果代入式(5.4)可得

$$\hat{n}_{ij} = \frac{\sigma_{ij}}{\sqrt{C_{ij}}} \times \frac{(C - C_0)}{\sum_{ij=1}^{P}(\sigma_{pq}\sqrt{C_{pq}})} , \quad i, j = 1, 2, \cdots, P \tag{5.9}$$

所以

$$\frac{\hat{n}_{ij}}{\hat{n}_{pq}} = \frac{\sigma_{ij}}{\sqrt{C_{ij}}} : \frac{\sigma_{pq}}{\sqrt{C_{pq}}} , \quad i, j\text{或}p, q = 1, 2, \cdots, P \tag{5.10}$$

整个试验的费用估计为

$$C = C_0 + \sum_{ij}^{P} C_{ij}\hat{n}_{ij} \tag{5.11}$$

3. 给定处理效应间最小显著差数的情况

下面仍以比较多个处理效应的试验为例。

比较不同处理的生产性能的饲养试验，在确定了参加比较的处理后，设计试验时有时不是先给定总试验经费，而是先给定要检出的不同处理效应间的最小显著差数(LSD)，即要检出的任意两个参比处理的观测指标间的最小差值 D，问各处理需多大规模才能发现这个差值 D 达统计显著水平？要求各处理参试规模尽可能小，以节约经费。这里介绍王继华等[2, 3]给出的最佳设计方法原理。

当 LSD 给定时，可记为 $d = X_{ij} - X_{pq}$，这里

$$X_{ij} (\text{或} X_{pq}) = \sum_{ij}^{P} y_{ijk} / n_{ij} \tag{5.12}$$

因 $\text{Var}(y_{ijk})$ 和 $\text{Var}(y_{pqk})$ 二者都是方差 σ^2 的无偏估计子，所以样本平均数的方差估计量为：$\text{Var}(X_{ij}) = \text{Var}(y_{ijk}) / n_{ij} = \sigma^2 / n_{ij}$，$\text{Var}(X_{pq}) = \text{Var}(y_{pqk}) / n_{pq} = \sigma^2 / n_{pq}$，所以差值 $d = (X_{ij} - X_{pq})$ 的方差的估计量为

$$S_d^2 = \text{Var}(d) = \text{Var}(X_{ij}) + \text{Var}(X_{pq}) = 2\sigma^2 \tag{5.13}$$

即 $S_d = \sqrt{2\sigma^2}$，由式(5.12)可得

$$S_d = \sqrt{\frac{2}{P} \sum_{ij}^{P} \sigma_{ij}^2 / n_{ij}} \tag{5.14}$$

因正态分布变量的线性函数一般也遵从正态分布，而 d 是正态变量 y_{ijk} 和 y_{pqk} 的线性函数，所以 d 也服从正态分布，把 d 标准化，

$$t_d = \frac{d - E(d)}{S_d} \tag{5.15}$$

而标准化正态变量的小样本数据服从自由度为 n 的 t 分布，即

$$t_d = \frac{d - E(d)}{S_d} \sim t(\alpha, n) \tag{5.16}$$

式中的 n 可按下式估计：

$$n = \frac{(\sum\limits_{ij=1}^{P} \sigma_{ij}^2 / n_{ij})^2}{\sum\limits_{ij=1}^{P} \sigma_{ij}^4 / [n_{ij}^2(n_{ij}^2 - 1)]} \tag{5.17}$$

所以可按下式确定试验规模

$$t_d = \frac{d}{S} \geqslant t(\alpha, n) \tag{5.18}$$

或

$$t_d = \frac{d}{S} \geqslant t(\alpha, n) + t(\beta, n) \tag{5.19}$$

式中，α 为犯第 I 类错误的概率；β 为犯 II 类错误的概率。

实践中可按下述方法步骤确定试验规模。

第一步：先按下式求出第一轮的 S 值：

$$S_d = \frac{d}{t(\alpha, \infty)} \tag{5.20}$$

或

$$S_d = \frac{d}{t(\alpha, \infty) + t(\beta, \infty)} \tag{5.21}$$

式中，$t(\alpha, \infty)$ 为自由度无穷大时置信度 $(1 - \alpha)$ 下的 t 分布值（无穷大的样本，就不再是 t 分布，而是正态分布了），而 $t(\beta, \infty) = 0$。可按下式计算或查有关统计表求出 $t(\alpha, \infty)$：

$$t(0.01, n) = 2.578 + \frac{4.95}{n - 1.66} \tag{5.22}$$

$$t(0.05, n) = 1.960 + \frac{2.375}{n - 1.143} \tag{5.23}$$

然后按下式求出第一轮的 n_{ij} 值：

$$n_{ij} = \frac{2\sigma_{ij}}{PS^2 \sqrt{C_{ij}}} \times \sum_{ij=1}^{P} (\sigma_{ij}\sqrt{C_{ij}}) \tag{5.24}$$

把求出的 n_{ij} 代入式(5.22)或式(5.23)可求出 n 值。

第二步：按式(5.22)或式(5.23)求出 $t(\alpha, \infty)$ 值，然后按下式求第二轮 S 值：

$$S_d = d / t(\alpha, n) \tag{5.25}$$

或

$$S_d = d / [t(\alpha, n) + t(\beta, n)] \tag{5.26}$$

把第二轮求出的 S 值代入式(5.26)便可求出 P 个参试处理的最优化规模大小。实践中求出的 P 个参试处理的最优规模 n_{ij} 可能不是整数，这时可取最接近且大于 n_{ij} 的整数

作为相应参试处理的最优规模。实践中考虑到疾病死亡等因素，可适当加大样本含量。

应用示例见文献[2][3]。

5.2 动物饲养试验结果的统计分析

熟悉和掌握下述四个因素是正确进行统计分析的基础。

(1)分析目的。①统计描述，包括统计指标、统计图、表；均数、标准差、率、构成比；②统计推断(参数估计、假设检验)；③统计预测，制定最佳饲养方案等。

(2)资料类型。①数值变量资料——计量资料；②无序分类变量资料——计数资料；③有序分类变量资料——等级资料。注意：不轻易将定量资料转化为分类资料。

(3)设计方法。要认清试验设计类型，每种设计方法都有相应的统计分析方法。成组设计——t检验；配对设计——t检验；随机区组——F检验，多重比较；Logistic回归——可先转换为线性再检验；线性回归——回归检验有回归方程检验与回归系数检验两种。

(4)数理统计条件。只有当某个或某些条件满足时，某个数理统计公式才成立，涉及最多的是数据分布特征(一般数量性状为正态分布)、有关的两个或多个总体间是否相互独立、方差齐性和数据类型辨析四方面。除配对设计、重复测量设计外，观测数据要求受试(试验)对象间满足独立性要求。

正确选择统计方法的依据是：①根据研究目的，明确研究试验设计类型、研究因素与水平数；②确定数据特征(是否正态分布等)和样本量大小；③正确判断统计资料所对应的类型(计量、计数和等级资料)，同时应根据统计方法的适宜条件进行正确的统计量计算；④还要根据专业知识与资料的实际情况，结合统计学原则，灵活地选择统计分析方法。

例如方差分析使用条件为：①线性模型假定；②正态性假定；③方差齐性假定；④独立性假定。在进行分析前，要先检验样本数据是否满足这四个条件。一般来讲，根据大数定理和中心极限定理，条件①不难满足，只要试验或观察是独立进行的，条件④也会满足；条件②和条件③如果不满足，则应将原始数据作适当变换，如对数变换、平方根变换等，这样不仅可以将原资料转换为正态分布的资料，而且可以改善方差齐性。

试验结果用什么统计方法处理，不是试验后去找，而是制订方案时就确定了。如作单因子二水平试验，用t检验；单因子三水平(即三个处理)试验，则用F检验。一般认为，多于2个处理时不可用t检验做两两比较，否则增大了犯Ⅰ类错误(即将无效的处理错判为有效)的概率。F检验显著时需进一步作多重比较。

5.2.1 科学假设与统计假设

(1)科学理论的初始阶段几乎都是以假说的形式出现，假说是未经实践证明的理论假设，理论是经过实践证实了的假说。

科学假说是根据已有科学知识和实践经验对研究课题做出的推理性解释或预期结果。这个定义强调了科学假说并非任意的想象，而是基于科学理论和客观事实，在科学推理的基础上所做的推测或预期。常见的推理方法有归纳法、演绎法、类比法、逆向思维、数学模型方法等。

只有提出一定假说，才能有意识地设计试验、观测研究对象的表征、揭示研究对象的内在规律，创立新的科学理论。证实假说的过程常常需要循环反复的科学试验和广泛持久的实践检验，如果发现任何相悖的证据，就要推翻或修正原假说，重新论证。

(2) 统计假设是针对一个样本数据对其所属总体的参数进行推断时，对总体参数值提出假设(原假设 H_0)；然后利用样本数据提供的信息来验证所提出的假设是否成立(统计推断)——如果样本数据提供的信息不能证明上述假设成立，则应拒绝该假设；如果样本数据提供的信息不能证明上述假设不成立，则不应拒绝该假设。统计推断(决策)的理论依据是小概率事件不可能性原理，做出决策的关键问题是：①原假设成立时，如何计算样本值或某一极端值发生的概率？②如何界定小概率事件？

显著性水准(significant level，用 α 表示)的确定至关重要。显著性水准是在原假设成立时检验统计量的值落在某个极端区域的概率值。因此，如果取 α =0.05，如果计算出的 p 值小于 α，则可认为原假设是一个不可能发生的小概率事件。当然，如果真的发生了，则犯错误的可能性为 5%。显然，显著性水准反映了拒绝某一原假设时所犯错误的可能性，或者说，α 是指拒绝了事实上正确的原假设的概率。

α 值一般在进行假设检验前由研究者根据实际需要确定。常用的取值是 0.05 或 0.01。对于前者，相当于在原假设事实上正确的情况下，研究者接受这一假设的可能性为 95%；对于后者，则研究者接受事实上正确的原假设的可能性为 99%。显然，降低 α 值可以减少拒绝原假设的可能性。因此，在报告统计分析结果时，必须给出 α 值。

需要强调的是，在我们接受或否定一个假设时，我们并没有证明(prove)或者反证(disprove)它的正确性！

(3) 科学假设与统计假设的区别。从统计学角度看，科学假说不允许有例外，否则就需要修订或否定原假设；而统计假设允许有例外，发生例外的概率与统计检验的可靠性和效力有关。

统计分析结果的可靠性(reliability)是 1 减去 I 类错误的概率($1-\alpha$)。统计测验的效力(power)是 1 减去 II 类错误的概率($1-\beta$)。也常称($1-\beta$)为检验效力，它受观测的样本规模大小的影响。

从生物学角度看，科学假说是对研究对象的内在规律或总体参数所做的推断或预期；而统计假设只是在一次试验中对研究对象的内在规律或总体参数所做的统计学假设，未必符合研究对象的内在规律。例如，我们针对 2 个相关变量 x 和 y 建立 2 个回归模型，$y=b_0+b_1x+e$ 和 $x=b_0+b_1y+e$，只要 2 个相关变量间 Pearson 相关系数显著，那么，2 个回归方程都应达到显著水准。但是我们不能根据回归方程得出 x 和 y 在生物学上的因果关系，也许 x 是"因变量"，y 是"依变量"，也许相反；也许 x 和 y 受某一共同原因影响而导致了这 2 个变量之间"数学上的"相关关系，而不是"生物学上的"相关关系。

5.2.2　计量数据的统计分析方法

(1) 多年来，方差-协方差分析和回归分析一直是统计分析模型的基础，这些技术有个基本假定，那就是模型残差或误差项是独立同分布的。线性混合模型方法放松了这一基本假定，使我们可以处理更加复杂的数据结构。使用混合模型有很多好处，有时可以提高估计量的精度，得到更广泛的推断；有时使用更加合适的数学模型使我们能够更加深入地洞察数据结构，启迪我们的研究思路和研究方法。

在混合效应模型，随机效应影响数据的协方差结构，常导致观测数据间有相关性；虽然多数研究中主要感兴趣的是固定效应，但必须校正数据的协方差结构，这时不能用类似 GLM 单变量校正的方法，因为那里需要假定数据独立。有时预测随机效应的取值也很有价值，如在动物育种上，目前都在用最佳线性无偏预测法预测种畜的种用价值。

线性混合模型分析方法的主要优点在于，研究人员不必知道所测总体的真正平均值，就能获得固定效应的最佳线性无偏估计（best linear unbiased estimation，BLUE）和随机效应的最佳线性无偏预测（best linear unbiased prediction，BLUP）。更有意义的是线性模型分析方法具有广泛的灵活性，它不仅可对任一随机效应，而且可对任一固定效应的影响进行恰当调整。与其他模型比较，它能充分利用随机变量间的相关关系（如个体间的亲缘相关关系），组成相关矩阵，利用多次记录、多个性状等因素的相关性，更加准确地预测或估计模型参数。

（2）从动物饲养试验角度来看，有两种来源的试验误差：试验单元引起的误差（unit error）和试验技术引起的误差（technical error）。当不同试验单元的处理相同，但响应不一致时，出现 unit error——由试验单元之间的内在变异所致。当不能正确实施处理时，出现 technical error——受试验技术限制所致。

通过精心操作和完善技术可减少技术误差；通过统计学方法，即在试验设计中引入随机元素，可控制试验单元误差；控制误差是得出可靠结论的基础；在传统的统计学教科书上，如随机区组设计中，是先把同质试验单元归并，分配到不同区组，然后每种处理随机施于每个区组中的试验单元，这样，一个区组内的每个试验单元接受每种处理的机会相等。

传统的协方差分析模型中的统计控制，其实是最基础、最传统的方法。线性混合模型方法，可把一些难以通过试验设计消除的因素单独列出在分析结果时加以控制。例如现代家畜品种，品种内变异很大，不同家系间遗传效应的差异常大于试验因素的效应，通过试验设计不一定能消除不同家系间的差异。例如猪的生长速度，不同矿物元素配合物如果添加量合适，饲料引起的生长速度的差异常小于不同家系遗传性能引起的差异。这时把家系效应视为随机效应引入模型，可以巨大地提高模型精度。

我们强调，只有那些远远小于处理效应的因素才可通过"随机化"归入试验误差，对于"大效因素"，无论是否随机化，都会严重影响试验结果。所以在做动物试验时，必须考虑到全部有较大效应的因素。例如在猪饲养试验中，不同初始体重的仔猪，生长速度常差别很大，甚至大于处理效应，通过试验设计不一定能够消除不同初始体重的差异。这个因素会严重加大误差方差，严重影响结论的精确性，所以设计试验时要求考虑参试动物的初始体重，把家系效应视为随机效应引入模型，这样可以巨大地提高模型精度。

线性混合模型在理工农医等各个领域得到迅速推广和应用，原因是在实际问题中，参与试验的动物个体是随机抽取的，并且我们的研究目标并不是这些动物个体本身的特征，而是处理效应所在总体的特征，这时应该把动物个体效应视为随机效应引入模型；有时候干扰因素是一些固定效应，如我们在不同猪场测定某些矿物元素配合物的使用效果，猪场效应就是干扰因素，我们可以在设计试验时把一些固定效应引入模型；设计试验时在模型中引入干扰因素，无论引入随机效应还是引入固定效应，都可以巨大地提高模型的精度和模型参数的推断质量。

（3）线性混合模型参数估计。一般线性混合模型可写作：

$$\underset{n\times 1}{y} = \underset{n\times p}{X}\underset{p\times 1}{\beta} + \underset{n\times q}{Z}\underset{q\times 1}{s} + \underset{n\times 1}{e}$$

式中，$\underset{n\times 1}{y}$ 为观测值向量；$\underset{p\times 1}{\beta}$ 为全部未知固定效应向量；$\underset{n\times p}{X}$ 为由观测资料确定的与固定效应 $\underset{p\times 1}{\beta}$ 相关联的已知设计矩阵；$\underset{q\times 1}{s}$ 为除随机误差效应 $\underset{n\times 1}{e}$ 外全部未知的随机效应组成的向量；$\underset{n\times q}{Z}$ 为由观测资料确定的与随机效应 $\underset{q\times 1}{s}$ 相关联的已知设计矩阵；$\underset{n\times 1}{e}$ 为与各观测值相应的模型残差向量。

这一模型的各随机变量的期望值和协方差可这样确定：

期望值：模型中的随机变量有 3 种，即 $\underset{q\times 1}{s}$、$\underset{n\times 1}{e}$ 和 $\underset{n\times 1}{y}$，其中 $\underset{q\times 1}{s}$ 和 $\underset{n\times 1}{e}$ 都是以离差形式表示的，所以 $\underset{q\times 1}{E(s)} = 0$，$\underset{n\times 1}{E(e)} = 0$，因此 $\underset{n\times 1}{E(y)} = \underset{n\times p}{X}\underset{p\times 1}{\beta}$。

方差-协方差：假定随机效应 $\underset{q\times 1}{s}$ 的协方差矩阵为 $\mathrm{Var}(s) = G$；随机误差效应 $\underset{n\times 1}{e}$ 的协方差矩阵为 $\mathrm{Cov}(e) = \underset{n\times n}{R}$。动物饲养试验中，随机误差常常可以假定服从高斯-马尔科夫假定，即随机误差是独立同分布的，也即 $R = \sigma_e^2 I$。随机效应 $\underset{q\times 1}{s}$ 与模型残差效应 $\underset{n\times 1}{e}$ 一般相互独立，即 $\mathrm{Cov}(s, e^{\mathrm{T}}) = 0$，对于多数实际情况而言，这一假定都是成立的。其他的协方差则都可由此导出，例如：

$$\mathrm{Cov}(y, e^{\mathrm{T}}) = \mathrm{Cov}(X\beta + Zs + e, e^{\mathrm{T}}) = \mathrm{Cov}(e, e^{\mathrm{T}}) = R$$

$$\mathrm{Cov}(y, s^{\mathrm{T}}) = \mathrm{Cov}(X\beta + Zs + e, s^{\mathrm{T}}) = \mathrm{Cov}(Zs, s^{\mathrm{T}}) = ZG$$

$$\mathrm{Var}(y) = \mathrm{Var}(X\beta + Zs + e) = \mathrm{Var}(Zs) + \mathrm{Var}(e) = ZGZ^{\mathrm{T}} + R$$

记 $V = \mathrm{Var}(y)$，可把上述结果总结为如下矩阵形式：

$$E\begin{bmatrix} y \\ s \\ e \end{bmatrix} = \begin{bmatrix} X\beta \\ 0 \\ 0 \end{bmatrix}, \quad \mathrm{Var}\begin{bmatrix} y \\ s \\ e \end{bmatrix} = \begin{bmatrix} V & ZG & R \\ GZ^{\mathrm{T}} & G & 0 \\ R & 0 & R \end{bmatrix}$$

对于一般线性混合模型 $\underset{n\times 1}{y} = \underset{n\times p}{X}\underset{p\times 1}{\beta} + \underset{n\times q}{Z}\underset{q\times 1}{s} + \underset{n\times 1}{e}$，我们要做的统计分析和统计推断的实质是，利用观测值的一个线性函数（Ly），对固定效应 $\underset{p\times 1}{\beta}$ 和随机效应 $\underset{q\times 1}{s}$ 的任意线性可估函数（$K^{\mathrm{T}}\beta + M^{\mathrm{T}}s$）进行估计、预测和推断。这些统计分析和统计推断的要求是，要同时满足预测的无偏性和预测误差方差最小两个条件，由此得到的固定效应 $\underset{p\times 1}{\beta}$ 的估计值是最佳线性无偏估计（BLUE），随机效应 $\underset{q\times 1}{s}$ 的预测量是最佳线性无偏预测（BLUP）。

线性混合模型中的未知量有两类，一类是固定效应和随机效应，另一类是随机效应的方差和协方差矩阵。对于固定效应 $\underset{p\times 1}{\boldsymbol{\beta}}$ 来说，最小二乘估计和两步估计都有不足之处。最小二乘估计未利用协方差矩阵结构所含的信息，有时候会大大降低估计精度；两步估计往往是观测值很复杂的非线性函数，难以研究其统计性质，目前对其小样本的精确分布知之甚少。关于固定效应和随机效应的线性组合的预测，常用于质量指标的估计（例如广泛应用的动物个体育种值预测就是对动物个体遗传质量的估计），通常是先求出最佳线性无偏预测，再把方差分量的估计代入，得到经验预测。

一般线性混合模型 $\underset{n\times 1}{\boldsymbol{y}} = \underset{n\times p}{\boldsymbol{X}}\underset{p\times 1}{\boldsymbol{\beta}} + \underset{n\times q}{\boldsymbol{Z}}\underset{q\times 1}{\boldsymbol{s}} + \underset{n\times 1}{\boldsymbol{e}}$ 的模型正规方程为

$$\begin{bmatrix} \boldsymbol{X}^{\mathrm{T}}\boldsymbol{R}^{-1}\boldsymbol{X} & \boldsymbol{X}^{\mathrm{T}}\boldsymbol{R}^{-1}\boldsymbol{X} \\ \boldsymbol{Z}^{\mathrm{T}}\boldsymbol{R}^{-1}\boldsymbol{X} & \boldsymbol{Z}^{\mathrm{T}}\boldsymbol{R}^{-1}\boldsymbol{Z} + \boldsymbol{G}^{-1} \end{bmatrix}\begin{bmatrix} \hat{\boldsymbol{\beta}} \\ \hat{s} \end{bmatrix} = \begin{bmatrix} \boldsymbol{X}^{\mathrm{T}}\boldsymbol{R}^{-1}\boldsymbol{y} \\ \boldsymbol{Z}^{\mathrm{T}}\boldsymbol{R}^{-1}\boldsymbol{y} \end{bmatrix}$$

这就是 Henderson[4]给出的混合模型方程(mixed model equation，MME)，是个相当一般、概括性、代表性极强的表达式，实践中可以根据具体情况有不同形式。

这个混合模型方程(MME)具有良好的统计性质。根据这个方程可解出固定效应 $\boldsymbol{\beta}$ 的广义最小二乘估计量 $\hat{\boldsymbol{\beta}}$ (generalized least squares，GLS)和消除固定效应后随机效应 $\boldsymbol{s}$ 的最佳线性无偏预测量 $\hat{s}$ (BLUP)。

如果假定 $\mathrm{Var}(\boldsymbol{e}) = \boldsymbol{R} = \sigma^2\boldsymbol{I}$，模型正规方程(MME)就转化为

$$\begin{bmatrix} \boldsymbol{X}^{\mathrm{T}}\boldsymbol{X} & \boldsymbol{X}^{\mathrm{T}}\boldsymbol{Z} \\ \boldsymbol{Z}^{\mathrm{T}}\boldsymbol{X} & \boldsymbol{Z}^{\mathrm{T}}\boldsymbol{Z} + \sigma_e^2\boldsymbol{G}^{-1} \end{bmatrix}\begin{bmatrix} \hat{\boldsymbol{\beta}} \\ \hat{s} \end{bmatrix} = \begin{bmatrix} \boldsymbol{X}^{\mathrm{T}}\boldsymbol{y} \\ \boldsymbol{Z}^{\mathrm{T}}\boldsymbol{y} \end{bmatrix}$$

对基本模型 $\boldsymbol{y} = \boldsymbol{X}\boldsymbol{\beta} + \boldsymbol{Z}\boldsymbol{s} + \boldsymbol{e}$，模型正规方程(MME)可按很多方式扩展。向量 $\hat{s}$ 可包含更多随机效应。在 $\hat{s}$ 中的效应决定着 $\boldsymbol{G}$ 的结构。向量 $\boldsymbol{y}$ 可包含更多性状，如 $\hat{s}$ 可能涉及不同性状。矩阵 $\boldsymbol{R}$ 也可具有这样的结构：即误差间有相关，如具有相关的观察值。再者，对于不同组群的观察值，矩阵 $\boldsymbol{R}$ 可包含不同的误差方差。所以在定义一个矩阵模型时，不仅必须定义固定效应，而且还要定义随机效应的方差结构（$\boldsymbol{G}$ 和 $\boldsymbol{R}$ 的结构）。

建立线性模型的一般目的不是估计就是预测或控制一个变量系统的运动规律。多数时候就是估计模型参数和预测随机效应的取值范围和方差。当 $\boldsymbol{R}$ 和 $\boldsymbol{G}$ 已知时，可根据 Henderson[4]给出的模型正规方程解出 $\hat{\boldsymbol{\beta}}$ 和 $\hat{s}$ 来：

$$\hat{\boldsymbol{\beta}} = (\boldsymbol{X}^{\mathrm{T}}\boldsymbol{V}^{-1}\boldsymbol{X})^{-1}\boldsymbol{X}^{\mathrm{T}}\boldsymbol{V}^{-1}\boldsymbol{y}$$

$$\hat{s} = \boldsymbol{G}\boldsymbol{Z}^{\mathrm{T}}\boldsymbol{V}^{-1}(\boldsymbol{y} - \boldsymbol{X}\boldsymbol{\beta})$$

这就是 MME 的解，但这样求解，需要计算 $\boldsymbol{V}^{-1}$，由于 $\boldsymbol{V}$ 的阶数等于观测数据的个数，常很庞大，计算困难，远不如先计算 $\boldsymbol{R}^{-1}$ 和 $\boldsymbol{G}^{-1}$，然后按 MME 求解。

固定效应 $\underset{p\times 1}{\boldsymbol{\beta}}$ 和随机效应 $\underset{q\times 1}{\boldsymbol{s}}$ 的任意线性组合 $\boldsymbol{K}^{\mathrm{T}}\boldsymbol{\beta} + \boldsymbol{M}^{\mathrm{T}}\boldsymbol{s}$ 的估计量是

$$t(\sigma^2) = \boldsymbol{K}^{\mathrm{T}}\hat{\boldsymbol{\beta}} + \boldsymbol{M}^{\mathrm{T}}\hat{s}$$

有时候关联矩阵 $\boldsymbol{X}$ 列不满秩，这时有

$$\hat{\boldsymbol{\beta}} = (\boldsymbol{X}^{\mathrm{T}}\boldsymbol{V}^{-1}\boldsymbol{X})^{-1}\boldsymbol{X}^{\mathrm{T}}\boldsymbol{V}^{-1}\boldsymbol{y}$$

这样解出的 $\hat{\beta}$ 是正规方程的一组解而不是唯一解。这涉及模型参数的可估性问题。在关联矩阵 X 列不满秩时，一般可添加约束条件使之满秩，如添加的约束条件是 $H\beta=0$，根据王继华等[5]的办法，只需把约束条件添加到与固定效应对应的不满秩子矩阵上即可。

我们把 $H\beta = 0$ 改写为 $\begin{bmatrix} H & 0 \end{bmatrix} \begin{bmatrix} \beta \\ s \end{bmatrix} = 0$，等号两侧同时左乘 $\begin{bmatrix} H & 0 \end{bmatrix}^{\mathrm{T}}$，得 $\begin{bmatrix} H & 0 \end{bmatrix}^{\mathrm{T}}$

$\begin{bmatrix} H & 0 \end{bmatrix} \begin{bmatrix} \beta \\ s \end{bmatrix} = 0$，此即 $\begin{bmatrix} H^{\mathrm{T}}H & 0 \\ 0 & 0 \end{bmatrix} \begin{bmatrix} \beta \\ s \end{bmatrix} = \begin{bmatrix} 0 \\ 0 \end{bmatrix}$，此式与混合模型方程(MME)相加：

$$\begin{bmatrix} X^{\mathrm{T}}X + H^{\mathrm{T}}H & X^{\mathrm{T}}Z \\ Z^{\mathrm{T}}X & Z^{\mathrm{T}}Z + \sigma_e^2 G^{-1} \end{bmatrix} \begin{bmatrix} \hat{\beta} \\ \hat{s} \end{bmatrix} = \begin{bmatrix} X^{\mathrm{T}}y \\ Z^{\mathrm{T}}y \end{bmatrix}$$

由于 s 是随机向量，所以称 $\hat{s}$ 为 s 的估计值不如称为"预测值"更合理。

添加约束条件后模型正规方程满秩，可解出有关模型参数。

5.2.3　计数资料的统计分析方法

常见的观测数据有三种类型：计量资料、计数资料、等级资料。不同资料类型和不同研究目的采用不同统计方法，所以要注意资料性质、测定指标多少、计数资料还是计量资料、单因素分析还是多因素分析。

(1)对定性分类资料的要求，主要有以下几点。

列联表是将所观察的样本按两个或两个以上的属性(定性变量)分类时所形成的频数表。若样本中的个体按两个属性 X 与 Y 分类，X 有 r 个等级，Y 有 c 个等级，就形成一个 r 行 c 列的二维列联表，简称 $r×c$ 表。四格表为仅有 2 行 2 列的列联表。若分类的属性多于两个，则称为多维列联表。作为二维列联表，$r×c$ 表在科研论文中最常见，是最具代表性的列联表类型。

列联表统计分析所要解决的基本问题是：判明所考察的各属性之间有无关联，即是否独立。

列联表主要统计方法及选择依据。列联表分析的统计分析方法很多，除常见的 χ^2 检验，还有秩和检验、Ridit 分析、对应分析、等级相关分析、线性趋势检验和一致性检验(或称 Kappa 检验)等。在实际应用中，选用哪种统计方法主要依据两点：一是列联表的属性，二是列联表分析的目的。

具体说来，首先，要正确列出列联表，并根据其分类变量的特点准确判明列联表的类型；其次，要根据研究目的和专业知识，明确列联表的具体分析目的以及要解决的问题。按照列联表的类型将与之相应的统计方法分述如下。

双向无序 $r×c$ 表资料：通常考察两组或几组率或构成比差异是否有统计学意义。用 χ^2 检验，是最常用的列联表统计分析方法。

单向有序 $r×c$ 表资料：已引入一个有序变量，与双向无序 $r×c$ 表资料相比增加了信息。应采用与有序性相联系的统计方法——秩和检验及 Ridit 分析。如果采用 χ^2 检验，则仅能解决组间构成比差异有无统计学意义的问题，而无法判明各组间所观察变量的效果优劣、程度高低等。

双向有序且属性不同的 $r×c$ 表资料：较单向有序 $r×c$ 表资料引入了更多有序变量，信息量进一步丰富。依据分析目的，可选用对应分析、等级相关分析和线性趋势检验。

双向有序且属性相同的 $r×c$ 表资料：对于这类列联表资料，研究者往往关心的并不是两个变量之间是否存在相关性或线性趋势，而是两种方法测定结果的一致性如何，宜采用一致性检验。

对于 $r×c$ 表资料进行 χ^2 检验时，要求不能有理论值（期望值）$T<1$，并且理论值 $1 \leqslant T \leqslant 5$ 的格子数不能超过总格子数的 1/5，注意这里讲的是期望值而不是观测值数（每一格子的期望值是行总数×列总数/总的总数）。研究的样本例数太少时不能进行检验，在四格表中应不少于 40。有时四格表资料的总例数虽然大于 40，但有 1 个或多个格子的理论值（期望值）很小，如果小于 1 或有一格值为 0，则该应用 Fisher 的确切概率法进行统计推断；如果在 1 与 5 之间，虽可用 χ^2 检验，但应计算经过连续性校正的校正 χ^2 值，否则易得出错误结论。

需要指出的是，不是全部的标准软件都可以处理不规范的 χ^2 检验问题，如 SPSS 就只能处理 2×2 表的 Fisher 精确测验，不能处理 2×4 表的，但是 StatXact 可以。

例如，用某药治疗某病，治疗组治愈率为 92.9%(26/28)，对照组为 64.3%(9/14)，分析说治疗组的治愈率高于对照组（$p<0.05$）。本例有 2 个格子的理论数 $1 \leqslant T \leqslant 5$，且 $n=42>40$，故需对 χ^2 作校正，校正后 $\chi^2=3.62$，$p>0.05$，校正前 $\chi^2=5.49$，$0.01<p<0.05$，可见未校正的 p 值偏低，据此得出相反结论。

对于 $r×c$ 表资料的 χ^2 检验，如果检验结果有统计学意义，只能说明多个率或构成比之间总的来说差别有统计学意义，并不能说明每 2 个率或构成比之间都有统计学意义。如果要说明这一问题，需要进行分割做两两比较，或减小检验水准 α 进行两两比较。

只有 2 个变量的列联表称为二维列联表。分析时，可将资料整理成 2×2 表、2×k 表和 $r×c$ 表的形式。根据分析目的和变量的属性来选择假设检验方法。①对于双向无序列联表资料，当总频数和各格子的理论频数都较大时，适合选择 χ^2 检验，但当总频数较小或理论频数（也就是这个格子的行总数×列总数/整个试验的观测总数）小于 5 的格子数超过全部格子数的 1/5 时，对于 2×2 表应改用 Fisher 精确概率法，对于 2×k 表和 $r×c$ 表应增加样本例数或进行适当的合并。②对于单向有序列联表资料，可采用秩和检验及 Ridit 分析，不宜选用 χ^2 检验。③对于双向有序且属性不同的列联表资料，可选用等级相关分析、典型相关分析或线性趋势分析。④对于双向有序且属性不同的列联表资料，可选用一致性检验或 K 检验。

最好用原始观测次数而不要用百分率表示计数资料，百分率不是最好的表示方法。例如观测了 60 头猪，有 6 头发病，那么表示发病率时，最好使用 6/60，而不是 10%。虽然数学上两者本质相同，但是代表的准确性不一样。因为，如果观测了 600 头猪，发病 60 头，虽然发病率也是 1/10，但是很显然，6/60 不同于 60/600。

(2)计数资料的统计分析方法。常见计数资料的统计分析方法总结于表 5.1、表 5.2。

表 5.1　常用无序计数资料假设检验方法

比较目的	应用条件	统计方法
样本率与总体率的比较	n 较小时	二项分布的直接法
	$np>5$ 且 $n(1-p)>5$	二项分布的 U 检验
两个率或构成比的比较 (完全随机设计)	$np>5$ 且 $n(1-p)>5$	二项分布的 U 检验
	$n>40$ 且 $T>5$	四格表的 χ^2 检验
	$n>40$ 且 $1<T<5$	较正四格表的 χ^2 检验
	$n<40$ 或 $T<1$	四格表的确切概率法
配对四格表比较(配对 设计)	$b+c>40$	配对 χ^2 检验
	$np>5$ 且 $n(1-p)>5$	较正配对 χ^2 检验
多个率或构成比的比较 (完全随机设计)	全部格子 $T>5$ 或少于 1/5 的格子 $1<T<5$	列联表的 χ^2 检验
	若有 $T<1$ 或有多于 1/5 的格子 $1<T<5$	列联表的确切概率法

表 5.2　常用等级资料假设检验方法

比较目的	统计方法
两组比较(完全随机设计)	两组比较的秩和检验
多组比较(完全随机设计)	多组比较的秩和检验
配伍设计	配伍设计的秩和检验
配对设计	符号秩和检验

5.2.4　Fisher 的精确概率法

费雪精确概率测验法(Fisher's exact test)用于分析次数分布型表(contingency tables)的统计显著性测验。虽然实践中只在样本很小时使用这种分析方法,但是实际上,这个分析方法适用于任何样本大小。这个方法是一类精确分析方法,因为与零假设之差的显著性可以精确计算,不需要样本无限大就可以得到精确值。

本方法适用于双向分类数据的测验,检验两种分类是否协同。Fisher 测验应用较多的是 2×2 联列表。当四格表资料中出现总的观测次数 $n<40$,或 $T<1$,或用 χ^2 检验计算公式计算出 χ^2 值后所得的概率 $p≈a$ 时,需改用四格表资料的 Fisher 确切概率(Fisher probabilities in 2×2 table)进行分析。该法是 Fisher 提出的,其理论依据是超几何分布(hypergeometric distribution),并非 χ^2 检验的范畴,但实际应用中,常用它作为四格表资料假设检验的补充,所以常把它与 χ^2 检验一起介绍。

对于大样本数据,这个表格可以用普通的 χ^2 检验来进行分析,但是,χ^2 检验给出的显著性值只是近似值,因为计算出的测验统计量的抽样分布仅仅近似等于理论上的 χ^2 分布。在两种情况下,这种近似是不合适的,一是小样本时;二是在四格表的各个分室中数据分布极不平衡时,因为这导致根据零假设或期望值预测的室内理论值较低。如果四格表的任何一个室内的期望值小于 5(在只有一个自由度时是低于 10, 目前已知这个标准过于保守), 就不宜采用 χ^2 检验的方法进行分析。实际上, 对于小样本, 稀疏的或不平衡的数据, 精确的 p 值与渐近的 p 值相差可能很大, 甚至可以导致假设检验得到相反的结论。与此对比, Fisher 的精确测验方法, 只要试验程序保持行和列的总数固定, 就可以得到精确的结论, 所以 Fisher 的方法不需要考虑样本特征。只是在大样本或者数据很平衡时, Fisher 的方法很难计算, 然而这时使用 χ^2 检验的方法却可以得到很好的近似。

从计算方便考虑, Fisher 的精确概率方法只适用于 2×2 联列表, 然而理论上说, 这种统计测验的原理可扩展到任意 $n \times m$ 表格。网上有很多统计分析程序可下载, 如 Calculate Fishers Exact Test Online(http: //www.langsrud.com/stat/fisher.htm), 这里指出, 有些程序是使用了蒙特卡洛方法得到的近似值。

5.3　矿物元素配合物动物饲养试验研究方法

微量元素配位化合物(trace element coordination compounds 或 trace element coordination complex)简称微量元素配合物(trace elements complex), 其中配合剂有蛋白质、氨基酸、糖、有机酸等天然有机物。微量元素配合物是由一个中心离子(或原子)如 Fe^{2+} 和配位体以共价键相结合所形成的复杂离子或分子。配位体是指那些含有可提供孤对电子原子的分子, 有机分子中的 N、O、S 都可提供孤对电子, 这些配位体可与金属离子发生配位作用, 从而形成复合物。微量元素螯合物是一种特殊的配合物, 它是指一个或多个基团与一个金属离子进行配位反应而生成的具有环状结构的配合物, 微量元素氨基酸螯合物是由某种可溶性金属盐中的一个金属离子同氨基酸按一定的物质的量比以共价键结合而成。螯合物也称作内配合物, 由于它的环状结构, 通常比配合物稳定。

20 世纪 70 年代开始, 养殖业推广的矿物元素配合物主要有: 金属元素有机酸配合物(metal complex with organic acid)、金属元素多聚寡糖配合物(metal complex with poly oligosaccharide)、特定金属元素氨基酸螯合物(metal amino acid chelate)、金属元素蛋白质螯合物(metal proteinate chelate)和金属元素小肽螯合物(metal small peptide chelate)等。有机酸型(例如柠檬酸铁、葡萄糖酸铁、富马酸亚铁和乳酸铁等)和生物发酵型(例如富硒酵母、高铁酵母和葡聚糖铁等)有机微量元素生产成本高, 所以常作治疗缺乏病的药物。由于微量元素氨基酸螯合盐离子键与配位键共存, 化学稳定性好, 且其吸收是借助肽或氨基酸的吸收途径(这种吸收途径可避免不同微量元素之间的竞争), 所以其吸收速度比无机盐快 2～3 倍。据报道, 仔猪对 Zn-Met 的生物利用率较 ZnO 高 8 倍, 即用 250 mg/kg 饲粮的 Zn-Met 其效果等同于使用 2000 mg/kg 饲粮 ZnO 的效果; 其次, 氨基酸螯合物可减轻饲料中营养物质的破坏程度, 所以业界普遍看好微量元素氨基酸螯合物添加剂的发展前景。

5.3.1　矿物元素配合物生物利用率的概念

必需微量元素的总利用率可定义为吸收率与代谢率的乘积[6]。一般养分的吸收率与利用率可按下列公式计算:

$$真吸收率(\%)=[I-(F-M)]/I\times100$$
$$利用率(\%)=[I-(F-M)-(U-E)]/[I-(F-M)]\times100$$

式中，I 为食入某养分的量，g；F 为粪中某养分含量，g；M 为粪中代谢来源某养分含量，g；U 为尿中某养分含量，g；E 为尿中内源的某养分含量，g。

为此，必须将粪中某养分是来自食物，还是来自体内代谢，尿中某养分是代谢的，还是内源的，加以清楚区分。然而，有很多因素影响微量元素吸收及在粪尿中的内源排泄量。因此，上述方法不仅复杂，有时甚至不能应用。

Ammerman[7]定义生物利用率(bioavailability)为吸收后的营养素中能被动物利用的比例。Greger[8]指出这一概念反映的是所有影响营养素吸收、转运、储存和排泄的因素(日粮和非日粮的)的综合效应。实际上，一种养分的生物利用率是指动物食入的养分中能被小肠吸收并能参与代谢过程或储存在动物组织中的部分占食入总量的比率。可以看出，生物利用率也称生物学效价，与总利用率是两个近似的概念。

5.3.2　估计矿物元素生物利用率的方法

可用于研究矿物元素生物利用率的技术很多，可分为体外研究和动物饲养试验。体外研究(in vitro studies)更省钱，允许对试验变量做更多控制。体外研究的主要缺陷是不能模拟那些影响矿物元素生物学效价的生理状态或某些物理、化学性质和适应性反应。虽然已开发出最新的方法试图纠正这些限制和小肠吸收条件，然而，动物饲养试验对估计营养物质的生物学效价往往更实用。

评定矿物元素生物利用率的方法主要有绝对效价法和相对效价法。其中相对效价法主要是指相对生物学价值，历来美国 NRC 标准中的饲料矿物质营养价值的讨论引用的多为该方法测定的结果。绝对效价法包括表观消化率法、真消化率法以及体外消化法等。其中，相对生物学价值、表观消化率和体外消化法都不能反映动物对矿物元素吸收利用的真实情况，这是造成矿物元素盲目添加、过量排泄、污染环境的原因之一。矿物元素的真消化率能反映动物对矿物元素真实的吸收利用情况，许振英指出，矿物元素具有内源代谢粪的损失，其实还可能有尿中的损失，尤其是钙、磷、镁和铁，因此测定他们的表观消化率意义不大，重要的是测定真消化率。由于受矿物元素内源损失的干扰，至今尚无理想的测定方法。

就发表的研究论文看，无论是有机微量元素(包括铜、锌、铁、锰)还是无机微量元素，生物利用率研究方法主要有三类：平衡试验法、放射性同位素法和斜率比法。

平衡试验法通过测定食入量、粪及尿排出量和内源损失量，以食入量减去粪中排出量计算表观消化率，即表观消化率(%)=(进食量-粪中排出量)/进食量×100。在此基础上再扣除尿中排出量计算表观代谢率，即表观代谢率(%)=(进食量-粪中排出量-尿中排出量)/进食量×100。这种方法相对快速、简便，但由于微量元素内源损失的影响，无论是表观消化率还是表观代谢率，都不能反映其真正利用率。要测定真利用率，就需要使用纯合或半纯合日粮，不仅成本高，同时环境中的微量元素也会严重影响测定结果。因此用这种方法测定不同来源微量元素生物学利用率的试验报道不多。总之，当粪中某元素的内源排泄量不定时，作为总利用率的两个因素之一的吸收率，无法用常规平衡试验测定，大多数微量元素属于此种情况。微量元素吸收后的代谢效率的直接测定更为困难，尤其是因为必需微量元素涉及许多代谢功能。因此，实践中经常设计间接方法，如用各种耗竭再补偿法。

测定真吸收率的一个直接方法是同位素稀释法，试验动物经过一定时间的耗竭，在试验开始时，喂给各组动物不同数量的待测元素，同时注射一次一定剂量的该元素的放射性同位素。然后，连续定时测定血液、各种组织、器官和粪、尿中的稳定的和放射性的微量元素含量，直至它们达到平衡。根据稳定的与放射性微量元素的比例，可以算出粪尿中微量元素的内源排泄量及该元素的利用率。放射性同位素法是通过测定标记微量元素在体内组织中的存留量来测定微量元素的利用率，可以反映微量元素在体内的分布情况，从理论上讲最理想，但对设备有一定要求，饲料成本也高，虽然在测定饲料原料中矿物元素生物利用率方面应用广泛，但在有机微量元素利用率测定方面应用不多。总之，用同位素示踪法测定矿物元素的相对生物利用率，试验周期更短，一般需要 2~4 周时间，但耗资更大，对小动物试验来说不太经济，而且用同位素示踪测定矿物元素的表观消化率意义不大，因为粪中排出的矿物质既混有未吸收的，也有内源性的。

通常采用耗竭-补偿法（depletion-repletion）来研究养分的生物利用率，以铁为例，先饲喂动物缺铁日粮，使动物体内铁储适度耗竭后（血红蛋白含量下降），再饲喂不同水平铁的日粮，选择敏感的判据指标（生产性能、组织器官铁浓度、酶活等）来估计铁的生物利用率。每一种铁源为一个因子（其中一个应用最广泛的铁盐为参照物，如硫酸亚铁），每个因子设置不少于四个水平，针对每一种铁源估计组织存留量（依变量 y，mg/kg）对日粮铁含量（自变量 x，mg/kg）的回归方程，用待测铁源的回归系数与标准参照铁源的回归系数之比（%）作为待测铁源的生物利用率，这就是所谓的斜率比（slope ratio）法。

5.3.3　斜率比法和平行线法

相对生物利用率（the relative bioavailability，RBV）的测定方法一般采用斜率比法。斜率比法在矿物元素的生物学价值评定方面应用最广。其优点就在于：RBV 法忽略了与动物矿物元素利用过程有关的许多问题，比较看重结果而不太注意过程，不但简化了试验过程，而且试验结果在实际生产上也具有实用性。斜率比法不足之处，一是没有一个统一的反应指标和标准参照物，使得不同研究结果差异较大，相互之间缺乏可比性；二是无机矿物元素盐的性质相对稳定，但植物性饲料受品种、气候、地理条件等多种因素影响，试验结果重复性较差；三是，斜率比法测定方法比较复杂，一般需要配合进行屠宰试验，试验成本较高。

回归线斜率比法的原理是基于几个假定。首先是假定在待测矿物元素配合物和标准参照物在日粮中的添加浓度（自变量）与观测指标（反应，依变量）之间都是直线关系，待测矿物元素配合物的回归方程是 $y = a_t + b_t x$，标准参照物的回归方程是 $y = a_s + b_s x$，见图 5.2。进一步的假定是两种物质在 $x = 0$ 时反应相当，也就是两条回归线在 $x = 0$ 处相交，$a_t = a_s$，所以可以把截距值用一个共同数值表示为 a，结果是，待测矿物元素配合物的

回归方程可表示为 $y=a+b_t x$，标准参照物的回归方程可表示为 $y=a+b_s x$，于是，让 x_t 和 x_s 分别表示产生相等的 y 所需的待测矿物元素配合物和标准参照物的数量，那么，$a+b_t x_t = a+b_s x_s$，由此即可解出回归线的斜率比为

$$RBV = x_s/x_t = b_t/b_s$$

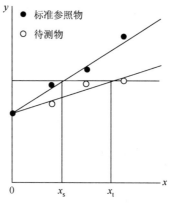

图 5.2　斜率比法

根据生物利用率的定义，这个斜率比就是待测物的相对生物学效率（RBV），这就是斜率比法这个名称的由来。估计量 RBV 很有价值，只是需要假定线性反应并且两条回归线相交。可用统计测验来检验这些假定是否成立，Finney 给出了这些统计测验方法。一般软件都有这个分析程序，如 SAS 的 PROC GLM、SPSS 软件，还可用于估计 RBV 的标准误。

根据多重线性回归模型原理，可以把全部试验数据用一个线性模型表示为

$$y = a + b_t x_t + b_s x_s + e$$

这样用一个模型表示并且使用多重回归方法分析试验数据，使得试验数据的统计分析更加明晰，统计分析的精度更高。

关于待测物与标准参照物的两条直线相交的假定一般是成立的，因为在 $x=0$ 时，实际上就是基础日粮，饲喂待测物和参照物的两组动物使用的都是基础日粮，完全一样的日粮，所以应该有 $a_t = a_s$。如果实践中 $a_t \neq a_s$，那就说明两组试验动物或饲养管理有差别，而不是饲料营养的差别。但是，关于自变量与依变量之间都是直线关系的假定未必成立，待测矿物元素配合物的回归方程未必是 $y = a_t + b_t x$，标准参照物的回归方程未必是 $y = a_s + b_s x$，这个问题后文有进一步讨论。

矿物元素浓度 x 与反应变量 y 的关系，有时候 y 对 x 的对数呈线性关系。标准参照物的回归方程是 $y = a_s + b_s \lg x$，待测物的是 $y = a_t + b_t \lg x$。如果这两条回归线的斜率相等（平行线），那么，标准参照物和待测物的回归方程分别变为 $y = a_s + b\lg x$ 和 $y = a_t + b\lg x$，于是有 $a_s + b\lg x = a_t + b\lg x$，由此可以解出 $\lg(x_s/x_t) = (a_t - a_s)/b$。所以 $RBV = \text{antilg}[(a_t - a_s)/b]$。从几何学来看，RBV 就是一个水平线段的反对数，这个线段就是平行于横坐标的那条直线被两条平行线截断的这一段，如图 5.3 中箭头所指，所以，这种方法又叫平行线（parallel lines）法。

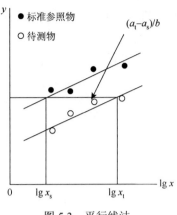

图 5.3　平行线法

5.3.4　影响生物利用率评估结果的因素

用斜率比法研究矿物元素配合物的相对生物利用率有大量报道，结果差异很大。影响生物利用率的主要因素，可分为动物因素、矿物元素本身、待测元素的生理学、试验设计技术、饲料和饲养管理等。

（1）动物因素有：①受试动物物种（单胃、反刍、家禽）、品种、年龄、性别、生理状态（生长、怀孕、泌乳）；②体质与健康状态；③受试动物体内矿物元素储存状况，包括数量与化合态；④动物对于被测营养素的缺乏要有敏感的反应，在开始阶段，体重的变异应尽可能小（变异系数 CV＜5%）；⑤动物生产性能对待测矿物元素的反应呈速度递减规律，与梯度添加试验结果相吻合，符合反应+平台的数学模型。

（2）矿物元素本身因素有：①矿物元素的化学形式（无机盐或配合物）；②矿物元素配合物的溶解度；③吸收的磷酸钙，硅酸盐，日粮纤维等；④矿物元素的电子结构和竞争性拮抗，不同化学态及价态的矿物元素在动物体内的代谢途径不同，会严重影响其生物利用率；⑤配位数（coordination number）；⑥给药途径（口服或注射）；⑦配合物等螯合剂的存在与否；⑧待测元素形成矿物元素配合物的能力，包括理论（体外）预测和有效（体内）能力；⑨其他矿物元素的相对数量，尤其是有协同作用或拮抗作用的；⑩矿物元素配合物产品质量。

（3）待测元素的生理学因素有：①与天然配体（ligands）的相互作用：包括蛋白质、肽、氨基酸，碳水化合物，脂质，阴离子分子，其他金属元素；②待测元素存在或穿过肠黏膜时金属运输配体的竞争（competition with metal-transporting ligands）；吸收后内源性载体配体（endogenously mediating ligands）和释放到靶细胞的过程。

（4）试验设计技术因素有：①试验设计时所设定的矿物元素添加水平，额外添加的待测矿物元素的量要占基础日粮中该种元素含量的主要地位；一般认为，添加的待测元素与基础日粮中该元素含量之比越大，这项试验对于待测矿物元素配合物的反应就越敏感；②待测元素添加水平应在 4 个或以上，而且添加水平应使日粮总水平不超过动物的营养需要量，也就是每一个水平都低于动物的营养需要量；而且大部分的添加水平应在敏感范围之内；每个处理至少应有 5 个重复；③研究中所用评价指标为家畜不同组织器官的沉积量；④试验研究持续的时间；⑤试验技术，主要有七个方面，应用正确的研究设计；
选择应用标准试材；应用正确的观察测定数据和记载；充分利用控制条件；多学科联合，
综合研究；应用现代技术和设备，改进研究方法；对试验观测结果的正确分析方法。

　　（5）饲料因素有：①日粮结构，日粮组成应接近生产实际；根据原材料的实际分析值
调整配方；②研究中所用日粮类型，基础日粮中待测元素含量和添加量；③添加的待测
矿物元素配合物必须充分混匀（分析结果为准）。

5.3.5　矿物元素的剂量-反应模型

　　Littell 等[9]曾介绍动物营养报酬递减定律，也就是剂量反应曲线。一般情况下，动物
性能表现（依变量 y）与日粮中某一养分的浓度（自变量 x）之间的关系是一条指数曲线（图
5.4），所以要对依变量 y 进行对数转换（而不是对自变量 x 进行对数转换），转换后的数
据才可以进行回归分析。

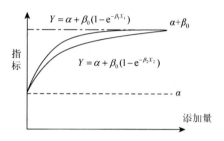

图 5.4　动物营养报酬递减定律[9]

　　待测元素的指数方程为 $y = \alpha + \beta_0(1 - \exp(-\beta_t x_t)$

　　标准参照物的方程为 $y = \alpha + \beta_0(1 - \exp(-\beta_s x_s)$

式中，y 为生产性能观测指标；α 为截距（对照组数据）；β_0 为渐近效应，$\alpha + \beta_0$ 为共同
的渐近线（生产性能极值）；β_t 和 β_s 分别为待测物与标准参照物的回归系数；x_t 和 x_s 分
别为待测物与标准对照物的添加量。

　　实践中要检验待测物和标准参照物的方程中渐近效应 β_0 是否相同。

　　待测元素相对于标准参照物的 RBV 按以下公式计算

$$RBV = \beta_t / \beta_s$$

　　一般在同一饲养试验中基础日粮相同，如果设计试验时待测物与标准对照物水平个
数相同，并且在每个水平上添加量都相等（一一对应），如图 5.5 所示的试验（必要时可以
不满足这个要求），则可用一个多重非线性回归模型——同平台非线性回归模型（the nonlinear
common plateau regression model，NLCPR 模型）表示整个试验数据[9]：

$$y = \alpha + \beta_0[1 - \exp(\beta_s x_s + \beta_t x_t)]$$

　　这一指数模型主要有三个特点：第一，标准参照物与待测物有不同曲线；第二，两
条曲线始点（α）相同；第三，两个曲线具有相同的渐近线（$\alpha + \beta_0$）。第二和第三个特点
表明了待测物与标准参照物具有一个共同的出发点和一个共同的终点，标准参照物与待
测物的差别只在第一个特点，即，不同曲线到达渐近线的速度。实践中，这个指数模型

可以使用 SAS 程序的 PROC NLMIXED code 运算[10]。我们强调指出，①第三个特点未必为真，所以实践中可视为一个假设，分析试验结果前先对这个假设进行统计检验；②如果假设检验的结果是否定的，那么，可用 Kratzer 和 Littell[11]给出的模型：

$$y = \alpha + S[\beta_1(1 - \exp(\beta_s x_s))] + T[\beta_2(1 - \exp(\beta_t x_t))]$$

式中，S 和 T 为只取 0 和 1 两个数值的变量，当反应值包含相应的矿物元素添加剂时，取值为 1，否则为 0。

Elwert 等[12]评定 65%稀释 DL-蛋氨酸的生物利用率，表明日粮中添加梯度与动物反应是指数回归关系（图 5.5）。所以，观测数据 y 要经过对数转换，才与自变量呈线性回归关系。Elwert 等[12]的指数回归方程为

$$Y = 1721 + 1131 \times \{1 - e^{-[23.0\text{DLM} + 13.9\text{DLM}(65) + 14.9\text{MHA-Ca}]}\}$$

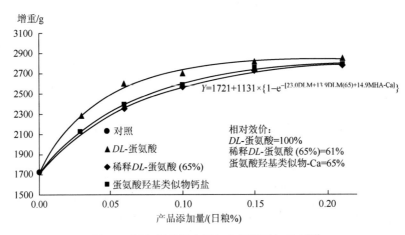

图 5.5　添加剂的梯度添加和指数回归反应[12]

3 种蛋氨酸添加剂 DL-蛋氨酸、稀释的 DL-蛋氨酸（65%）和蛋氨酸羟基类似物 MHA-Ca 的相对生物利用率计算式分别为：DLM=23.0/23.0=1，DLM（65%）=13.9/23.0=61%，MHA-Ca=14.9/23.0=65%。

实践中应先检验依变量 y 与自变量 x 之间的关系，然后确定用什么方法分析生物学效率。用线性回归模型处理指数回归问题，势必加大误差。理论上，对一条曲线的很短一段，可用直线来逼近，但在动物营养研究中，无论估计某个饲料原料的生物利用率还是估计某种动物对某种养分的营养需要量，完整考虑剂量-反应曲线总是非常必要，不仅要考虑自变量（养分剂量）的变动范围，而且要考虑自变量的观测密度（观测的水平数），否则，估计结果就可能发生由试验设计带来的误差，而这种误差不能通过试验结果本身发现。实践中一般都考虑观测密度，如估计某个饲料原料的生物利用率时一般强调处理水平数不少于 4，估计某种动物对某种养分的营养需要量时一般强调处理水平数不少于 5，这种观测密度低了有增大观测误差的风险，降低试验结果的精确性；如果不考虑自变量的取值范围，就有增大系统误差的风险，降低试验结果的准确性。历史上不乏这类实例，回忆一下高铜促生长效应的发现过程就会明白。目前我们已知铜的剂量反应曲线是一条抛物线，如图 5.6 所示。如果研究仔猪日粮中铜的需要量时不考虑 0～500 mg/kg 的

范围，并且不设置 5 个以上的观测点，怎么会发现高铜的促生长效应？

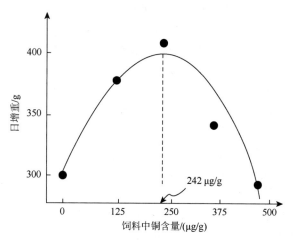

图 5.6　日粮铜含量对仔猪生长的影响[13]

一般认为动物营养的剂量反应不是指数曲线，而是可以分为 5 个阶段的曲线，因为动物对某种养分的需要量有一个适中区，采食量过高或过低都不合适，表达这个现象一般用图 5.7。

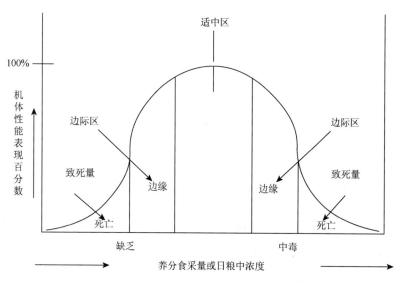

图 5.7　对养分采食量的典型剂量反应[14]

剂量反应曲线在各个研究领域都很常见。曲线的上升阶段和曲线顶部适于研究动物对某个养分的营养需要量，包括矿物质、氨基酸、蛋白质、能量、饲料效价等。这些试验研究的统计分析技术，突出表现为反应+平台模型，如折线回归模型、指数曲线+平台模型、抛物线+平台模型和其他非线性反应+平台模型。

我们强调，根据剂量反应曲线设计动物饲养试验以估计矿物元素的营养需要量，依赖于试验时对动物营养需要量的认知，饲养试验方案中设置的其他非研究养分的浓度会严重影响待测矿物元素的"最佳"营养需要量。例如，在一个锌、铁等微量元素都很低的日粮中，铜的水平再高也不发挥促生长作用，甚至由于微量元素的拮抗，铜浓度过高还会起负效应。这类问题在其他各种养分需要量估计的报道中经常见到，希望大家注意，至少在对试验结果下结论时考虑到这类问题。这类问题可以概括为"营养平衡"问题——多少年来我们研究营养平衡，而实际上我们一直在打破营养平衡；旧的营养平衡不断被打破，新的营养平衡不断被建立，而每一次打破、每一次建立，都标志着营养学的发展。换言之，动物营养学的发展过程，就是"营养平衡"不断破与立的动态变化过程。

5.3.6　估计营养需要量的动物饲养试验

动物饲养试验就是给予动物已知营养物质含量的饲粮或饲料，对其增重、产蛋、产奶、耗料、组织及血液生化指标等进行测定，观察缺乏症状出现的程度，以评定饲料营养、确定营养需要、比较饲养水平，是最常用的动物营养研究方法。除钙与磷外，NRC[15]对矿物质和维生素需要量的估计未使用传统的建模方法，而是根据经验法估计，很多关于氨基酸营养需要量的估计也是使用经验法。

精准估计动物对某种矿物元素的营养需要量是困难的，原因是，影响动物营养需要量的因素太多，而且不同动物的营养需要量差别很大。评定动物对矿物元素需要量的研究，常用析因设计进行饲养试验，有时也进行平衡试验和屠宰试验(组织器官分析)。

(1)析因法。通常采用评定动物对能量与蛋白质需要量的经典析因法，因为它为实际饲养提供一个灵活的办法[16]。从析因法可以看出总需要量随动物生产力(净需要量)和饲料中各种元素的利用效率而有很大变化。当然，采用这种方法，必须进行广泛的试验，以便估计维持(粪、尿、体表不可避免的损失)和生产(生长、妊娠、泌乳、产蛋)的净需要量。此外，有必要对微量元素的利用效率进行适当评定。事实上，此效率因素的可靠性决定着总需要量的估计是否恰当。

析因法的基础：①屠宰不同生长阶段的动物，通过化学分析测定矿物元素的体内沉积量(D)；②内源损失(E)，分析尿液损失，用放射性同位素标记测定粪中损失；③子宫和繁殖组织的沉积(F)，对不同怀孕阶段进行化学分析；④奶中的含量(M)，测定日产奶量及奶的组成；⑤饲料中元素在动物体内的沉积量(Y)，常用放射性同位素标记法研究。

析因法估计矿物元素需要量的公式(D，E，F 和 M，mg 或 g/d，Y=采食量的百分数)为

$$生长动物： (D+E)/Y×100$$
$$怀孕动物： (F+E)/Y×100$$
$$泌乳动物： (M+E)/Y×100$$

估计的精确性和可靠性依赖于用于计算的基础数据的完整性和可靠性。

(2)饲养试验。①使用不同日粮水平，基于动物生产力、健康、繁殖能力等进行估计；②优点：设备简单、使用设备最少，能在许多不同条件下适用；③缺点：需要更多动物和标准饲料，费时，干扰因素可以导致很大误差；④这个方法是流行的和相当可靠

的方法。

(3)屠宰试验。①基于初始和最终的身体组成;②可以确定在器官和组织的实际沉积,而不涉及尿液或粪便收集(是否影响分析结果?);③缺点:确定大型动物整个身体的矿物质含量很困难,必须经过很长的试验时间。

(4)平衡试验。研究营养物质食入量与排泄、沉积或产品间的数量平衡关系的试验称为平衡试验,一般用于估计动物对营养物质的需要和饲料营养物质的利用率。①平衡试验是最古老最流行的方法,经常用于常量矿物元素;②这个方法复杂费力,数据采集和分析需要高精度;③矿物质平衡受多种因素影响(环境、生理条件等),尤其受内源干扰太大,平衡试验一般难以达到目的;④矿物质的皮肤损失难以测定,因此这个方法价值有限。

(5)试验设计。矿物质需要量的估计方法,可以通过提供一系列矿物质含量高于或低于最低需要量的日粮,饲喂一组相应动物,测量这群动物的反应,如增长率或血液成分。为了精确测定最佳需要量,可能需要设置 5 个或更多不同的添加水平(发表的研究报告一般在 5~9 个),结果可能仍然依赖于用于描述响应的统计模型[17]。动物营养的剂量反应曲线常常是抛物线-平台模型或指数曲线-平台模型而不是折线模型,但是由于观测的剂量水平过少,使得反应曲线表现为一个斜率不断变化的折线。进一步的挑战是,一般需要使用纯化的原料以获得足够低的矿物质输入:如果日粮中缺少自然存在的拮抗物,结果会低估天然饲料的需要量。另一个困难是,动物的需要量可随时间变化。如果生产需要量高于维持需要量,如生长动物的铁需要量,假设动物生长速度保持不变,如果把需要量表达为占采食量的比例,那么,需要量就会随着时间的推移而下降。

(6)试验指标。估计矿物元素需要量时,合适的需要量标准非常重要。①当动物总利用占微量元素进食量的百分率很小并且不能用平衡法准确评定时,则用析因法对总需要量的相应估计,变化很大,在这些情况下,必须有适当的代谢标志,以便可靠地判定供给是否充足;②依赖于矿物元素的代谢过程对于矿物元素缺乏的敏感性是不同的,如绵羊羊毛的色素沉积和羊毛角化过程,低铜状态是第一(有时是唯一)影响因素;如果用羊毛生长量而不是体重生长速率或血液中血红蛋白含量作为评价标准,那么就会估计出较高的铜需要量;年轻雄性绵羊精子生成和睾丸发育的最低锌需要量显著高于其体生长的需要量,所以,用于羔羊肉生产的商品羔羊与那些将要用于繁殖的后备种羊比,锌的需要量较低;以生产性状为标准估计的最佳矿物质需要量往往低于生化性状为标准时的估计量,如 Dewar 和 Downie 报道,雏鸡最佳锌摄入量,分别以生长、血浆锌、胫骨锌为评价标准时,结果分别是 18、24 和 27 mg/kg DM。

不同国家推荐的动物营养需要量不同,主要原因有:①评价需要量的标准不同;②评估试验中所用的析因模型含有不同的变量;③试验精度不同;④安全余量不同。

(7)数学模型。估计动物营养需要量所用试验设计一般是析因设计,统计分析方法常见的有多种,如折线回归模型、多项式回归模型、指数回归模型等。

在动物科学研究中经常遇到曲线拟合问题,一般情况下,剂量反应曲线不遵守某个单一的函数类型,这时采用分段拟合方法拟合效果可能更好。所以就发展出分段回归方法，如折线回归模型、抛物线-平台模型、指数-平台模型等。

5.3.7　抛物线模型与单折点回归模型

（1）单折点回归模型。折线回归模型也属于线性回归模型。Robbins 等[1]详细介绍了用折线回归分析（broken-line regression analysis）估计营养需要量的方法。评价和比较了几种折线回归模型（broken-line regression models）和根据养分剂量-反应数据估计营养需要量的 SAS（SAS Inst. Inc.，Cary，NC）程序。

单斜率模型（single-slope model）可以写作 $y = \beta_0 + \beta_1 (\lambda - x)$，当 $x > \lambda$ 时就定义 $(\lambda - x) = 0$。双斜率折线回归模型（two-slope broken-line model）可以写作 $y = \beta_0 + \beta_1 (\lambda - x) + \beta_2 (x - \lambda)$，在 $x > \lambda$ 时就定义 $(\lambda - x) = 0$，在 $x < \lambda$ 时就定义 $(x - \lambda) = 0$。可以看出上述折线回归模型都是一次模型。

二次折线回归模型可以写作 $y = \beta_0 + \beta_1 (\lambda - x)(\lambda - x)$，当 $x > \lambda$ 时令 $(\lambda - x) = 0$（图 5.8）；或 $y = \beta_0 + \beta_1 (\lambda - x)(\lambda - x) + c(x - \lambda)$，当 $x > \lambda$ 时令 $(\lambda - x) = 0$，$x < \lambda$ 时令 $(x - \lambda) = 0$（图 5.9）。

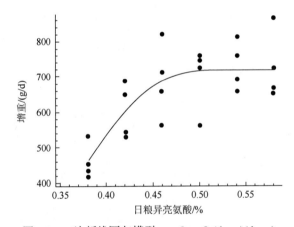

图 5.8　二次折线回归模型 $y = \beta_0 + \beta_1 (\lambda - x)(\lambda - x)$

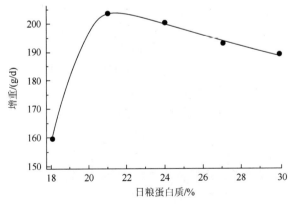

图 5.9　二次折线回归模型 $y = \beta_0 + \beta_1 (b - x)(b - x) + c(x - b)$
$x > \lambda$ 时令 $(\lambda - x) = 0$，$x < \lambda$ 时令 $(x - \lambda) = 0$

　　实践中可用观测数据作散点图，目测 λ 值的大概范围。在这个范围内试取几个 λ 值，对 $(\lambda - x)$ 及 y 这两个变量进行回归分析，如拟合单斜率模型 $y = \beta_0 + \beta_1(\lambda - x)$，能使这个模型的决定系数 R^2 最大的 λ 值为最佳值，即最适养分需要量。

　　(2) 多项式回归模型。多项式回归模型的一般形式为

$$y_i = \beta_0 + \beta_1 x_i + \cdots + \beta_{(p-1)} x_i^{(p-1)} + e_i, \quad i = 1, 2, \cdots, n$$

它也属于线性回归模型，因为这类模型就参数 β 而言是线性的。把多项式回归模型写为矩阵形式也许更加直观：

$$\begin{pmatrix} y_1 \\ y_2 \\ \vdots \\ y_n \end{pmatrix} = \begin{pmatrix} 1 & x_1 & x_1^2 & \cdots & x_1^{p-1} \\ 1 & x_2 & x_2^2 & \cdots & x_2^{p-1} \\ \vdots & \vdots & \vdots & & \vdots \\ 1 & x_n & x_n^2 & \cdots & x_n^{p-1} \end{pmatrix} \begin{pmatrix} \beta_0 \\ \beta_1 \\ \vdots \\ \beta_{p-1} \end{pmatrix} + \begin{pmatrix} \varepsilon_1 \\ \varepsilon_2 \\ \vdots \\ \varepsilon_n \end{pmatrix}$$

或简写为 $\underset{n \times 1}{y} = \underset{n \times p}{X} \underset{p \times 1}{\beta} + \underset{n \times 1}{e}$。因为线性回归模型关键是指模型参数 β 与观测数据 y 的关系为线性，而不是已知的关联矩阵 X。

　　当多项式回归模型最高次项只包含 2 次项时，$y_i = \beta_0 + \beta_1 x_i + \beta_2 x_i^2 + e_i$，常称之为抛物线模型，很多报道用抛物线模型估计养分需要量。

　　关于多项式回归模型的统计分析方法，完全可以使用前面介绍的线性模型分析方法，所以不再赘述。我们强调，现代家畜品种内变异很大，不同家系的生产性能和营养需要量差异也很大，在估计动物营养需要量时应该考虑，这就是动物家系或个体的效应，是随机抽样效应，模型中引入动物家系的随机效应后，就不再是普通的回归模型，而是混合模型，需要使用混合模型分析方法来处理试验结果[5]。

　　根据抛物线模型确定使动物观测指标达到最大的最小养分需要量，即最适需要量，很显然，这是大家熟悉的抛物线方程的极大值问题。当 x 值使抛物线方程 $y = \beta_0 + \beta_1 x + \beta_2 x^2$ 的一阶导数为零时，y 值最大。即：$\dfrac{\partial y}{\partial x} = \dfrac{\partial y}{\partial x} = \beta_1 + 2\beta_2 x = 0$，由此解出 $x_{\max} = -\beta_1 / (2\beta_2)$。就是说，待测养分在日粮中最佳含量为 $x_{\max} = -\beta_1 / (2\beta_2)$。

　　我们强调，这个结论是基于试验设计者对现有营养平衡的认知，或者说，这个"最佳需要量"估计值，是相对于试验中使用的日粮中其他养分的水平而言，是个"相对最佳"需要量。一旦日粮中其他养分的浓度发生变化，待测养分的"最佳需要量"也会随之改变。应用其他模型研究营养需要量的报道也常见这类问题，希望引起大家注意。

　　(3) 动物饲养试验实例。

　　【例1】洪平等[18, 19]研究不同饲粮钙水平对 43～63 日龄黄羽肉鸡生长性能、胫骨性能、血清生化指标和肉品质的影响，探讨了 43～63 日龄黄羽肉鸡的钙需要量。试验采用单因子完全随机设计。选用 43 日龄黄羽肉公鸡 1200 只，根据体重均衡原则随机分成 6 个处理，饲粮钙水平 (x) 分别为 0.4%、0.55%、0.7%、0.85%、1.00% 和 1.15%。每个处理 5 个重复，每个重复 40 只鸡。试验数据见表 5.3。

表 5.3　不同饲粮钙水平的 43～63 日龄黄羽肉鸡生长性能

项目	饲粮钙水平/%						p-值		
	0.40	0.55	0.70	0.85	1.00	1.15	钙	线性	2 次曲线
始重/kg	1.248	1.253	1.252	1.254	1.251	1.253	0.999		
末重/kg	2.018	2.044	2.050	2.073	2.104	2.016	0.112		
平均日增重/g	36.63	37.64	38.01	39.00	40.60	36.36	0.033	0.291	0.019
采食量/g	120.32	122.89	124.60	126.02	128.06	122.25	0.020	0.058	0.008
料重比/(g/g)	3.28	3.27	3.29	3.24	3.16	3.37	0.173		
胫骨折断力/(kgf)	15.02	15.04	18.10	19.78	19.93	20.04	0.037	0.023	0.845

以日粮含钙量为自变量，平均日采食量为依变量，可得如下回归方程 1：

$$y = -32.259x^2 + 55.063x + 102.84 \ (p = 0.0061, D = 0.7669)$$

方程 1 给出的二次曲线最高点对应的横坐标值为

$$x_{max} = -\beta_1 / (2\beta_2) = 0.8535$$

即该模型估测的饲粮钙水平为 0.8535 时，试鸡获得最大平均日采食量。

以日粮含钙量为自变量，胫骨折断力为依变量，可得如下回归方程 2 和单斜率方程 3：

方程 2：$y = 6.539x + 13.157 \ (p = 0.0207, D = 0.7669)$

方程 3：$\begin{cases} y = 11.063x + 10.0703 & (x < 0.85) \\ y = 19.784 & (x \geqslant 0.85) \end{cases}, (p = 0.0345, D = 0.8939)$

方程 3 的拟合度优于方程 2，即饲粮钙水平低于 0.85%时，试鸡胫骨折断力随饲粮钙水平升高而升高，饲粮钙水平为 0.85%时，试鸡胫骨折断力达到平台期，即 0.85%为最佳钙需要量(图 5.10)。

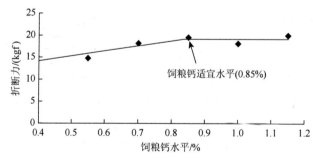

图 5.10　鸡胫骨折断力与日粮钙含量的单斜率回归模型[18, 19]

5.3.8　多折点回归模型

前面介绍的单折点回归分析是借助于直观图形，折点的分法主观性很强，下面介绍多折点回归模型，可以克服这一缺点[20]。

对 n 组数据 (x_i, y_i) $(i = 1, 2, \cdots, n)$，其中 $x_1 \leqslant x_2 \leqslant \cdots \leqslant x_n$，从这 n 组数据以及散点图，可大致确定折点个数 $m-1$ 及折点 λ_1，λ_2，$\cdots$，λ_{m-1}，使得 $x_1 < \lambda_1 < \lambda_2 < \cdots < \lambda_{m-1} < x_n$。另外，引入两新点 λ_0、λ_m，使 $\lambda_0 \leqslant x_1$，$\lambda_m \geqslant x_m$，此时令所求折线方程为

$$y = \begin{cases} a_1 + b_1 x, & \lambda_0 \leqslant x \leqslant \lambda_1 \\ a_2 + b_2 x, & \lambda_1 \leqslant x \leqslant \lambda_2 \\ \cdots \\ a_m + b_m x, & \lambda_{m-1} \leqslant x \leqslant \lambda_m \end{cases} \qquad (5.27)$$

在 $m-1$ 个折点上，相邻两直线满足

$$a_i + b_i \lambda_l = a_{i-1} + b_{i-1} \lambda_l, \ l = 1, 2, \cdots, m-1 \qquad (5.28)$$

由于折线方程的一般表达式可写为

$$h(x) = c_0 + c_1 x + \sum_{j=1}^{m-1} c_{j-1}(x - \lambda_j)_- \qquad (5.29)$$

其中 $c_0, c_1, \cdots, c_m$ 为待定参数， λ_l 为折点，

$$(x - \lambda_j)_+ = \begin{cases} 0, & x \leqslant \lambda_j \\ (x - \lambda_j), & x > \lambda_j \end{cases}$$

记 $z_1 = x$ ， $z_2 = (x - \lambda_{l-1})_+$ ， $l = 2, 3, \cdots, m$ ，则式 (5.29) 转化为

$$h(x) = c_0 + c_1 z_1 + c_2 z_2 + \cdots + c_m z_m \qquad (5.30)$$

这就把折线回归模型 [式 (5.27)] 转化为多重线性回归模型 [式 (5.30)] 的求解问题。用最小二乘法求出 $c_0, c_1, \cdots, c_m$ 后，就可以根据式 (5.30) 导出式 (5.27) 或式 (5.29)。

【例 2】某猪场历年猪均防疫费用 (元) 见表 5.4[20]。

表 5.4 某猪场历年猪均防疫费用 (元)

年度	序号	费用	年度	序号	费用
1997	1	36.32	2004	8	127.01
1998	2	37.15	2005	9	177.68
1999	3	38.14	2006	10	221.30
2000	4	41.20	2007	11	296.24
2001	5	44.39	2008	12	477.14
2002	6	43.48	2009	13	634.49
2003	7	64.79			

根据记录数据可以绘制出防疫费用增长图 (图 5.11)。

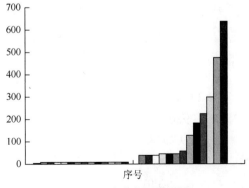

图 5.11 防疫费用增长图

可以看出，防疫费用增长曲线可以大致分为 3 段，可取折点为 6 和 10，这时式 (5.29)
为

$$h(x) = c_0 + c_1 x + c_2 (x-6)_+ + c_3 (x-10)_+$$

做变换 $z_1 = x$，$z_2 = (x-6)_+$，$z_3 = (x-10)_+$，则有

$$h(x) = c_0 + c_1 z_1 + c_2 z_2 + c_3 z_3$$

同时表 5.4 数据变化为表 5.5。

表5.5　防疫费用代换表

$z_1 = x$	$z_2 = (x-6)_+$	$z_3 = (x-10)_+$	费用	序号	z_2	z_3	费用
1	0	0	36.32	8	2	0	127.01
2	0	0	37.15	9	3	0	177.68
3	0	0	38.14	10	4	0	221.30
4	0	0	41.20	11	5	1	296.24
5	0	0	44.39	12	6	2	477.14
6	0	0	43.48	13	7	3	634.49
7	1	0	64.79				

根据表 5.5 数据可以得到 y 对 z_1, z_2, z_3 的多重线性回归方程为

$$y = 35.9758 + 0.9077 z_1 + 39.1513 z_2 + 98.8012 z_3$$

显著性检验：$F = 411.48 > F_{0.001}(3,9) = 13.90$，所以，所求的折线回归方程为

$$y = 35.9758 + 0.9077x + 39.1513(x-6)_+ + 98.8012(x-10)_+$$

$$= \begin{cases} 35.9758 + 0.9077x & 1 \leqslant x \leqslant 6 \\ -198.9320 + 40.0590x & 6 < x \leqslant 10 \\ -1186.9440 + 138.8602x & 10 < x \leqslant 13 \end{cases}$$

至此，我们求出了一条在整数点连续的折线。

现在，考虑整数折点是否可取其他点。取遍 $1 < \lambda_1 < \lambda_2 < 13$ 的所有整数折点，则全
部取法共有 45 种。在这些折线中，取剩余平方和

$$\sum_{i=1}^{n} [y_i - (c_0 + c_1 z_{i1} + c_2 z_{i2} + c_3 z_{i3})]^2$$

最小的折线方程即为所求，其中 $z_{ij} (j=1,2,3)$ 为原始数据 x 经变换 $z_1 = x$，$z_2 = (x-\lambda_1)_+$，
$z_3 = (x-\lambda_2)_+$（$\lambda_1 < \lambda_2$ 为折点）后所得数据。利用多重线性回归分析，计算出 45 种不同折
点的回归方程的剩余平方和。

由比较知，折点取 7、11 时剩余平方和最小，相应折线方程为

$$y = 27.2255 + 4.2920x + 55.0018(x-7)_+ + 113.2635(x-11)_+ \tag{5.31}$$

$$= \begin{cases} 27.2255 + 4.2920x & 1 \leqslant x \leqslant 7 \\ -357.7871 + 59.2938x & 7 < x \leqslant 11 \\ -1603.6856 + 172.5573x & 11 < x \leqslant 13 \end{cases} \tag{5.32}$$

显著性检验：$F = 2072.66 > F_{0.001}(3,9) = 13.90$，决定系数 $R = 0.9993$。

折点未知时，在全部可能折点中取剩余平方和最小的方法来确定未知的折点，是比较实用的方法。在所求折线方程式(5.31)中，如果将表 5.5 的费用理解为不变价格（扣除物价上涨因素），则所求 x 的系数表示的意义是：1997～2003 年，每年平均费用增加 4.29 元。$(x-7)_+$ 系数的意义是：在 1997～2003 年，平均费用增加 4.29 元的基础上，2004～2007 年每年猪均净增 5 元。而 $(x-7)_+$ 系数的意义是：在 1997～2007 年费用增加 4.29+55.00=59.29 元的基础上，2008～2009 年每年猪均又净增 113.26 元。由此表明，该场防疫费用的增长在 13 年中分为三个阶段，每个阶段的系数表示在以前防疫费用增长的基础上，该阶段猪均每年净增的数额。式(5.32)各 x 系数的意义分别是 x 所在年份防疫费用每年增加的数额。

利用式(5.31)，预测 2010 年的防疫费用，取 $x=14$，得 $y=812.12$ 元，与实际值 803.46 元相差 8.66 元。

5.3.9 分段回归模型

(1)抛物线-平台模型。图 5.4 表示的剂量反应曲线也可用如下分段数学模型表示：

$$\begin{cases} y = a + bx + cx^2 + e & x < x_0 \\ y = p + e & x \geqslant x_0 \end{cases}$$

第 1 个方程表示剂量反应曲线的抛物线部分，第 2 个方程表示的是剂量反应曲线的平台期，所以这个数学模型也可以叫做抛物线+平台模型。由于剂量反应曲线是连续曲线，本章前面已经给出了由第 1 个方程（抛物线方程）求出的极值，$x_{\max} = -b/(2c)$，而在这个极值点有 $y = a + bx + cx^2 + e$ 且 $y = p + e$，所以 $p = a + bx_{\max} + cx_{\max}^2$，把 $x_{\max} = -b/(2c)$ 代入此式可得

$$\begin{cases} x_0 = -b/(2c) \\ p = a - b/(4c) \end{cases}$$

这就是抛物线-平台模型的解。

(2)指数-平台模型 1。图 5.4 给出的剂量反应曲线更可能是一条指数曲线，所以也可用如下分段数学模型表示：

$$\begin{cases} y = a\exp\left[-c(x-b)^{2c}\right] + e & x < x_0 \\ y = p + e & x \geqslant x_0 \end{cases}$$

第 1 个方程表示剂量反应曲线的指数曲线部分，第 2 个方程表示的是剂量反应曲线的平台期，所以这个数学模型也可以叫做指数曲线+平台模型[21]。

按求解抛物线-平台模型的同样思路，求指数曲线的极值：

$$\frac{\partial y}{\partial x} = \frac{\partial\left\{a\exp\left[-c(x-b)^2\right]\right\}}{\partial x} = a\exp\left[-c(x-b)^2\right]\left[-2c(x-b)\right]，令此导数为 0，得到 x = x_0 的$$

解：$x_{\max} = b$。在极值点有 $y = a\exp\left[-c(x-b)^2\right] + e$ 且 $y = p + e$，所以 $p = a\exp\left[-c(x_{\max}-b)^2\right]$，把 $x_{\max} = b$ 代入此式可得 $p = a$。至此我们已经求出了指数-平台模型 1 的解，总结于下：

$$\begin{cases} x_0 = b \\ p = a \end{cases}$$

（3）指数–平台模型 2。Rezende 等[22]还给出另一指数–平台模型，具体形式为

$$\begin{cases} y = a\exp(bx - cx^2) + e & x < x_0 \\ y = p + e & x \geq x_0 \end{cases}$$

由于 $\dfrac{\partial y}{\partial x} = \dfrac{\partial\left[a\exp(bx - cx^2)\right]}{\partial x} = a(b - 2cx)\exp(bx - cx^2)$ ，令此式为 0 即可解出

$x_0 = b/(2c)$，代入指数方程 $p = a\exp(bx - cx^2)$ 可得 $p = a\exp\left[b^2/(4c)\right]$。至此我们已经求出了指数–平台模型 2 的解，总结于下：

$$\begin{cases} p = a\exp\left[b^2/(4c)\right] \\ x_0 = b/(2c) \end{cases}$$

Rezende 等[22]用分段回归模型研究了肉鸡的锌需要量。$2\times2\times9$ 析因设计，两个试验场，两个性别和 9 个剂量的锌，每一处理有 8 个重复。锌的剂量分别为：0、15、30、45、60、75、90、105、120 μg/g。评估的变量是在胫骨中的平均锌含量（μg/g）。采用 SAS 程序估计模型参数，比较了本节给出的三个模型，他们具有同等的统计可靠性，但指数–平台模型 1 最合适，因为他的参数更容易解释。

这里指出：①用二次回归曲线（quadratic model）配合整个试验期的动物性能数据的缺点是抛物线的对称结构，强迫高峰值前后的数据用相同的斜率来配合[23]；②假定拐点后的动物性能数据服从平台状，用线性折线模型和曲线–平台模型（linear broken-line and curvilinear-plateau models）配合数据，效果并不很好，原因是强迫性假定，强迫拐点会低估养分的需要量；③双斜率二次折线模型具有最佳的配合统计量，但是相对于待估的模型参数个数来说，一般试验只有 4～5 个剂量水平的数据，这类试验报道的配合结果的可靠性是值得怀疑的。

Lamberson 和 Firman[24]比较了二次多项式法和分段回归法估计火鸡生长期营养需要量的偏差和精度。结果表明，二次多项式回归高估营养需要量，特别是当试验日粮偏离真实营养需要量时。这表明估计值的偏差可由试验设计引起。折线回归法估计营养需要量更精确，不太可能产生偏差，而且与抛物线法相比，需要较少先验知识。

关于饲用矿物元素配合物的更多研究可以参考文献[25]～[47]。

参 考 文 献

[1] 洪平，蒋守群，周桂莲，等. 43～63 日龄黄羽肉鸡钙需要量研究. 动物营养学报，2013，25（2）：299-309.

[2] 洪平，蒋宗勇，周桂莲，等. 饲粮维生素 A 水平对 0～3 周龄黄羽肉鸡生长性能、免疫机能和组织维生素 A 含量的影响. 中国家禽科学研究进展——第十四次全国家禽科学学术讨论会论文集. 哈尔滨：中国畜牧兽医学会家禽学分会，2009：1011-1015.

[3] 计成，许万根. 动物营养研究与应用. 北京：中国农业科技出版社，1997.

[4] 李博，武书庚，张海军，等. DL 羟基蛋氨酸钙相对于 DL 蛋氨酸的生物利用率. 中国畜牧杂志，2010，46（15）：35-40.

[5] 李仲来. 折线回归在卫生统计中的应用. 中国卫生统计，1994，11（3）：26-27.

[6] 刘颖，薛敏，任泽林，等. 鱼类的生长模型及其在营养需求研究中的应用. 饲料工业，2008，29（10）：23.

[7] 蒲俊华. 不同铁源生物利用率及其对仔鸡组织铁铜锌锰含量影响的研究. 扬州：扬州大学硕士学位论文，2006.

[8] 乔永刚. 军曹鱼微量元素锌、铁、铜营养生理的研究. 青岛：中国海洋大学硕士学位论文，2007.

[9] 孙娅静，李石强，朱珏. 微量元素生物学利用率的评价方法. 饲料研究，2012，（5）：46-48.

[10] 汤莉. 不同形态锰源和铁源对肉仔鸡相对生物学利用率的研究. 武汉：华中农业大学硕士学位论文，2004.

[11] 王代刚. 酵母菌富集微量元素锌和酵母锌生物利用率的研究. 雅安：四川农业大学硕士学位论文，2004.

[12] 王继华，安永福，张伟峰，等. 动物科学研究方法. 北京：中国农业大学出版社，2009.

[13] 王继华，崔国强. 动物饲养试验应考虑参试动物间血缘关系. 饲料工业，2010，31(15)：24-27.

[14] 王继华，王茂增，李连缺. 家畜育种学导论. 北京：中国农业科技出版社，1999.

[15] 王继华，王绥华，吴秀存，等. 仔猪饲料配方设计高级技术. 北京：中国农业大学出版社，2012.

[16] 王明镇. 氨基酸螯合铁对断奶仔猪生产性能及血液理化指标影响的研究. 兰州：甘肃农业大学硕士学位论文，2007.

[17] 袁缨. 动物营养学试验教程. 北京：中国农业大学出版社，2006.

[18] 张宏福，赵峰. 从方法学检讨现行猪氨基酸生物利用率评定理论及实践中的若干问题//王康宁. 动物营养研究进展. 北京：中国农业科学技术出版社，2008.

[19] 赵波. 氨基酸微量元素螯合物对蛋鸡生产性能和生理功能的影响研究. 雅安：四川农业大学硕士学位论文，2003.

[20] 左建军. 非常规植物饲料钙和磷真消化率及预测模型研究. 广州：华南农业大学硕士学位论文，2005.

[21] Ammerman C B, Baker D H, Lewis A J. Bioavailability of Nutrients for Animals. New York：Academic Press，1995.

[22] DeWayne A H. Amino acid chelation in human and animal nutrition. CRC Press，Taylor & Francis Group，2012.

[23] Elwert C，de Fernandes A E，Lemme A. Biological effectiveness of methionine hydroxy-analogue calcium salt in relation to dl-methione in broiler chickens. Asian-Aust. Journal of Animal Science，2008，21(10)：1506-1515.

[24] Greger J L. Using animals to assess bioavailability of minerals implications for human. Journal of Nutrion，1992，122：2047-2052.

[25] Henderson C R. Estimation of variance and covariance components. Biometrics，1953，9：226.

[26] Huang Y L，Lu L，Xie J J，et al. Relative bioavailabilies of organic zinc sources with different chelation strengths for broilers fed diets with low or high phytate content. Animal Feed Science and Technology，2013，179：144-148.

[27] Kirchgessner M，Grassman E. Dynamics of copper absorption//Mills C F. Trace Element Metabolism in Animals Edinburgh. Scotland：Livingston，1970：227.

[28] Kratzer D D，Littell R C. Appropriate statistical methods to compare dose responses of methionine sources. Brit. Poult. Sci.，1996，37：623-639.

[29] Kratzer D D，Littell R C. Appropriate statistical methods to compare dose responses of methionine sources[J]. Poultry Science，2006，85：947-954.

[30] Lamberson W R，Firman J D. A Comparison of quadratic versus segmented regression procedures for estimating nutrient requirements. Poultry Science，2002，81：481-484.

[31] Littell R C，Henry P R，Lewis A J，et al. Estimation of relative bioavailability of nutrients using SAS procedures. Journal of Animal Science，1997，75：2672-2683.

[32] Littell R C，Lewis A J，Henry P R. Statistical evaluation of bioavailability assays//Bioavailability of Nutrients for Animals：Amino acids，Minerals，and Vitamins. San Diego：Academic Press，1995：5-35.

[33] National Academy of Sciences. NRC 2012 Models for Estimating Nutrient Requirements of Pigs Case studies. National Academy of Sciences，2012.

[34] Nørgaard J V，Shrestha A，Krogh U，et al. Isoleucine requirement of pigs weighing 8 to 18 kg fed blood cell-free diets. Journal of Animal Science，2013，91：3759-3765.

[35] Piepho H P. A cautionary note on appropriate statistical methods to compare dose-responses of methionine sources. Poultry Science，2006，85：1511-1512.

[36] Quintero-Gutiérrez A G，González-Rosendo G，Sánchez-Muñoz J，et al. Bioavailability of heme iron in biscuit filling using piglets as an animal model for humans. International Journal of Biological Sciences，2008，4(1)：58-62.

[37] Ramos J M，Sosa C，Ruprechter G，et al. Effect of organic trace minerals supplementation during early postpartum on milk composition，and metabolic and hormonal profiles in grazing dairy heifers. Spanish Journal of Agricultural Research，2012，10(3)：681-689.

[38] Remmenga M D，Milliken G A，Kratzer D，et al. Estimating the maximum effective dose in a quantitative dose-response experiment. Journal of Animal Science，1997，75：2174-2183.

[39] Rezende D M L C，Muniz J A，Ferreira D F. Proposição de um modelo não linear com response plateau//Reunião

anual da região brasileira da sociedade internacional de biometria(rbras). Anais. São Carlos: UFSCar, 2000: 96-99.

[40] Rezende D M L C. et al. Fitting response plateau models to Zn requirements in broilers. Ciênca e Agrofecnlogia, 2007, 31(2): 468-478, .

[41] Robbins K R, Saxton A M, Southern L L. Estimation of nutrient requirements using broken-line regression analysis. J. Anim. Sci., 2006, 84(E. Suppl.): E155-E165.

[42] Robbins K, Norton H W, Baker D H. Estimation of nutrient requirements from growth data. Journal of Nutrition, 1979, 109: 1710-1714.

[43] Schutte J B, de Jong J. Biological efficacy of *DL*-methionine hydroxy analog free acid compared to *DL*-methionine in broiler chicks as determined by performance and breast meat yield. Agribiology of Research, 1996, 49: 74-82.

[44] Strathe A B, Danfær A, Chwalibog A, et al. A multivariate nonlinear mixed effects method for analyzing energy partitioning in growing pigs. Journal of Animal Science, 2010, 88: 2361-2372.

[45] Suttle N F. Mineral Nutrition of Livestock(4th Edition). CABI North American Office, 2010.

[46] Yu Y, Lua L, Xiea J J, et al. Relative bioavailabilities of organic zinc sources with different chelation strengths for broilers fed diets with low or high phytate content. Animal Feed Science and Technology, 2013, 179: 144-148.

[47] Zhai H, Adeola O. True digestible phosphorus requirement for twenty-to forty-kilogram pigs. Journal of Animal Science, 2013, 91: 5307-5313.

第6章 矿物元素配合物在猪生产中的应用

生产上，饲料中矿物元素的添加对猪生长和生产具有重要意义。猪对于不同矿物元素的需求量有差别，其中，需求量较多且易缺乏的矿物元素主要有钙、磷、氯、钠等；还有几种矿物元素，猪的需要量很少但不能缺少，这类矿物元素主要包括铁、铜、钴、碘、锰、硒等。

6.1 矿物元素配合物在猪生产中的应用

6.1.1 矿物元素配合物在仔猪生产中的应用

仔猪出生后不具备免疫力，自身也不能产生抗体，且仔猪出生后生长发育快速，因此对维持自身代谢与生理作用的营养物质的需要量相对较多，特别是对于刚断奶的仔猪由于应激反应，出现食欲不振、营养不良、贫血等不良现象而影响其生长。因此，必须及时补充对仔猪生长发育有促进作用的矿物元素，主要为铁、铜和锌。对仔猪的试验研究与饲养应用表明：当日粮中金属矿物元素以氨基酸螯合物的形态添加时，能明显提高仔猪生长性能、免疫机能并改善产品品质，提高仔猪对矿物元素的吸收利用率，显著降低饲料中矿物元素的添加量和动物排泄物中矿物元素的含量，减少养殖业造成的矿物元素环境污染，提高畜产品的食品安全程度。

6.1.1.1 提高仔猪生产性能

众多试验表明，在猪生长各阶段使用矿物元素氨基酸螯合物可以提高其生产性能。与无机盐添加剂相比，在断奶仔猪教槽料中添加矿物元素氨基酸螯合物能够明显提高断奶仔猪的生长性能，其中平均日增重提高 8.3%，饲料效率提高 8.1%，单位饲料增加成本的投入产出比为 1：18[1]。在断奶仔猪玉米-豆粕-大麦型基础饲粮中分别添加 80 mg/kg 的硫酸锌和蛋氨酸锌发现，蛋氨酸锌组试验猪日增重比硫酸锌组提高 7.45%，料重比降低 7.41%[2]。中国科学院亚热带农业生态研究所的科研工作者对哺乳仔猪分别饲喂含复合氨基酸铁、硫酸亚铁加复合氨基酸、硫酸亚铁日粮（日粮的铁浓度均为 150 mg/kg）发现，饲喂含复合氨基酸铁组仔猪在 45 日龄试验结束时的体重、日增重、血液中血红蛋白含量、血浆铁含量和转铁蛋白含量均显著（$P<0.05$）或极显著（$P<0.01$）地高于另外两组；猪白痢发病率分别比饲喂硫酸亚铁日粮组降低 27.78% 和 10.48%[3]。另外，李丽立和张彬对哺乳仔猪的研究也表明，柠檬酸铁的效果亦明显优于硫酸亚铁[4]。研究用氨基酸螯合锌分别取代硫酸锌的 40%、60%、80% 和 100% 对断奶仔猪补饲效果的研究发现，试验前期各试验组仔猪 ADG 与对照组（硫酸锌）相比分别提高 22.0%、38.5%、32.6% 和 26.2%，ADFI 分别提高 24.6%、25.3%、23.5% 和 23.8%（$P<0.05$）[5]。

　　母猪日粮中添加矿物元素氨基酸螯合物,进入母体被吸收后高效转运,可通过胎盘、乳腺屏障进入仔猪体内满足其营养需求,从而有利于幼畜生长。研究发现,在母猪日粮中添加 Fe-Gly 能够提高乳猪的日增重、个体重及存活率[6]。在母猪日粮中添加蛋氨酸锌,初产母猪首次配种受胎率平均提高 7.2%,胎产活仔数增加 0.37 头,断奶成活率提高 2.9%,第 2~8 胎经产母猪产死胎率降低了 7.1%~29.6%,断奶仔猪成活率提高 3.1%~6.2%[7]。在产前 1 个月的母猪日粮中添加甘氨酸铁 500 mg/kg,所产仔猪初生重比对照组提高 42.4%,死亡率降低 6.4%[8]。

　　仔猪缺铁性贫血是目前困扰养猪业的一个重要难题,通常采取给 3 日龄内的乳猪注射铁剂预防,费时费工。Ashmead 等研究发现氨基酸螯合铁可以通过母猪胎盘和母乳传递给仔猪,从而促进仔猪生长,预防哺乳仔猪缺铁性贫血[9]。许丽等试验表明,仔猪出生后无论口服甘氨酸螯合铁还是肌肉注射右旋糖酐铁,其血红蛋白含量和仔猪日均增重均无差异,对仔猪有同样的补铁效果,但口服甘氨酸螯合铁可预防仔猪缺铁性贫血而不需另外注射铁剂[10]。朱建平等在 7 日龄乳猪开食料中添加复合矿物元素氨基酸配合物,对照组添加无机盐,乳仔猪于 35 日龄断奶后继续饲喂至 56 日龄,研究发现 0~56 日龄试验组和对照组仔猪成活率分别为 94.94% 和 88.76%,日增重分别为对 232 g/头和 216 g/头,料重比分别为 0.857:1 和 0.907:1[11]。

　　日粮中添加矿物元素氨基酸螯合物,可以提高断奶仔猪生长速度。Kuznetsov 和 Pavlov 报道指出,蛋氨酸铁是早期断奶仔猪有效的铁源,可提高断奶仔猪日增重 12.95%[12]。徐建雄等在 35~80 日龄断奶仔猪日粮中添加蛋氨酸铁 60 mg/kg,使生长猪的日增重、饲料转化效率和经济效益分别提高 9.99%~12.98%、6.60%~10.61%和 18.16%~28.47%[13]。纪孙瑞向断奶仔猪饲料中分别添加有机矿物元素、无机+有机矿物元素、无机矿物元素,前两组日增重分别比无机组提高了 15.6%和 6.38%,饲料报酬分别提高了 8.33%和 4.4%,且降低腹泻率[14]。也有少数应用螯合物并不比无机盐效果好的报道,李清宏等研究发现高剂量甘氨酸铜(250 mg/kg)对断奶仔猪生产性能的影响与硫酸铜(250 mg/kg)基本一致,对血液指标的影响与硫酸铜差异不显著[15]。

6.1.1.2　提高仔猪机体的免疫力

　　有研究指出,矿物元素氨基酸螯合物对畜禽的作用不仅仅是其中的矿物元素或氨基酸的生物学效价提高,而且它们还对动物有特殊的生理作用,如参与细胞内氧化、增强动物免疫力等。矿物元素氨基酸螯合物具有提高免疫应答反应和动物细胞及体液免疫力的功效,被吸收后可将螯合的矿物元素直接运输到特定的靶组织和酶系统中发挥作用和满足机体需要。张纯等用锌氨基酸螯合物分别取代断奶仔猪日粮中硫酸锌的 40%、60%、80%和 100%,与对照组相比,血清锌浓度分别比对照组提高 28.1%、68.4%、146.5%($P<0.01$)和 162.9%($P<0.01$),随着锌氨基酸螯合物取代量提高,血清 IgG 含量增加($P>0.05$)。中国科学院亚热带生态所研究表明,用 100 mg/kg 甘氨酸螯合铜作为促生长剂完全可以替代 250 mg/kg 硫酸铜的作用,而且饲喂 50 mg/kg 蛋氨酸螯合铜能促进仔猪 GH 和 INS 的分泌,而甘氨酸螯合铜能显著地降低血清皮质醇水平,在同一铜水平下氨基酸螯合铜组的血清铜含量高于无机铜组[16]。

6.1.1.3　增强仔猪的抗病能力

矿物元素氨基酸螯合物还可增强体内代谢酶的活性，提高蛋白质、脂肪和维生素的利用率，添加一定量的矿物元素氨基酸螯合物表现出良好的抗应激功能，在去势、应激、接种、疾病、严苛气候和变更日粮时，喂给猪蛋氨酸锌有良好作用。丁永富在母猪料中使用氨基酸螯合铁预混料，可以减少仔猪的应激[17]。

6.1.2　矿物元素配合物在母猪生产中的应用

要使母猪在生产年限内保持较高的生产水平，满足其各种营养素的需要至关重要。在母猪生产周期的不同阶段，对于矿物元素的需求变化很大，这些矿物元素除了满足母猪自身组织生长和维持需要之外，还要满足胚胎的生长发育和泌乳的需要。在妊娠后期和泌乳期，母猪的负担加重，对各种矿物元素的需求量最大。若饲料中矿物元素水平较低或者利用率低，母猪会动用自身组织中沉积的各元素来满足生产需求，容易使母猪的生产年限下降[18]，同时也容易造成流产、死仔数增多等一系列的问题。Mahan和 Newton 比较了产仔 3 胎后平均断奶窝仔重大于 60 kg 和小于 55 kg 以及同龄未产母猪的体成分中各矿物元素的含量差异，发现未产母猪体内的大多数金属元素含量高于产仔母猪，窝重大于 60 kg 的母猪体内金属元素最低[19]。这可能是母猪在产仔达到高峰以后随着胎次的增加生产性能下降的一个重要原因。在实际生产中，一般猪场使用的矿物元素添加剂的水平高于 NRC 推荐的标准。但由于母猪在妊娠期的限饲，矿物元素的摄入量可能较少，以及由于现代育种的结果(选种的目标为高瘦肉增长率、母猪高产等)使母猪在泌乳期很难采食足够的营养素来满足生产的需要，因此加强母猪矿物元素的营养很有必要。

在母猪的整个繁殖周期中，尤其是怀孕后期和哺乳期对常量矿物元素和微量矿物元素的需要量很高。通常采用超额添加矿物元素预混料的方法来加强对母猪矿物元素的供给。然而简单地向母猪日粮中添加无机矿物元素并不能解决问题。

无机矿物元素通常存在以下缺陷：吸收率很低，一般仅为 2%～10%，大多被动物排出体外污染环境；无机矿物元素易与脂类和维生素发生作用，加速脂肪和维生素的氧化；离子态的金属元素在肠道内还容易受植酸、草酸以及纤维素的影响，吸收率降低，同时元素间的拮抗作用也影响了生物学效价；有些无机矿物元素有很强的毒性，如亚硒酸钠，若在饲料中混合不均匀，容易造成动物中毒，且对生产工人健康有潜在威胁。

随着生产研究的不断深入，科研工作者发现使用有机态的矿物元素来加强母猪矿物元素营养不失为一种有效的方法。有机矿物元素是指那些由金属离子与有机配体(如氨基酸、糖)以共价键螯合所形成的一类比较稳定的化合物。相比于无机矿物元素，有机矿物元素虽然价格较贵，但却具有很多无机矿物不具备的优点，如：更容易被动物吸收(由于矿物元素与有机质紧密结合，可以通过有机质的吸收途径被机体吸收)；金属元素结合到肽、氨基酸或者其他有机质上更容易进入生理系统沉积到动物体组织内；有机矿物元素中的配位体可以保护矿物质在吸收时免受其他矿物元素和植酸等的干扰；且可以降低某些矿物元素的毒性。Fehse 和 Close[20]在高产母猪的标准饲料中添加复合有机矿物元素(含蛋白铜、锌、铁、锰和酵母硒、铬），结果发现母猪的生产性能比对照组有所提高，窝均产仔数提高了 0.3 头，活仔数提高了 0.4 头，断奶头数提高了 0.5 头，同时母猪的生产年限延长，淘汰率也有所下降。

6.1.2.1　妊娠母猪对铁的营养需要及铁螯合物的应用

铁是许多功能蛋白的组成成分，具有广泛的生理功能。离子铁与铁转运蛋白结合，通过血液转运到各组织器官，肝脏从血浆中摄取大部分的铁，以铁蛋白的形式储存。猪体内铁的总量很低，由于正常的猪在组织中储存了足够的铁，母猪一般不会出现铁的缺乏症。妊娠母猪比未产母猪对铁的需求量高是由胎儿的红细胞合成造成的。O'Connor 等比较了在母猪妊娠以及泌乳期饲料中添加 25 mg/kg 和 125 mg/kg 的 Fe (FeSO$_4$) 对母猪生产性能的影响，没有发现两组间的差异[21]。无机铁通过胎盘转运到胚胎的数量十分有限，母体铁是通过子宫转运蛋白(uteroferrin)转运到胎儿，子宫转运蛋白是一种糖蛋白，虽然可以转运铁到胎儿，但转运的量比较低。乳中的铁则是与乳铁传递蛋白(lactoferrin)结合，而单纯依靠增加母猪饲料中无机铁水平来提高胎儿和母乳中铁含量，效果不明显。可能的原因是补充无机铁未能提高子宫转运蛋白数量[21]。仔猪出生时，体内的铁含量大约为54 mg，母乳中含铁约为 1.3 mg/L(Pond，1978)。对于小猪，由于它们的生长速度很快，血红蛋白合成量大，因此，铁需求量较高。现在普遍采用给新生仔猪注射铁剂的办法来防止仔猪贫血。

新生仔猪对铁需要量较高(7～16 mg/d)，但母猪体内的铁很难通过胎盘屏障，母体内的铁需要与子宫转铁蛋白相结合，由其携载进入胎盘。有机铁有较强通过胎盘进入胚胎的能力，据报道，铁蛋白盐可有效地透过胎盘屏障补铁。在分娩前 7 天至断奶这段时间内，向母猪饲粮中补充 200 mg/kg 的铁蛋白盐(以铁计)，仔猪初生时体重及断奶体重增加并且可以减少母猪流产，增加断奶活仔数，缩短断奶到再发情的时间间隔。通过向妊娠母猪日粮中添加 180 mg/kg 有机铁发现，与对照组(添加硫酸亚铁 180 mg/kg 的日粮)相比，有机铁组仔猪平均初生体重提高 50 g(P＞0.05)。大量研究表明，给妊娠母猪日粮中添加 200 mg/kg 的有机铁有利于提高母猪生产效益。

向妊娠后期母猪和哺乳母猪饲粮中添加氨基酸螯合铁，也可以提高仔猪抗病力，预防仔猪缺铁性贫血。生产中的应用也证明，只要对围产期母猪补充甘氨酸螯合铁，即使仔猪出生后不进行任何补铁处理，仔猪的健康和增重正常，血红蛋白也处于正常生理范畴之内。用甘氨酸螯合铁预防仔猪贫血的研究取得了肯定的结果。母猪日粮中添加甘氨酸铁，血液中铁含量提高 24.9%；母猪初乳中铁含量比对照组提高 2.45%，3日龄仔猪不用注射铁剂[8]。分别向对照组和试验组围产母猪日粮中添加 150 mg/kg 的硫酸铁和甘氨酸铁，结果显示，试验组母猪初乳含铁量超过对照组近两倍，初生仔猪的血红素量相应高出 22%，21 日龄时的平均日增重也相应高出 13%[22]。丁永富亦得出相似的结论[18]。

妊娠母猪饲料中添加氨基酸螯合铁，能够显著提高母猪繁殖性能，预防仔猪缺铁性贫血。Close 报道，在母猪妊娠和泌乳期间补充 200 mg/kg 铁蛋白盐，仔猪的初生重和断奶重增加，死亡率下降，血红蛋白水平上升[23]。原因可能是有机铁更容易被吸收，且可以透过胎盘进入胚胎，并且可有效转运到乳腺。徐建雄和卫永明在母猪妊娠第 93 天至哺乳 21 天饲粮中添加 60 mg/kg 蛋氨酸铁螯合物，且仔猪初生时不注射铁制剂，发现试验组仔猪的血红蛋白浓度较对照组提高 15.67%；红细胞含量高于对照组；仔猪的初生重、日增重和 35 日龄断奶窝重与对照组相似；可有效防止仔猪缺铁性贫血症的发生[24]。王纪亭等在产前 1 个月的母猪日粮中添加甘氨酸铁 500 mg/kg，所产仔猪初生重比对照组提高 42.4%，死亡率降低 6.4%，血液中铁含量提高 24.9%；母猪初乳中铁含量比对照组提高 2.45%，3 日龄仔猪不用注射铁剂[25]。张照喜和孟庆良研究发现饲喂赖氨酸螯合铁组母猪所产仔猪，比对照组母猪所产仔猪断奶成活率高 9.2%，平均断奶窝重高 18.8%；比饲喂硫酸亚铁组母猪所产仔猪断奶成活率高 31%，平均断奶重高 9.9%[26]。

6.1.2.2　妊娠母猪对铜的营养需要

母猪对铜的需要量很低，NRC 推荐的标准为 5 mg/kg。在母猪妊娠期间，铜主要用来满足胎儿生长发育的需求。提高新生仔猪体内铜含量，可以通过供给母猪高水平饲粮铜来实现，说明铜可有效地通过胎盘转运给胎儿。研究发现，妊娠母猪日粮缺铜将使死胎数增多，这可能是由于母猪体内缺铜导致仔猪血浆中铜蓝蛋白降低所致。铜在妊娠母猪体内主要用于胎儿发育，给母猪饲喂高铜日粮可以提高新生仔猪的肝铜含量和初生体重，而且对母猪的繁殖性能及利用年限没有不利影响。在母猪日粮中添加 30、60、250 mg/kg 的铜，仔猪断奶体重增加。日粮中添加 30~60 mg/kg 水平的铜可能会对母猪的繁殖机能产生有利影响。在母猪饲粮中使用高铜的报道比较多，Cromwell 等报道，在母猪妊娠和泌乳期间饲粮中添加 250 mg/kg Cu($CuSO_4·5H_2O$)，经过 6 个产次直到淘汰，结果表明，饲喂高铜的初产母猪繁殖率下降，但同时淘汰率下降，窝产仔数增加；仔猪初生重和断奶重分别提高 9% 和 6%，断奶成活率没有提高，断奶至发情的时间间隔减少 1 天，怀孕 108 天母猪的体重显著提高[27]。Lillie 和 Frobish 在连续 4 个妊娠泌乳期分别提供给母猪 15、30 和 60 mg/kg 铜，发现随着铜水平的提高，仔猪的初生重线性提高[28]，而实际生产中母猪饲粮中很少使用高剂量铜。

6.1.2.3　妊娠母猪对锌的营养需要

锌是多种酶以及多种激素的组成成分或激活因子，对猪的生长发育、繁殖等起着重要的生物学作用。缺锌会导致母猪卵巢萎缩、发情周期紊乱、发情期延长或不发情；妊娠母猪的胚胎发育不良、早产胎儿增多，母猪分娩时出现难产、死胎和畸形胎儿增多。高锌日粮可使母猪所产的仔猪生长速度快于低锌日粮母猪所产的仔猪。

繁殖母猪对锌的需要量 NRC 的标准是 50 mg/kg。锌在动物体内许多酶系和蛋白质结构中发挥重要作用。初产母猪对锌的需求较高，低锌饲粮不影响母猪的产仔数，但可导致分娩时间延长且畸形数增加。Mahan 指出，母猪饲喂高锌饲粮，比饲喂低锌饲粮的母猪所产的仔猪在断奶后增重更迅速[19]。Hill 等在母猪玉米-豆粕型饲粮中分别添加 0、50、500 和 5000 mg/kg Zn(ZnO)，结果发现组间母猪的窝产仔数没有差别，但未加锌组仔猪皮肤和骨骼的异常发生率较高，500 mg/kg 组的发生率最低，而添加 5000 mg/kg 组的断奶仔猪数和断奶重最低[29]。

6.1.2.4　妊娠母猪对硒的营养需要

硒对母猪繁殖性能具有重要影响,缺硒会使母猪发情不规律或根本不发情,受胎率低,胎儿不能正常发育。喂给母猪玉米-豆粕日粮或不添加硒的半纯合日粮,不会减少第一胎的产仔数,但在以后的繁殖周期中低硒日粮会降低母猪繁殖性能。在成年母猪饲料中添硒 0.1 mg/kg 和维生素 E 15 IU/kg,并在妊娠期分 3 次注射 3 mg 硒和 408 IU 维生素 E,与未注射的母猪比较,注射后的母猪产仔数增加,新生仔猪病死率降低。与无机硒相比,有机硒有效利用率更高。研究发现,采用添加有机硒的日粮饲喂妊娠母猪,可明显地提高仔猪的初生体重,降低病死率,同时,还可使仔猪充分利用奶中的硒源,从而增强抗病力。当以酵母硒的形式对妊娠母猪补硒时,由母体转运到胎盘的硒水平上升,并且有添加水平依赖性,初生仔猪组织硒水平增加。NRC 推荐硒补充量为 0.15 mg/kg 饲料,但实际上应保持在 0.3 mg/kg 的水平。

硒是谷胱甘肽过氧化物酶(GSH-Px)的组成成分,与维生素 E(VE)一起起到抗氧化的作用。两者有协同作用,但不可相互完全替代。VE 主要防止细胞膜和质膜的不饱和脂肪酸被氧化产生过氧化物,而谷胱甘肽过氧化物酶的主要作用是清除体内代谢已经形成的过氧化氢和有机过氧化物。硒存在于机体的多种组织中,但是组织沉积数量主要取决于饲料中有机硒的水平。比较有机硒和无机硒源时,发现无机硒导致较高的 GSH-Px 活性,有机硒大部分被吸收转入机体组织并以蛋白质的形式存留[30]。硒对于母猪生殖方面的作用机制现在尚不清楚。Mahan 等报道,初产母猪体内沉积硒的量可以满足第 1 胎的需要,饲喂低硒饲粮不会影响产仔数,但在随后的生产周期中低硒饲粮则降低了母猪的生产性能[31]。母猪的胎盘具有有效地转移硒到胎儿的功能,增加母猪饲粮中硒的水平,在新生仔猪中发现肝和血清中硒含量升高,同时 GSH-Px 的活性增强,母乳中硒的水平也随饲粮硒水平的提高有显著的提高,胎儿的成活率有明显的提高[32]。而母猪初乳中 VE 和硒的含量都比常乳中高数倍,因此仔猪一定要采食初乳。母猪乳汁中 VE 和硒的含量随母猪年龄的增加而降低[33],因此对老母猪应适当提高饲料中硒水平。

此外,Mahan 和 Kim 比较了有机硒和无机硒对初产母猪及其仔猪的影响,结果表明使用酵母硒母猪初乳和常乳中硒含量较高,从而使仔猪断奶时其血清、肝脏和眼肌中硒浓度较高。有机硒和无机硒都可以通过胎盘转运,但有机硒的转运效率较高[34]。

6.1.2.5　妊娠母猪对锰的营养需要

锰是金属酶和丙酮酸羧化酶的成分。缺锰可抑制类固醇合成,影响类固醇激素分泌,抑制性器官发育,导致动物骨骼发育异常,母猪发情周期紊乱,胎儿先天性骨骼畸形。有报道指出,饲喂含锰量 0.5 mg/kg 日粮,母猪发情出现异常,将日粮中锰的含量增加到 4 mg/kg 时,则母猪发情恢复正常。但高锰日粮对母猪繁殖性能有何影响,有待于进一步研究。

锰是体内许多酶的激活剂,参与线粒体内氧化磷酸化、脂肪酸合成,它是线粒体内过氧化物歧化酶所必需的。锰可激活碱性磷酸酶,促进骨骼及软骨中酸性黏多糖的合成,也可促进体脂的利用,抑制肝脏变性。此外,锰可与氨基酸形成螯合物参与氨基酸代谢。

在骨骼和肝中可以储存大量锰,这些锰在需要时可以稳定地释放出来。胎盘也可以稳定快速地转运锰来满足胎儿的发育[35]。动物缺锰会导致骨骼发育异常,新生仔猪会出现运动失调,母猪缺锰可导致不发情、流产及死仔数增加。

6.1.2.6　妊娠母猪对铬的营养需要

近几年的研究表明补铬可促进卵泡发育,增加排卵数、孕酮产量,减少流产,降低自然病死率,提高窝产仔数,缩短断奶到再配种的时间间隔,改善母猪的繁殖性能。在母猪妊娠期、泌乳期及配种期连续 6 个月的日粮中加入 200 μg/kg 的甲基吡啶铬可提高母猪繁殖性能。研究在不同阶段补铬(甲基吡啶铬)对母猪繁殖性能的影响发现,在生长肥育及繁殖全期补充 200 μg/kg 铬,可以增加窝产仔数和断奶仔猪数。NRC 没有给出具体的添加值,但每千克饲料中 200 μg/kg 的添加值已被普遍认可。

铬以低浓度广泛存在于动物组织中。一般饲粮中铬的含量大体为 0.1～1.0 mg/kg 的水平。它是葡萄糖耐受因子(GTF)的必需成分,GTF 的功能是促进铬缺乏组织中胰岛素的活动,因而铬的主要生理功能是通过胰岛素来实现的[36]。此外,铬对母猪的生产性能有重要影响。Lindeman 等报道,从生长期到妊娠期,对初产母猪补充 200 μg/kg 铬,可增加出生仔猪数和断奶窝重,且母猪体组织对胰岛素的反应更加敏感[37]。

Campbell 在单一产期对母猪补饲铬,虽未发现可增加初生窝仔数,但母猪的分娩能力有很大改善,并且发现补铬可减少母猪流产数、母猪自然死亡率,提高母猪的返情率[38]。莫靖川和李琼华在母猪饲粮中添加 200 μg/kg 酵母铬,得出了一致的结果[39]。铬对母猪生产性能的影响是通过增强组织对胰岛素的敏感性来介导的。外源胰岛素能增强促黄体素(LH)的释放频率,促进卵泡发育,提高了排卵率。铬的添加通常采用酵母铬和甲基吡啶铬,使用没有活性的铬源不能改善母猪的健康状况和生产性能。

6.1.2.7　妊娠母猪对钼的营养需要

钼是母猪需要的一种必需矿物元素。钼缺乏,可导致母猪繁殖力下降、流产等。钼可能干扰黄体素(LH)分泌。LH 与促卵泡素(FSH)共同作用,可促进雌激素合成。LH 分泌减少,可阻止类固醇激素分泌,使后备母猪初情期延迟。猪对钼的需要量很小,各种饲料均可满足母猪的生长发育及繁殖的需要。

6.1.3　矿物元素配合物在生长肥育猪生产中的应用

6.1.3.1　提高生长肥育猪的抗氧化能力

硒有多方面的生物学功能,而最主要的是抗氧化功能。硒是人类必需微量元素之一[40],是 GSH-Px 的组成成分。有机硒具有显著的抗氧化作用。陈龙等在小鼠上的研究发现,有机硒能够通过提高 GSH-Px 活性减少由 CCl_4 诱导的肝脏脂质过氧化损伤的发生[41]。

丁斌鹰等通过在基础日粮中分别添加相同质量的亚硒酸钠、酵母硒 I、酵母硒 II,用以研究不同硒源对肥育猪背最长肌和血清中抗氧化指标的影响发现,相较于亚硒酸钠,饲料中添加酵母硒 II 显著提高了机体的抗氧化能力,主要表现在血清和肌肉中 GSH-Px 和总超氧化物歧化酶(T-SOD)活力的显著提高($P < 0.05$),丙二醛(MDA)水平的显著降

低($P<0.05$)以及血清中的总抗氧化能力(T-AOC)的显著提高($P<0.05$)[42]。何宏超和李彪的试验也得到类似的结果，即酵母硒(0.3 mg/kg)能够在一定程度上提高机体的抗氧化水平[43]。

呼红梅等研究在饲料中同时添加 VE 和硒对瘦肉型猪抗氧化性能的影响发现，在肥育猪日粮中同时添加 VE 和硒可提高肌肉中 GSH-Px 活性、显著降低肌肉中 MDA 水平，从而提高肌肉抗氧化能力，延长货架期，其中，当饲粮中分别添加 200~300 mg/kg VE 和 0.3~0.5 mg/kg 酵母硒时，抗氧化效果最为显著[44]。

6.1.3.2　提高生长肥育猪的生产性能

王彩彬在综述中介绍蛋氨酸铜饲喂 40~85 kg 肥育猪的效果指出，平均日增重，试验组与对照组平均日增重分别为 917 g 和 894 g，提高 9.4%[45]。美国田纳西大学用蛋氨酸锌饲喂肥育猪的试验(与无机锌对照组比)，平均日增重提高 8.8%($P<0.05$)，同时也改善饲料效率 5.9%($P<0.01$)。田科雄分别在每千克日粮中添加有机铁 100、200 和 300 mg，相应代替日粮中 20、40 和 60 mg 的无机铁，日增重比无机铁对照组分别提高 2.11%、4.48% 和 6.32%，料重比分别降低 1.28%、3.53% 和 5.13%[46]。韩友文和滕冰报道，在日粮中添加微量元素氨基酸螯合物，在不增加采食量的情况下，试验组全期平均日增重较对照组高 6.4%，改善饲料效率 6.9%，与对照组差异显著[47]。

肥育猪日粮中添加矿物元素氨基酸螯合物，可以提高增重，降低饲料消耗。美国 Zinpro 公司资料表明，用蛋氨酸锌饲喂肥育猪，比无机锌组日增重提高 8.8%($P<0.05$)，改善饲料效率 5.9%。吕德福对生长肥育猪饲喂蛋白微素精，日增重提高 9%~33%，料肉比下降 8%~24%，屠宰率和瘦肉率均提高[48]。赵洪亮等在肥育猪日粮中添加蛋氨酸铜，与添加蛋氨酸组和蛋氨酸+硫酸铜组比较，分别提高日增重 17.6% 和 8.5%，降低饲料消耗 12.1% 和 6.7%，头均增重收入提高 28% 和 13.2%[49]。

6.1.3.3　改善生长肥育猪的胴体品质

一些研究表明，在肥育猪日粮中添加有机矿物元素可以改善胴体品质。Mahan 和 Parrett 报道，在生长肥育猪日粮中添加有机硒可以提高胴体瘦肉率，提高体内各种器官的含硒量和谷胱甘肽过氧化物酶的活性，后者对预防细胞膜的氧化有重要作用[30]。缺硒会导致细胞膜对氧化敏感和肌肉滴水损失增加。滴水损失对肉的感官指标(滴水损失大时肉色苍白)和风味不利，同时肉的重量大大降低，并有可能为微生物所污染，影响机体组织结构的完整性，从而减少滴水损失。Muñoz 等报道，在猪的日粮中添加有机硒和其他抗氧化剂，可以显著地降低背最长肌的滴水损失，而且屠宰后成熟的时间越长，滴水损失越高，添加抗氧化剂的效果越明显[50]。

6.1.3.4　改善生长肥育猪肉品质

近年来，消费者对肉质的要求已有了很大的变化，因此，畜牧养殖业的一个重要任务是改善肉质。肉类产品的持水力、色泽和风味是肉质特点中最重要的指标。硒作为动物体内重要的抗氧化剂，可阻止多不饱和脂肪酸的氧化，改善肉质。

1996 年，Torrent 报道指出，酵母硒被饲喂于生长猪能够降低猪肉发生灰白松软渗水 (PSE)的可能性，并且猪肉适口性良好[51]。Mahan 等在有机硒和其他抗氧化剂能显著降低背最长肌的滴水损失的报道中表明，在猪的日粮中添加有机硒和其他抗氧化剂，可以显著降低背最长肌的滴水损失，而且屠宰后成熟的时间越长，滴水损失越高，添加抗氧化剂的效果更明显，且试验结果证明添加酵母硒组的背最长肌的滴水损失要比添加亚硒酸钠和空白对照组有显著提高[52]。从该结果出发，1999 年 Mahan 等进行了进一步研究发现，将饲喂酵母硒的猪屠宰后 24～72 h，其肌肉的滴水损失相较于亚硒酸钠组损失更低，且对肌肉的光亮度进行评分后发现，亚硒酸钠组肌肉的颜色呈现苍白色，且无机硒水平越高，颜色越苍白[53]。罗文有等研究在肥育猪日粮中添加 0.1、0.3、0.5 mg/kg 酵母硒对其胴体特性和肉品质的影响，结果发现，虽然添加酵母硒对肥育猪的胴体特性没有显著性的影响，但是在其日粮中添加酵母硒不但提高了它的抗氧化能力，而且提高了肉品质，主要表现在肌肉保水能力的提高，肉质滴水损失的降低和猪肉肉色的明显改善，从而使得猪肉货架期延长[54]。何宏超等研究发现与亚硒酸钠(0.3 mg/kg)硒源比较，给生长肥育猪日粮中添加酵母硒(0.3 mg/kg)不仅能改善肉质，而且肉样中的营养成分(粗蛋白、粗脂肪和水分等)的含量也均有所改善[43]。呼红梅等发现，同时给瘦肉型猪添加 VE 和酵母硒可有效改善肉品质，减少肌肉 pH 下降幅度[44]。然而，与上述不一致的试验结果也时有存在，如 2008 年，陈常秀等提出了有机硒不能明显改善肌肉 pH 的试验结果[55]，关于有机硒对肉品质的作用机理有待进一步确认。

6.2　存在问题与展望

综上所述，饲喂矿物元素氨基酸螯合物饲料添加剂，能明显改善运输、屠宰等应激造成猪肉颜色苍白、质地变硬、滴水损失高等现象，延长货架期；减少矿物元素在动物脏器中的过多残留(超过人的食品卫生标准)，提高畜产品安全与品质。矿物元素氨基酸螯合物对猪具有显著的营养作用和生产效果，是矿物元素添加剂更新换代的优良产品，应用前景广阔。矿物元素氨基酸螯合物饲料添加剂的应用，可明显降低养殖业造成的环境污染对种植业生产的影响，形成一个良性的生态循环。我国应该加强研制开发工作，探索生产成本廉价化和生产工艺简单化的方法，注重提高产品质量，降低生产成本，尽快建立矿物元素氨基酸螯合物产品质量标准，研究制定螯合物质量检测与鉴别的有效方法，规范矿物元素氨基酸螯合物的生产、销售和使用。探讨矿物元素氨基酸螯合物的理想添加水平、影响因素和作用机理，加快推广应用工作，促进养猪业的迅速发展。

参 考 文 献

[1]　卢玉发，廖益平. 微量元素氨基酸螯合物对断奶仔猪生长性能的影响. 饲料博览，2001，(10)：35-36.

[2]　van Heugten E，Spears J，Kegley E，et al. Effects of organic forms of zinc on growth performance，tissue zinc distribution，and immune response of weanling pigs. Journal of Animal Science，2003，81(8)：2063-2071.

[3]　李丽立，张彬，邢廷铣，等. 复合氨基酸铁对哺乳仔猪生长发育及部分生理生化指标影响的研究. 动物营养学报，1995，7(3)：32-39.

[4]　李丽立，张彬. 柠檬酸铁对哺乳仔猪生长发育及生理生化指标的影响. 饲料研究，1998，(10)：1-3.

[5]　张纯，陈代文，丁雪梅，等. 锌氨基酸螯合物对断奶仔猪补饲效果的研究. 四川农业大学学报，2005，23(4)：

490-494.

[6]　杭柏林，高翔，李杰，等. 母猪饲粮中添加甘氨酸螯合铁对乳猪生长性能的影响. 广东饲料，2006，15(6)：34-35.

[7]　Hoover S，L'ward T，L'Hill G M. Effect of dietary zinc and zinc amino acid complexes on growth performance of starter pigs. J. Anim. Sci.，1997，75(suppl.1)：188.

[8]　王纪亭，李松健. 甘氨酸螯合铁对乳猪生产性能的影响. 上海畜牧兽医通讯，2000，(5)：6-7.

[9]　Ashmead H D，Gualandro S F，Joao J. Increases in Hemoglobin and Ferritin Resulting from Consumption of Food Containing Ferrous Amino Acid Chelate(Ferrochel)versus Ferrous Sulfate. Trace Elements in Man and Animals--9：Proceedings of the Ninth International Symposium on Trace Elements on Man and Animals. NRC Research Press，1997：284.

[10]　许丽，张永根，韩友文，等. 甘氨酸螯合铁预防仔猪贫血效果的研究. 饲料博览，1994，6(3)：5.

[11]　朱建平，朱建津，王东东，等. 微量元素氨基酸络合物在乳仔猪配合饲料中的应用. 中国饲料，1997，2：31-2.

[12]　Kuznetsov S，Pavlov V. Dynamics of haematological parameters in piglets with experimental iron deficiency and iron restoring. Byulleten'VNII fiziologii，biokhimii i pitaniya sel'skokhozyajstvennykh zhivotnykh(USSR)，1986.

[13]　徐建雄，李家铨，蔡勤军，等. 蛋氨酸铁在猪营养中的应用研究Ⅱ. 对断奶仔猪生长的影响. 上海农学院学报，1993，11(3)：200-204.

[14]　纪孙瑞. 有机微量元素对断奶仔猪生长发育和饲料利用率的影响. 中国饲料，2002，(21)：10.

[15]　李清宏，罗旭刚，刘彬，等. 饲粮甘氨酸铜对断奶仔猪血液生理生化指标和组织铜含量的影响. 畜牧兽医学报，2004，35(1)：23-27.

[16]　邢芳芳，印遇龙，燕富永，等. 饲料铜来源和水平对仔猪血清学指标及生长性能的影响. 动物营养学报，2008，19(6)：647-653.

[17]　丁永富. 氨基酸螯合铁预混料在母猪，仔猪生产中的应用. 福建畜牧兽医，2003，25(2)：29.

[18]　Mahan D. Mineral nutrition of the sow：a review. Journal of Animal Science，1990，68(2)：573-582.

[19]　Mahan D，Newton E. Effect of initial breeding weight on macro-and micromineral composition over a three-parity period using a high-producing sow genotype. Journal of Animal Science，1995，73(1)：151-158.

[20]　Fehse R，Close W H. The effect of the addition of organic trace elements on the performance of hyper-prolific sow herd. Biotechnology in the Feed Industry，2006.

[21]　O'Connor D L，Picciano M F，Roos M A，et al. Iron and folate utilization in reproducing swine and their progeny. The Journal of Nutrition，1989，119(12)：1984-1991.

[22]　许丽，韩友文，腾冰. 甘氨酸螯合铁、蛋氨酸螯合铜预防仔猪贫血效果的研究. 饲料工业，2001，22(11)：38-39.

[23]　Close W. The Role of Trace Mineral Proteinates in Pig Nutrition. Nottingham，UK：Biotechnology in the Feed Industry(Ed TP Lyons and KA Jacques)Nottingham University Press，1998：469-483.

[24]　徐建雄，卫永明. 蛋氨酸铁螯合物对仔猪缺铁性贫血及生长的影响. 上海农业学报，1998，14(4)：31-37.

[25]　王纪亭，姜殿文，万文菊. 氨基酸螯合铁在母猪生产中的应用研究. 山东农业科学，2003，3：44-45.

[26]　张照喜，孟庆良. 赖氨酸螯合铁在母猪日粮中的应用. 饲料博览，2002，(3)：42-43.

[27]　Cromwell G，Monegue H，Stahly T. Long-term effects of feeding a high copper diet to sows during gestation and lactation. Journal of Animal Science，1993，71(11)：2996-3002.

[28]　Lillie R，Frobish L. Effect of copper and iron supplements on performance and hematology of confined sows and their progeny through four reproductive cycles. Journal of Animal Science，1978，46(3)：678-685.

[29]　Hill G，Miller E，Stowe H. Effect of dietary zinc levels on health and productivity of gilts and sows through two parities. Journal of Animal Science，1983，57(1)：114-122.

[30]　Mahan D，Parrett N. Evaluating the efficacy of selenium-enriched yeast and sodium selenite on tissue selenium retention and serum glutathione peroxidase activity in grower and finisher swine. Journal of Animal Science，1996，74(12)：2967-2974.

[31]　Mahan D，Penhale L，Cline J，et al. Efficacy of supplemental selenium in reproductive diets on sow and progeny performance. Journal of Animal Science，1974，39(3)：536-543.

[32]　Chavez E. Nutritional significance of selenium supplementation in a semi-purified diet fed during gestation and lactation to first-litter gilts and their piglets. Canadian Journal of Animal Science，1985，65(2)：497-506.

[33]　Mahan D. Effects of dietary vitamin E on sow reproductive performance over a five-parity period. Journal of Animal

Science，1994，72(11)：2870-2879.

[34] Mahan D，Kim Y. Effect of inorganic or organic selenium at two dietary levels on reproductive performance and tissue selenium concentrations in first-parity gilts and their progeny. Journal of Animal Science，1996，74(11)：2711-2718.

[35] Gamble C，Hansard S，Moss B，et al. Manganese utilization and placental transfer in the gravid gilt. Journal of Animal Science，1971，32(1)：84-87.

[36] Davis C M，Sumrall K H，Vincent J B. A biologically active form of chromium may activate a membrane phosphotyrosine phosphatase(PTP). Biochemistry，1996，35(39)：12963-12969.

[37] Lindemann M，Wood C，Harper A，et al. Dietary chromium picolinate additions improve gain：feed and carcass characteristics in growing-finishing pigs and increase litter size in reproducing sows. Journal of Animal Science，1995，73(2)：457-465.

[38] Campbell R. The effects of chromium picolinate on the fertility and fecundity of sows under commercial conditions. Proc of the 16th Annual Prince Feed Ingredient Conference，Quincy，IL，1996.

[39] 莫靖川，李琼华. 有机铬对母猪繁殖性能的效应试验. 养猪，1999，(3)：4-5.

[40] Arthur J. The glutathione peroxidases. Cellular and Molecular Life Sciences CMLS，2001，57(13-14)：1825-1835.

[41] 陈龙，蒋英子，曹萌，等. 富硒乳酸菌对肝损伤大鼠免疫细胞功能活动的调节作用研究. 食品科学，2005，26(5)：225-229.

[42] 丁斌鹰，侯永清，王猛，等. 不同硒源对肥育猪背最长肌和血清中抗氧化指标的影响. 畜牧与兽医，2008，40(6)：36-39.

[43] 何宏超，李彪. 酵母硒对猪机体硒含量，抗氧化能力和肉质的影响. 饲料研究，2011，(4)：50-51.

[44] 呼红梅，张印，林松，等. 饲粮中添加维生素 E 和硒对瘦肉型猪肉品性状及抗氧化性能的影响. 养猪，2012，(4)：68-70.

[45] 王彩彬. 新型微量元素添加剂——氨基酸金属螯合盐. 饲料工业，1990，11(11)：19-21.

[46] 田科雄. 有机铁对生长肥育猪生产性能的影响. 饲料工业，2002，23(8)：25-26.

[47] 韩友文，滕冰. 微量元素赖氨酸螯合物对生长育肥猪的饲养效果. 饲料博览，2000，(3)：18-20.

[48] 吕德福. 氨基酸微量元素螯合物在饲料工业中的应用. 饲料工业，1998，19(10)：4-5.

[49] 赵洪亮，李跃，马德伦. 蛋氨酸铜在饲喂育肥猪试验中的应用效果. 中国饲料，1998，5：21.

[50] Muñoz L A，Ramis V M G，Pallarés M F J，et al. Efecto de la suplementación con selenio orgánico y vitaminas E y C en dietas de engorde de ganado porcino sobre parámetros productivos y de calidad de la canal y de la carne. Anales de veterinaria Muurcia，1997.

[51] Torrent J. Selenium yeast and pork quality. Proceedings of the 12th Annual Symposium on Biotechnology in the Feed Industry：Loughborough，Leics. UK：Nottingham University Press，1996：161-164.

[52] Mahan D C，文杰，肖玉. 有机硒可降低肉品的滴水损失. 国外畜牧科技，1997，2.

[53] Mahan D，Cline T，Richert B. Effects of dietary levels of selenium-enriched yeast and sodium selenite as selenium sources fed to growing-finishing pigs on performance，tissue selenium，serum glutathione peroxidase activity，carcass characteristics，and loin quality. Journal of Animal Science，1999，77(8)：2172-2179.

[54] 罗文有，边连全，刘显军，等. 酵母硒对肥育猪肉品质及抗氧化能力的影响. 饲料研究，2013，(3)：1-3.

[55] 陈常秀，李永洙. 硒源对肉鸡肉质和组织硒含量及血液谷胱甘肽过氧化酶活性的影响. 江西农业大学学报，2008，30(4)：715-719.

第 7 章 矿物元素配合物在家禽生产中的应用

本章主要从矿物配合物在家禽体内的吸收及其对家禽生产性能、免疫功能、抗氧化功能和肉品质的影响等方面对矿物配合物在家禽生产中的应用进行论述，进而分析矿物配合物应用于家禽生产中存在的问题，并提出矿物配合物在家禽生产中的应用前景与研究趋势。

7.1 矿物元素配合物在家禽体内的吸收

研究表明，矿物配合物在家禽体内的使用效果，与产品质量、添加剂量、饲料组成、家禽的生长阶段和机体状况等因素有关。

7.1.1 产品质量

评价矿物配合物的产品质量主要从矿物元素与氨基酸的螯合率和螯合强度两个方面来考察，它们是影响矿物配合物利用度的首要因素。矿物配合物的螯合率越高，生物学效价也越高，在动物体内发挥的功效就越好。由于合成工艺复杂，给高品质矿物配合物的合成带来较大难度，同时由于缺乏有针对性的检测方法，阻碍了其推广应用。

7.1.2 添加剂量

动物对矿物元素的吸收随添加剂量的增加呈渐近线趋势。矿物配合物在鸡体内发挥作用，有一定的适宜添加剂量，添加过多或过少都影响其作用效果的发挥。周桂莲等在黄羽肉鸡日粮中分别添加 30 mg/kg 和 60 mg/kg 蛋氨酸锌，与添加 30 mg/kg 硫酸锌组相比，添加 60 mg/kg 蛋氨酸锌组肉鸡全期日增重分别提高 1.86% 和 8.47%，料重比分别降低 3.56% 和 8.74%，对免疫机能的改善作用也以 60 mg/kg 蛋氨酸锌组效果较好[1]。

7.1.3 饲料组成

植物性饲料中的植酸和纤维是降低矿物元素利用率的主要因素，并被高钙日粮所加重。体外试验证实，植酸及其盐类对锌等二价阳离子具有较强的结合力。中性条件下，植酸对离子的结合力大于酸性条件($pH=2$)。动物对矿物质的吸收主要在 pH 接近中性的小肠中进行，恰是植酸与矿物元素结合力较大的环境，在此条件下，植酸盐类与一些矿物元素结合成难溶的复合物而被排出体外，钙离子的存在会促进矿物元素与植酸的结合。研究表明螯合锌不受钙的影响，而氧化锌则不能克服高钙的影响。Wedkind 等证实，蛋氨酸锌相对于硫酸锌利用率随日粮钙水平的提高而增加，以胫骨锌为评价指标，含钙0.6%与0.74%时，蛋氨酸锌的利用率分别为166%和292%。日粮中高钙水平加重了植酸对锌利用的抑制作用，鸡日粮中含钙比较高，在鸡日粮中补充蛋氨酸锌相对于硫酸锌则有更高的利用率[2]。郭荣富等研究表明，麦麸、米糠及菜籽粕中植酸和中性洗涤纤维可能是肉鸡组织锰利用的主要限制因素，适宜补加蛋氨酸锰可改善肉鸡组织锰利用[3]。虞泽鹏和吴晋强研究不同蛋氨酸锌水平（0、50 和 100 mg/kg）、钙水平（质量分数为 0.75%和 1.25%）对肉用仔鸡生产性能影响，结果表明，饲粮蛋氨酸锌水平不同时，高钙均具有抑制肉用仔鸡生长和降低饲料效率的作用；与低钙组试验鸡相比，高钙组 3、5、7 周龄体重均显著降低[4]。

7.1.4　生长阶段

鸡生长阶段不同，矿物元素配合物的作用效果不同。虞泽鹏和吴晋强试验表明，从体重来看，添加蛋氨酸锌能促进肉仔鸡生长，这种促进作用随着锌添加水平的上升而增强；对饲料转化率而言，添加蛋氨酸锌 50 mg/kg 时达到最佳；添加效果在饲养前、中期优于后期，这可能是由于肉鸡处在不同生长阶段，机体对锌的需要量和调节能力存在差异[5]。

7.1.5　机体状况

动物体内某种微量元素缺乏、适当和过量时，动物对相应微量元素的利用效率不同。当机体内某种微量元素缺乏时，对相应微量元素的利用率会升高，从而缩小了有机微量元素与相应无机微量元素之间的差距；反之，当机体内某种微量元素过量时，对相应元素的利用率会下降，可能更容易比较有机微量元素与无机盐在利用效率方面的差距。Rojas 等研究表明，日粮中的锌缺乏时，不同来源锌的生物利用率效果才明显[6]。

7.2　矿物元素配合物与家禽生产性能

7.2.1　矿物元素配合物对家禽生长性能的影响

许多研究结果表明，日粮中添加矿物配合物可以提高家禽的生产性能，具体表现为促进肉鸡生长，增加鸡肉产量，提高饲料转化效率。

研究发现，给雏鸡饲喂蛋氨酸锰时，其采食量低于硫酸锰和蛋氨酸组，而增重的效率反而较高。蛋氨酸锌与硫酸锌和氧化锌相比，改善了鸡的生长性能[7]。Menaughton 等报道，给肉鸡饲喂蛋氨酸锌和蛋氨酸锰，其增重和饲料转化率分别提高了 2.5%和 2.75%。赵洪亮等用蛋白铜、铁、锌、锰饲喂肉鸡，可提高增重 14.3%，饲料消耗降低 19.7%[8]。曾衡秀和俞火明用蛋氨酸锌进行了长沙黄肉鸡增重及消化率的影响研究，结果表明，与硫酸锌组相比，蛋氨酸锌组的增重提高 9%，饲料转化率提高 7.2%，且蛋氨酸锌组肉鸡在日粮消化率和蛋白质消化率方面较硫酸锌组都有显著提高[9]。赛尔山别克·阿布力达等研究蛋氨酸锌对肉仔鸡消化代谢和生长性能的影响，结果表明，蛋氨酸锌组的平均体重和饲料转化率比硫酸锌组分别提高 7.86%～10%和 10.88%～11.72%；与硫酸锌组相比，蛋氨酸锌组的粗蛋白质、干物质、有机物质平均表观消化率和锌的平均表观利用率，分别提高 23.2%、19.93%、20.05%和 24.45%，表明肉仔鸡日粮中添加蛋氨酸锌，不仅可促进营养物质的消化代谢，而且可提高肉仔鸡的生产性能[10]。Johnson 和 Fakler 综合 9 次肉鸡试验资料发现，使用蛋氨酸锌（Zn 40 mg/kg）的试验组与对照组相比，平均体重提高 1.61%，料肉比降低 2.13%；14 次使用蛋氨酸锌和蛋氨酸锰（Zn 40 mg/kg；Mn 40 mg/kg）

的肉鸡试验结果证实，与使用硫酸盐的对照组相比，试验组的平均体重提高 1.66%，料肉比减少 2.52%[11]。盛克松在肉仔鸡日粮中添加的氨基酸螯合微量元素替代等量硫酸盐，肉仔鸡提高日增重 6.7%，饲料利用率提高 8.5%[12]。林英庭和李文立在肉鸡日粮中添加蛋氨酸络合盐比添加等量硫酸盐，体增重提高 10.02%，饲料利用率提高 8.29%[13]。Hong 等研究表明，添加蛋氨酸铜、蛋氨酸锌显著提高了肉鸡的增重和饲料利用率，而同时添加蛋氨酸铜和蛋氨酸锌生产性能最好[14]。Hossain 对肉鸡补 0.4 mg/kg 酵母铬，使饲料转化率得到明显改善（$P<0.05$）。Gonzalez 等证实，每千克日粮添加 600 或 800 μg 有机铬能显著提高肉鸡饲料效率、胴体重、胸肌率和腿肌率，降低总脂沉积、腹脂沉积及皮脂率。Lien 等报道，肉鸡日粮中添加 1.6 mg/kg 有机铬可提高肉鸡的生长速度[15]。胡忠泽等研究发现，在 AA 肉鸡日粮中分别添加 0.2 mg/kg 和 0.4 mg/kg 烟酸铬，与对照组相比，肉鸡增重分别提高 0.4% 和 1.0%，且 0.4 mg/kg 烟酸铬组的料重比降低 1.1%[16]。Chen 等研究发现，在火鸡日粮中添加 1 mg/kg 烟酸铬，可以显著提高火鸡（9～18 周龄生长阶段）的日增重和采食[17]。研究表明，在肉鸡日粮中添加酵母硒，能促进肉鸡的生长，改善肉鸡的饲料转化效率。梁远东等在良凤花鸡中的研究发现，相对于硫酸铁和硫酸锌，在日粮中添加羟基蛋氨酸铁和锌，可显著提高增重 4.98%（$P<0.05$），降低料重比 5.32%（$P<0.01$）[18]。杜秀平选 300 只 1 日龄体重均匀、健康的艾维茵肉鸡，采用单因子试验设计，研究了不同水平氨基酸螯合微量元素（高铜，NRC 水平，0.5NRC 水平）、无机微量元素（NRC）和不添加微量元素的效果，结果表明：艾维茵肉鸡供给氨基酸螯合微量元素（0.5NRC 水平）促生长效果比无机盐（NRC）好，提高增重（5.61%）和饲料利用效率（4.5%）[19]。滑静等在肉仔鸡基础日粮中分别添加 0%、0.2%、0.3%、0.4%、1.2%的有机微量元素，结果表明添加 0.3%有机微量元素可显著提高肉仔鸡的增重，提高饲料转化率[20]。虞泽鹏等研究表明，在基础日粮中添加蛋氨酸锌和硫酸锌，均能有效提高肉用仔鸡生长性能和改善饲料效率，蛋氨酸锌组效果优于硫酸锌组；添加锌能提高胫骨、胰脏中锌含量，蛋氨酸锌组增加幅度高于硫酸锌组[21]。杨小燕在白羽肉鸡日粮中全程添加有机微量元素锌、锰的对比饲养试验，试验结果表明有机微量元素，对白羽肉鸡生长确有促进作用，能显著降低料肉比[22]。尹兆正等研究表明，在肉鸡基础日粮中分别添加 0.1、0.15、0.2、0.25 mg/kg 蛋氨酸硒比添加 0.15 mg/kg 亚硒酸钠体增重分别增加了 9.52%、11.78%、8.85%和 8.22%；饲料转化率分别提高 7.25%、9.78%、8.70%和 7.97%；硒存留率分别提高 26.47%、22.95%、16.95%和 16.77%，且差异均显著；蛋氨酸硒对肉鸡的胴体特性无显著影响[23]。张海琴等用氨基酸螯合锰部分或全部替代 1 日龄艾维茵肉鸡日粮中的无机锰，饲喂 7 周，肉鸡生长速度及饲料转化效率有增加的趋势，氨基酸螯合锰、锌同时替代无机锰、锌，肉鸡的生长速度显著增加（$P<0.05$），饲料转化率有增加的趋势；氨基酸螯合锰、锌与无机锰、锌相比，有促进机体免疫机能的趋势[24]。巴合提古丽·马那提拜选用 1200 只 7 日龄商品替代 AA 肉用仔鸡，随机分成 6 个处理，每个处理 4 个重复，每个重复 50 只鸡，用复合氨基酸螯合锌、锰分别替代基础日粮中相应无机元素水平的 0%、20%、40%、60%、80%和 100%，研究其对肉用仔鸡生产性能、腿病发生率和死亡率的影响以及适宜替代比例，试验结果表明：饲粮添加复合氨基酸螯合锌、锰对肉仔鸡生产性能有一定的改善作用，与相应无机元素相比，饲养全期和相对增长率提高，其中试验

组 4(60%)和试验组 5(80%)的体重增长率明显提高($P<0.05$)，其饲料转化率分别较对照组增加 11.8%和 11.0%。从该试验各项指标综合考虑，肉仔鸡饲料中复合氨基酸螯合锌、锰替代相应无机微量元素的适宜比例为 60%[25]。陈仲建等在 1 日龄 AA 肉公鸡基础饲粮中添加 100 mg/kg 氨基酸锰，饲喂 42 天后血清总蛋白显著高于 100 mg/kg 硫酸锰添加组，而 100 mg/kg 氨基酸锰和硫酸锰添加组碱性磷酸酶活性分别较对照组高 35.7%和 21.0%，表明添加 100 mg/kg 锰可降低肉鸡生长后期料重比和提高肝脏锰含量，两种锰源间差异不显著，但添加 100 mg/kg 氨基酸锰比硫酸锰可更有效地促进肉鸡体内蛋白质的合成代谢[26]。陆娟娟等分别用 12.5%、25.0%、37.5%和 50.0%的蛋氨酸螯合铁、铜、锰、锌替代 1 日龄广西快大型黄羽肉鸡基础饲粮各相应无机微量元素的 25%、50%、75%和 100%，饲养 63 天，发现用不同比例蛋氨酸螯合物(铁、铜、锌、锰)替代相应无机盐可一定程度提高肉鸡的生产性能，改善饲粮养分利用率，提高养殖效益，尤以 37.5%的蛋氨酸微量元素替代组效果良好[27]。Yuan 等报道，添加 100%羟基蛋氨酸锌和锰可以提高肉鸡日增重，添加 80%时与无机盐没有差异，而添加 60%时生产性能降低[28]。

邓波波对肉仔鸡进行了系列试验，首先研究了不同比例复合氨基酸铁、锌配合物等量替代饲粮中无机铁、锌对肉仔鸡生产性能的影响，然后在确定了适宜替代比例的基础上研究了饲粮中不同配合物添加量对肉仔鸡生产性能的影响。其试验一为不同比例复合氨基酸铁、锌配合物等量替代无机铁、锌对肉仔鸡生产性能的影响。选择 450 只 1 日龄 AA 商品代雏鸡，采用单因子试验设计，随机分成 5 组，第 1 组为对照组，饲喂基础饲粮，含无机铁、锌均 100 mg/kg，其余 4 组以复合氨基酸铁、锌配合物按照不同比例等量替代对照组(以铁、锌含量计算)肉仔鸡饲粮中的无机铁、锌元素，替代比例为 25%(试验 1 组，无机 75 mg/kg，配合物 25 mg/kg)、50%(试验 2 组，无机 50 mg/kg，配合物 50 mg/kg)、75%(试验 3 组，无机 25 mg/kg，配合物 75 mg/kg)、100%(试验 4 组，无机 0 mg/kg，配合物 100 mg/kg)的无机铁、锌。分别在 21 和 42 日龄进行采血和屠宰，测定生产性能、屠宰性能和血液中的相关指标。试验结果表明：4～6 周试验 3 组、4 组日增重分别比对照组显著提高 8.17%和 8.07%($P<0.05$)，4～6 周和 1～6 周试验 4 组料重比均显著低于对照组($P<0.05$)，采食量以及死亡率各组间差异不显著($P>0.05$)。各试验组 42 日龄半净膛率、全净膛率均显著高于对照组($P<0.05$)；各试验组腿肌率、腹脂率与对照组差异不显著($P>0.05$)。试验 4 组胸肌剪切力比对照组显著降低 29.39%($P<0.05$)；试验 4 组胸肌和腿肌粗蛋白含量均显著高于对照组($P<0.05$)，各组间胸肌和腿肌的水分、粗脂肪、粗灰分无显著差异($P>0.05$)。试验 4 组 42 日龄血清中白蛋白和血糖含量均显著高于对照组($P<0.05$)；对总蛋白、球蛋白、尿素、尿素氮、总胆固醇和甘油三酯等血液指标无显著影响($P>0.05$)。试验二为不同复合氨基酸铁、锌配合物的添加量对肉仔鸡生产性能的影响。选择 360 只体重相近的 1 日龄 AA 商品代雏鸡，采用单因子试验设计，随机分成 6 组，其中第一组为对照组，饲喂基础饲粮，铁和锌的添加量均为 100 mg/kg，来源为七水合硫酸亚铁和无水硫酸锌；其他 5 组为试验组，铁、锌均来自复合氨基酸配合物，铁和锌添加量分别为 25 mg/kg(试验 1 组)、50 mg/kg(试验 2 组)、75 mg/kg(试验 3 组)、100 mg/kg(试验 4 组)、125 mg/kg(试验 5 组)。分别在 21 和 42 日龄进行采血和屠宰，测定生产性能、屠宰性能，试验结果表明：21 日龄试验 2 组平均体重比对照组显著提高 6.78%($P<0.05$)；42 日龄试验 5 组平均体重比对照组提高 9.12%，差异显著($P<0.05$)。4～6 周和 1～6 周试验 5 组平均日采食量分别比对照组提高了 16.27%、15.33%，差异显著($P<0.05$)；4～6 周试验 5 组平均日增重显著高于对照组($P<0.05$)，比对照组增加 13.68%，各组间料重比无显著差异($P>0.05$)[29]。肖俊武等用全无机、全有机、有机和无机微量元素对罗氏 308 肉鸡的试验研究表明，肉鸡生长前期(1～21 日龄)，有机组肉鸡平均日增重和 21 日龄体重高于无机组；肉鸡生长后期(22～42 日龄)和全期，有机组日增重和料肉比优于无机组，但有机组、无机组和有机+无机组之间差异均不显著($P>0.05$)[30]。

　　但是，一些报道指出矿物配合物对家禽的生产性能无显著影响。Ward 报道，日粮添加 200 μg/kg 和 400 μg/kg 有机铬，对肉鸡的增重、采食量和料重比均无影响[31]。Paik 对蛋氨酸铜、蛋氨酸锌以及两者都添加的促生长效果作用比较，结果表明，蛋氨酸铜可促进鸡的生长，而蛋氨酸锌则没有表现出促生长效果，两者都添加没有表现出加性效应[32]。Lee 等的研究也发现 2～4 周龄肉鸡饲喂氨基酸锌和氨基酸铜除了提高采食量外对其他生产性能的影响不显著，分析原因可能是锌增加了饲料的适口性但稍高的微量元素并不足以刺激生长[33]。Nollet 等研究报道，在 0～14 天仔鸡饲粮中添加复合有机微量元素，生长性能变化不明显[34]。左建军等在 1 日龄岭南黄肉鸡玉米-豆粕型基础日粮中分别以硫酸锌和蛋氨酸螯合锌形式添加 40、80、120 mg/kg 锌，饲喂 21 天，结果表明，日粮锌源和锌水平对肉仔鸡平均日增重、平均日采食量、血清碱性磷酸酶活性、血清葡萄糖和总蛋白浓度以及胫骨锌和铁含量均无明显影响[35]。赵润梅和史兆国在日粮中分别添加 30、60、90 mg/kg 硫酸锌和蛋氨酸锌，结果表明，不同的锌源和水平对肉鸡 42 天的屠宰性能影响不显著[36]。Lee 等在科宝肉鸡中的研究发现，有机锌对公鸡和母鸡的生产性能均无显著影响[37]。

7.2.2　矿物元素配合物对家禽产蛋性能的影响

　　矿物元素配合物可提高蛋鸡的产蛋数、产蛋率、饲料转化率、延长产蛋期、蛋品质以及降低死亡率等。任培桃报道，在添加等量金属离子的情况下，饲喂氨基酸螯合盐预混剂比饲喂无机盐预混剂，对于产蛋鸡，产蛋率提高 7%以上[38]。孙德成报道，喂给 35 周龄迪卡蛋鸡复合微量元素氨基酸配合物，产蛋率和蛋重比对照组分别提高 12.8%和 21%，蛋壳厚度和强度分别提高 12.1%和 21%[39]。蛋鸡中研究发现，氨基酸配合物(锰添加水平 70 mg/kg)优于相同锰水平的硫酸锰，使种鸡产蛋率提高 2.5%，料蛋比降低 1.4%，同时破蛋率降低 66.31%[40]。Jackson 等饲养试验表明，在换羽期蛋鸡的日粮中添加蛋氨酸锌或赖氨酸锌，与无机锌组相比可以使蛋鸡产蛋率提高 8.57%。张世栋发现，在高湿环境下饲料中添加蛋氨酸锌可以减轻蛋鸡的热应激反应，改善鸡蛋的壳重、壳厚度等品质。有机硒对种鸡的试验结果发现，每只种鸡可多产 7 枚种蛋，孵化率提高 2.15%，繁殖率提高 1.6%，死胎率降低 1.45%，蛋壳强度得到改善[41]。袁建敏等研究了产蛋鸡日粮含锰 20 mg/kg 的基础上额外添加 20 mg/kg 的蛋氨酸锰和 20、40、60 mg/kg 的无机锰(一水合硫酸锰)，结果表明蛋氨酸锰组的日产蛋量最高，蛋壳厚度和蛋壳强度与添加无机锰 60 mg/kg 组一致，高于添加 20、40 mg/kg 的无机锰组[42]。张洪杰用蛋氨酸微量元素配合物饲喂 42 周龄的海兰 W-36 蛋鸡，结果在营养等价的日粮条件下，以配合物形式提供微量元素和蛋氨酸的试验组比等量补加无机盐和蛋氨酸的对照组，其产蛋率、饲料效率和综合经济效益分别提高了 4.2%、4.37%和 2.2%[43]。Fakle 等利用 135000 只伊莎白母鸡研究了氨基酸配合物对蛋鸡生产性能的影响，基础饲粮中添加氨基酸锌配合物使入舍产蛋量从 234.5 枚增加到 243.1 枚，累计死亡率从 13.7%降低到 13.4%，生产每打鸡蛋的累计饲料消耗从 1.45 kg 降低到 1.38 kg。杨人奇等研究发现，在相同剂量下，氨基酸锌配合物组的蛋黄锌值显著高于硫酸锌组[44]。Abubakar 等报道了给 14 周龄的粤黄鸡基础饲粮中添加蛋氨酸锌，可影响母鸡的受精率，孵化率以及血浆中孕酮和雌激素水平[45]。丁雪梅和赵波的研究表明，在 1440 只 160 日龄的罗曼粉壳商品蛋鸡的基础饲粮中添加复合氨基酸配合物可以显著提高蛋黄重量以及蛋黄比例[46]。成廷水等研究日粮中添加氨基酸锌对蛋鸡产蛋性能的影响，结果表明，与不加锌组相比，饲粮中添加 60 mg/kg 的氨基酸锌显著提高蛋鸡日产蛋量，降低鸡蛋的破蛋率[47]。Valentic 等研究了酵母硒对肉用种鸡和产蛋鸡的影响，发现有机硒和无机硒的饲喂量从 0.3 mg/kg 提高到 0.5 mg/kg，有机硒组鸡蛋的硒沉积量比无机硒组高 30%，并能促进胚胎发育和雏鸡出壳，雏鸡的成活率得到提高[48]。周海涛等在罗曼蛋鸡基础日粮中分别添加 17.5、35、70、140、350 和 700 mg/kg 复合氨基酸锌，与添加 35 mg/kg 硫酸锌对照组相比，产蛋率分别提高 5.91%、6.76%、10.42%、8.39%、5.00%和 5.05%，平均日产蛋重提高 5.25%、5.33%、10.79%、7.68%、5.17%和 5.17%，饲料利用率提高 5.02%、5.02%、9.62%、7.11%、6.28%和 4.18%，添加 70 mg/kg 氨基酸锌生产性能最好[49]。梁远东等以羟基蛋氨酸锰和锌为锰源和锌源，在三黄鸡日粮中超常规用量添加日粮锰水平在 50～150 mg/kg，对种母鸡的产蛋率、枚蛋重、种蛋受精率无显著提高作用，显著提高种蛋孵化率，受精蛋孵化率与锰添加量呈正相关；日粮锌水平在 65～195 mg/kg，对种母鸡的繁殖性能无显著提高作用，但极显著提高蛋黄锌含量，蛋黄锌含量与锌添加量呈正相关。表明锰和锌对种母鸡繁殖性能和蛋黄锌含量无明显协同作用与颉颃作用[50]。左建军等试验探讨了日粮中不同硫酸锌和蛋氨酸锌水平对肉用仔鸡生产性能、血液生化指标和胫骨锌及铁浓度的影响。结果表明，在锌添加水平为 40 mg/kg 时，蛋氨酸锌处理组料肉比显著低于硫酸锌组，并有提高平均日增重趋势[35]。蛋鸡试验结果发现，60 mg/kg 乳酸锌替代硫酸锌，能显著降低死亡率和平均破蛋率，提高平均蛋壳强度和平均蛋壳厚度[51]。孙秋娟和匄于明研究发现：在海兰褐蛋鸡基础饲粮中用羟基蛋氨酸络合铜、猛、锌等量替代其硫酸盐形式能够提高肝脏碳酸酐酶、铜蓝蛋白活性，提高肝脏、胰脏、脾脏、蛋黄中铜沉积，提高脾脏锰沉积，提高肝脏、蛋黄中峰含量[52]。许甲平等报道，在玉米-豆粕型日粮中添加蛋氨酸锌能够显著或极显著地提高海兰褐蛋鸡生产性能、蛋壳品质和免疫机能。日粮中添加量为 40 mg/kg 时，蛋鸡生产性能最佳，添加 70 mg/kg 蛋氨酸锌时蛋壳品质和非特异性免疫功能最佳[53]。

7.3　矿物元素配合物与家禽抗氧化能力、免疫功能和抗病力

7.3.1　矿物元素配合物对家禽抗氧化能力的影响

微量元素与免疫机能之间存在密不可分的联系，而且量微见著。矿物微量元素是构

成机体一系列酶、激素、核酸、维生素等生命活性物质的重要组成部分，是机体所必需的重要营养素。任何有机的生命体(包括器官、组织和细胞等)在生命活动的氧化代谢过程中，不断产生各种自由基，同时生命体又通过抗氧化防御体系不断清除自由基，从而将自由基对生命体的损伤降到最低。可见，生命体抗氧化防御能力的高低对其正常生命活动和功能的维持具有重要的意义。机体组织的总抗氧化能力(T-AOC)是由酶促和非酶促抗氧化体系共同维系的。酶促抗氧化体系功能的发挥主要依赖谷胱甘肽过氧化物酶(GSH-Px)、超氧化物歧化酶(SOD)和过氧化氢酶(CAT)等；而非酶促抗氧化体系功能的发挥主要依赖 VE、VC、胡萝卜素、尿酸、半胱氨酸、蛋氨酸及铜蓝蛋白、转铁蛋白和乳铁蛋白等。它们可以在不同的水平上清除机体中多余的自由基，从而发挥抗氧化的作用。

近年来许多研究表明微量元素与抗氧化能力关系密切，特别是有机微量元素对家禽的抗氧化功能研究受到广泛重视。Surai 报道了酵母硒在蛋鸡日粮中的应用效果，结果表明，母鸡日粮添加酵母硒能显著提高蛋硒和出雏后 1 日龄小鸡的肝脏硒含量，能显著提高出雏后 1 日龄和 5 日龄小鸡肝脏 GSH-Px 的活性，并且能降低肝脏对过氧化反应的敏感性；对出雏后 1 日龄和 5 日龄小鸡肝脏的谷胱甘肽浓度以及对出雏后 5 日龄和 10 日龄小鸡的发育均有积极的影响[54]。母源硒营养水平可通过胎盘决定其后代的抗氧化防御系统的能力和影响其后代的早期发育。Mabmoud 等报道，通过日粮给刚出壳的肉鸡添喂富硒酵母的有机硒和亚硒酸钠的无机硒均可显著提高肉鸡肝脏的 GSH-Px 的活性，且在肉鸡的 3 周龄和 4 周龄时，富硒酵母硒在提高肝脏 GSH-Px 活性的效果上要优于亚硒酸钠。王海宏等的研究结果表明，给 1 日龄的肉鸡添喂硒化卡拉胶、硒蛋氨酸、富硒酵母和亚硒酸钠一段时间后，均可显著提高肉鸡肝脏 GSH-Px 的活性，随着硒添加水平的升高，肝脏 GSH-Px 的活性也有增高趋势，且在饲喂到 42 日龄时，添喂硒蛋氨酸和富硒酵母(主要成分为硒蛋氨酸)的肉鸡肝脏 GSH-Px 的活性要高于添喂亚硒酸钠的[55]。成廷水等分别研究了日粮持续添加氨基酸锌对育成期和产蛋期蛋鸡生产性能、免疫反应和抗氧化机能的影响，结果表明：与硫酸锌相比，日粮添加氨基酸锌显著提高了 8 周龄时肝脏总超氧化物歧化酶(T-SOD)和铜锌超氧化物歧化酶(CuZn-SOD)的活性、8 和 18 周龄肝脏 T-AOC($P<0.05$)，降低 18 周龄时肝脏丙二醛(MDA)的产量($P<0.05$)；显著提高($P<0.05$)脾脏 18 周龄时的 CuZn-SOD 和 T-SOD 的活性及 8 周龄的 T-AOC，显著降低 8 周龄和 18 周龄时脾脏 MDA 的产量($P<0.05$)。在产蛋期，日粮添加氨基酸锌可以增加肝脏和脾脏组织抗氧化酶的活性，降低组织 MDA 的含量($P<0.05$)。成廷水继续研究日粮中添加氨基酸锌、铜、锰对蛋鸡组织抗氧化机能的影响，结果表明，在实用日粮基础上增加氨基酸锌、铜、锰能增强蛋鸡和脾脏组织抗氧化能力，而增加相同剂量的无机盐对上述指标无明显有益的影响[56]。闫于明对蛋鸡试验得全血 GSH-Px 活力在日粮硒含量为 0.2 mg/kg 时最低，但与 0.35 mg/kg 组差异不显著($P>0.05$)，与其他各组差异显著($P<0.05$)；在 0.35 mg/kg 剂量水平下，有机硒组的 GSH-Px 活性显著高于无机硒组，但在 0.5 mg/kg 剂量下差异不显著。Aksu 等研究了不同剂量的有机微量元素替代日粮中无机铜、锌和锰对罗斯 308 肉鸡脂质过氧化和抗氧化防御系统的影响，结果表明，与无机微量元素相比，有机微量元素降低血浆 MDA 含量，提高红细胞 SOD 活性。刘泽辉研究了玉米-豆粕型

饲粮中添加不同形态锌源和锌水平对肉鸡抗氧化功能的影响，结果表明补锌可以显著提高肝脏和胸、腿肌中 CuZn-SOD 活力（$P<0.07$），提高肝脏中金属硫蛋白(MT)含量（$P<0.08$），降低胸、腿肌和肝脏中 MDA 含量（$P<0.04$），显著提高肝脏和胸、腿肌中 CuZn-SOD 和 MT 基因表达水平（$P<0.08$），以上结果提示，日粮锌可以增强一些与锌相关的抗氧化活力，从而提高机体的抗氧化性能[57]。马娅娅等试验考察了不同剂量羟基蛋氨酸螯合锰对 0～3 周龄肉鸡生长性能、免疫力以及抗氧化活性的影响，结果表明有机锰能够显著提高肉鸡血清中 GSH-Px 和肝脏中锰超氧化物歧化酶活性，降低肝脏脂质过氧化物的沉积，其效果显著高于无机硫酸锰添加组[58]。田金可等研究了日粮不同硒源对 AA 肉鸡中抗氧化功能的影响，结果表明：在试验前期，与亚硒酸钠组相比，酵母硒组腿肌 T-AOC、血浆 GSH-Px、血浆和胸肌的 T-SOD 以及胸肌的 CAT 的活性显著提高（$P<0.05$）[59]。王慧等研究报道，在基础日粮中添加适量酵母锌(Zn 50 mg/kg)可以提高肉鸡肝脏功能和机体抗氧化功能[60]。苏莉娜试验研究饲粮在添加不同水平微量元素锌时对蛋鸭育雏期(1～28 天)的抗氧化功能的影响，结果表明血清和肝脏的 T-AOC、血清的 CuZn-SOD 和肝脏的 GSH-Px 的活性随锌添加量的增加先升高后降低，MDA 的含量则先降低后升高[61]。李燕研究了有机铬对热应激肉鸭抗氧化能力的影响，结果表明：热应激会降低肉鸭的血清抗氧化能力。在热应激肉鸭饲粮中添加 0.2 mg/kg 的有机铬，在一定程度上可以改善热映激肉鸭的抗氧化能力[62]。张亚男等探讨了硫酸锌和蛋氨酸锌两种锌源对产蛋后期蛋鸡抗氧化性能的影响，结果表明，蛋鸡血浆和肝脏内的 T-SOD、CuZn-SOD、T-AOC、抗 O_2^- 等抗氧化指标受锌添加水平影响源和添加水平及其交互作用的极显著影响（$P<0.01$），饲喂 4 周后，血浆 MDA 随添加水平增加极显著降低（$P<0.01$）[63]。陈国顺等研究了不同硒源对肉鸡生产性能与免疫功能和抗氧化能力的影响，结果表明，酵母硒对肉鸡的抗氧化特性要优于亚硒酸钠[64]。朱金林和黄鑫对肉鸡日粮中外源添加硒含量等量的酵母硒和亚硒酸钠(对照组)研究发现，酵母硒组相对于对照硒组可极显著提高肝、肌肉和全血中硒水平（$P<0.01$），其中肉鸡中血硒含量；酵母硒可极显著提高肉鸡血清 SOD 含量，相对于对照组提高 67.6%（$P<0.01$），保护了动物细胞免受损伤，提高了动物的抗病性能[65]。

7.3.2　矿物元素配合物对家禽免疫功能和抗病力的影响

正常情况下，矿物元素满足健康动物生产性能和繁殖的需要，不能保证能满足抵抗疾病、保护健康的需要。研究表明，微量元素影响动物体内细胞介导的免疫效应[66]。研究表明，矿物配合物可以提高动物机体免疫力，协调营养、生理功能，增强家禽对疾病的抵抗力。Kidd 等实验表明，蛋氨酸锌可提高肉种鸡和肉仔鸡对雏白痢沙门氏菌抗原的原发性抗体滴度，增加后代鸡的细胞免疫水平[67]。Kidd 等测定了蛋氨酸锌和蛋氨酸锰对火鸡可能的相互作用，结果表明，蛋氨酸锌对火鸡巨噬细胞功能和体液免疫是有益的，但蛋氨酸锰则很少有有益的影响。Nockels 报道，与等量氧化锌相比，蛋氨酸锌可提高雏鸡的免疫力。硫酸锌对于消除肉仔鸡因沙门氏菌挑战所导致的应激无效，而蛋氨酸锌可增强鸡在经受大肠杆菌挑战时的成活率。Dudley-Cash 报道，给肉仔鸡补充蛋氨酸锰和蛋氨酸锌减少肉仔鸡球虫病的发生，使肉鸡因球虫病所导致的死亡率降低，而且试验组的锌添加量仅为对照组的三分之一[68]。Larsen 等的研究表明向 1 日龄肉仔鸡日粮中添加 0.4 mg/kg 的硒可以显著降低由于大肠杆菌和绵羊红细胞对小鸡刺激的死亡率和损伤率，日粮中添加 0.1～0.8 mg/kg 的硒可提高肉仔鸡在正常情况和冷应激后血液中绵羊红细胞的抗体滴度。黄克和报道向日粮中添加适量的硒能持续、显著地增强雏鸡淋巴细胞对植物血凝素(PHA)的应答能力和自然杀伤性细胞的活力，加速免疫功能的健全，并且发现硒能显著减少雏鸡马立克氏病肿瘤的发病率和死亡率。还有报道给雏鸡补饲硒可以增强细胞免疫，不但对正常雏鸡有效，而且对因鸡传染性法氏囊病(IBD)所致的免疫抑制雏鸡也有明显作用，能增强雏鸡对 IBD 的抵抗力，降低 IBD 雏鸡的死亡率[69]。孟庆玲等报道向肉仔鸡日粮中添加一定量的硒可显著提高多核白细胞对细菌的吞噬百分率和吞噬指数，显著提高血液中的红细胞、白细胞、淋巴细胞和嗜中性粒细胞的数量，并且抗体效价也明显高于不添加组[70]。向鸡日粮中添加有机硒可以显著提高鸡的 E-玫瑰花环形成率、脾脏指数和法氏囊指数[71]。成廷水研究了以氨基酸锌、铜、锰部分替代常用日粮水平的硫酸锌、铜、锰以及常用日粮水平的锌、铜、锰基础上增加硫酸盐或氨基酸金属盐对蛋鸡免疫机能的影响。结果表明，在常用日粮基础上增加氨基酸锌、铜、锰的添加量可以促进育成期蛋鸡胸腺的发育，提高蛋鸡的存活率，提高鸡蛋品质，增强淋巴细胞对丝裂原(ConA、LPS)的反应，提高产蛋期牛血清白蛋白抗体反应，而增加相同剂量的无机硫酸盐对上述指标没有显著的影响；以氨基酸锌、铜、锰部分替代常用日粮中无机盐的添加可促进 8 周龄蛋鸡胸腺的相对重(腹脂重/体重)、增强细胞免疫功能。这些研究充分表明向家禽日粮中添加矿物配合物，可以促进家禽免疫器官的发育，增强细胞免疫功能和体液免疫功能[56]。

同时，许多研究发现矿物配合物可以增强家禽对疾病的抵抗力，减少肉鸡疾病发生率。李德发等用氨基酸锰、锌代替肉仔饲粮中的无机盐，腿病发生率降低 9.94%[72]。Kienholz 等证实了日粮添加蛋氨酸锌与饲喂基础日粮相比能缓解产蛋鸡对各种环境的应激并迅速恢复产蛋性能。Kidd 等的研究表明青年火鸡日粮中添加蛋氨酸锌提高了血液大肠杆菌的清除能力和单核吞噬细胞的吞噬活性；而且给种鸡饲喂蛋氨酸锌，可以改善仔鸡大肠杆菌攻毒的存活率。Deyhimetal 已经证实，当饲料中使用微量元素配合物以后，肉仔鸡的腹水发病率从 5%降低到 2%。Johnson 和 Fakler 报道，肉仔鸡在 13 日龄由饲料途径感染大量大肠杆菌以后，饲料中使用锌氨基酸配合物比使用硫酸盐的对照组死亡率降低 29.30%(P<0.05)。他们还证实，使用蛋氨酸锌(Zn 40 mg/kg)的试验组比对照组死亡率降低 1.41%(P<0.01)；使用蛋氨酸锌和蛋氨酸锰(Zn 40 mg/kg，Mn 40 mg/kg)与对照组相比，死亡率降低 1.70%[11]。周长征等用蛋氨酸锌、蛋氨酸锌+赖氨酸锌及锌氨基酸配合物对未防治球虫病的肉鸡进行试验，结果均能降低死亡率及球虫病发病率，提高胸肉产量[73]。Downs 等的研究表明，与无机盐相比，蛋氨锌可以降低肉鸡腹水导致的死亡，如果同时添加蛋氨酸锌和锰则显著降低肉鸡腹水症的发病率[74]。Christ 在日粮中分别用蛋氨酸锌(Zn 100 mg/kg)和蛋氨酸锰(Mn 110 mg/kg)代替相应的无机盐，肉鸡腹水死亡率分别降低 21.93%和 40.36%，总的死亡率分别降低 29.48%和 27.49%。杜秀平研究表明氨基酸配合物用于肉鸡有预防腿病发生和减少死亡的作用[19]。张海琴等用氨基酸锰部分或全部替代艾维茵肉鸡日粮中的无机锰，结果表明，氨基酸螯合锰、锌与无机锰、锌相

比，有促进机体免疫机能的趋势[24]。王慧等研究报道，在基础日粮中添加适量酵母锌（Zn 50 mg/kg）可以提高肉鸡生长性能，在一定程度上增强机体免疫机能，提高肝脏功能和机体抗氧化功能[60]。Rama 等研究发现，有机铬能提高热带地区肉鸡淋巴细胞增殖，改善肉鸡细胞免疫能力[75]。

7.4　矿物元素配合物与家禽产品品质

近年来，矿物元素配合物对家禽胴体品质的影响备受关注，主要集中在硒配合物对家禽肉品质的研究。研究表明，动物饲粮中亚硒酸钠添加水平过高时，硒则具有氧化增强剂作用，而硒配合物，如蛋氨酸硒、酵母硒则不具有这一特性[76]。Edens 报道，在肉仔鸡饲粮中添加 0.3 mg/kg 的硒（酵母硒），比添加同样水平的无机硒（亚硒酸钠）更能有效提高产肉量和降低鸡肉的滴水损失。Mimoz 等报道，有机硒能防止 PSE 肉的形成及由于亚硒酸钠的氧化源作用而导致的货架寿命降低的趋势。Downs 等在肉鸡饲粮中添加亚硒酸钠和酵母硒，发现亚硒酸钠使胸肉的滴水损失增加，而酵母硒则有可能减少胸肉的滴水损失[74]。Bonomi 在 1～60 日龄肉鸡饲粮中添加 0.2 mg/kg 和 0.3 mg/kg 硒（亚硒酸钠），结果表明，硒提高了屠宰率、产肉率、肉消化率，改善了肉的嫩度和皮肤着色。他同时也进行了有关火鸡的试验，并发现，在火鸡饲粮中添加 0.3 mg/kg 硒（亚硒酸钠）可显著提高肌肉内脂肪含量，改善肉的风味[77]。王飞在玉米-豆粕型基础日粮中分别添加 0、0.1、0.3、0.5 mg/kg 蛋氨酸硒饲喂 1 日龄红羽肉雏鸡，结果表明，在 0～21 日龄，0.1 mg/kg 的蛋氨酸硒添加组效果最好，可提高日增重 17.29%；不同蛋氨酸硒添加水平对红羽肉仔鸡胴体特性无显著影响；可显著提高红羽肉仔鸡的胸肌率与腿肌率（$P < 0.05$），降低红羽肉鸡的皮下脂肪与肌间脂肪[78]。田金可等研究了不同硒源对鸡肉品质的影响，试验选用 1 日龄 AA 肉鸡 600 只，随机分为 5 个处理组，分别饲喂基础日粮（对照组）及在基础日粮中添加 0.3 mg/kg 亚硒酸钠（SS 组）、0.2 mg/kg 酵母硒（SY I 组）、0.3 mg/kg 酵母硒（SY II 组）、0.3 mg/kg 混合硒（MS 组，亚硒酸钠和酵母硒各 0.15 mg/kg），结果表明：与对照组相比，亚硒酸钠组腿肌烹饪损失有显著提高（$P < 0.05$）；SY I 组肌肉的 pH24 及腿肌压力损失均有显著提高（$P < 0.05$）；SY II 组胸肌亮度值有显著升高（$P < 0.05$）；MS 组胸肌的 48 h 滴水损失及腿肌的剪切力有显著降低，胸肌亮度值、腿肌 24 h 滴水损失及烹饪损失都有显著升高（$P < 0.05$）。与 SS 组相比，SY I 组胸肌的 pH24 有显著升高，胸肌烹饪损失和腿肌剪切力显著降低（$P < 0.05$）；SY II 组腿肌 48 h 滴水损失显著升高，腿肌压力损失显著降低（$P < 0.05$）；MS 组胸肌 48 h 滴水损失及腿肌剪切力均显著降低（$P < 0.05$），而腿肌 24 和 48 h 滴水损失均显著升高（$P < 0.05$ 或 $P < 0.01$）。分析肌肉化学成分发现，SS 和 SY I 组比对照组的胸肌粗脂肪含量显著提高（$P < 0.05$），而与对照组相比，SY II 和 MS 组的腿肌粗脂肪含量显著降低（$P < 0.01$ 和 $P < 0.05$）；MS 组降低了胸肌水分含量，而 SY I 组却提高了腿肌水分含量（$P < 0.05$）；SS、SY I 和 SY II 组显著降低了胸肌粗灰分含量（$P < 0.05$）。并且，较对照组和 SS 组，各有机硒组均极显著提高了肌肉中的硒含量（$P < 0.01$）；SY I 和 SY II 组还显著降低了胸肌 MDA 含量（$P < 0.05$）[59]。

铬配合物对家禽产品品质也有较大影响。铬是葡萄糖耐受因子的重要组成成分，是动物必需的微量元素，协助和增强胰岛素功能，进而影响动物体内碳水化合物、脂类、氨基酸和核酸的代谢。许多试验结果证实，添加有机铬可改善动物胴体组成。王丹莉报道，0～8 周龄的艾维茵肉鸡日粮中添加 600 μg/kg 吡啶羧酸铬可显著提高肉鸡生长速度。21 日龄后的 AA 肉仔鸡饲粮中添加 200、400、600、800 μg/kg 吡啶羧酸铬可以降低 8 周龄肉鸡腹脂率 30%～37%，而对皮脂率无明显影响[79]。罗绪刚等研究了吡啶甲酸铬和三氯化铬对热应激肉仔鸡的影响，结果表明，在饲粮中添加 0.4、10 或 20 mg/kg 铬（吡啶甲酸铬或三氯化铬），均可显著提高胸肌率，对腹脂率无显著影响，两种铬源在对胸肌率和腹脂率的影响方面无显著差异[80]。但张伟对肉鸡的研究表明，在肉仔鸡 0～8 周饲粮中以吡啶甲酸铬形式添加 0.4 或 4 mg/kg 铬比以三氯化铬形式添加更能显著降低腹脂沉积（当腹脂以相对重表示时）[81]。唐利华等研究探讨饲粮中添加不同铬源（即：酵母铬、吡啶甲酸铬和蛋氨酸铬）对肉鸡肌肉品质的影响，结果表明，与对照组相比，酵母铬和蛋氨酸铬能显著降低胸肌纤维密度（$P<0.05$），酵母铬和蛋氨酸铬还显著降低了腿肌纤维面积（$P<0.05$）。蛋氨酸铬能显著提高腿肌总抗氧化能力（$P<0.05$），蛋氨酸铬能显著提高胸肌总抗氧化能力和腿肌过氧化氢酶活性 ($P<0.05$)；除吡啶甲酸铬显著降低胸肌丙氨酸含量外（$P<0.05$），补充铬源对肉鸡肌肉其他氨基酸含量影响差异均不显著（$P>0.05$）[82]。目前关于铬改善畜禽胴体组成的作用机理方面的观点较多。Page 等报道，铬可通过参与碳水化合物代谢，影响氨基酸吸收和核蛋白的合成来提高胴体性能。Page 等报道，铬可通过参与碳水化合物代谢，影响氨基酸吸收和核蛋白的合成来提高胴体性能，铬可能通过提高生长激素的浓度来降低动物胴体脂肪含量[83]。余东游和许梓荣认为，铬可能通过降低皮下脂肪中苹果酸脱氢酶、异柠檬酸脱氢酶活性和增强激素敏感脂酶活性而使脂肪的分解加强，从而减少脂肪的沉积[84]。但以上几种观点尚未被证实。现在多数学者认为铬主要通过增强胰岛素功能而发挥作用[85]。有研究表明，铬可促进胰岛素由血液向周围组织转移，尤其可使肌肉细胞对胰岛素的内化作用增强，同时可增强肌肉细胞对葡萄糖及亮氨酸等氨基酸的摄取，进而促进机体蛋白质的合成代谢。

一些研究也发现其他矿物元素配合物对家禽产品品质有不同程度的影响。罗绪刚等对肉仔鸡的研究表明，在玉米-豆饼基础饲粮中添加 90 或 280 mg/kg Mn（$MnSO_4$），鸡肝脏脂肪含量显著降低[86]。Ashmead 报道，在猪饲粮中添加较高水平的氨基酸螯合锰比无机锰或其他螯合锰源更能有效减少背最长肌脂肪沉积[87]。Sands 和 Smith 也发现，热中性环境下在肉鸡饲粮中添加 240 mg/kg 锰（蛋白盐形式锰），可有效降低腹脂沉积，而在热应激条件下添加相同水平的锰则可增加腹脂沉积[88]。Hess 等报道，在肉鸡饲粮中添加 40 mg/kg 锌（赖氨酸锌），可提高增重，并使屠体背部损伤减轻。乔富强和姚华在 AA 肉鸡日粮中联合添加 120 mg/kg 有机锰和 400 μg/kg 有机铬，结果发现，有机锰与有机铬互相作用，可以显著降低肉鸡脂肪沉积，并显著改善蛋白质代谢[89]。Zhao 等用一半的羟基蛋氨酸锌和锰替代硫酸盐后，肉仔鸡（科宝鸡）胸肌率增加（由无机组的 22.38% 增加到 22.99%），脚垫评分等级中等以上由 15% 升高到 37%[90]。Saenmahayak 等使用复合有机锌替代无机锌后，皮肤不完整性（病变、损伤）由无机组的 42.7% 降低到 9.6%[91]。宁红梅等报道，日粮中添加有机硒、铜、锌可以提高肉鸡屠体率和全净膛率，降低肌肉剪切力、滴水损失率及肌肉粗脂肪含量，从而增加肉质嫩度，改善肉品质量[92]。肖俊武等用全无机、全有机、有机和无机微量元素对罗氏 308 肉鸡的试验研究表明，有机组腹脂率和腹脂厚度分别比无机组降低 7.55% 和 11.64%（$P > 0.05$）。与无机组相比，有机组腿肌率显著提高 22.07%（$P < 0.05$）；有机组有提高胫骨长度和宽度的趋势（$P > 0.05$），有机组有提高血清碱性磷酸酶和 5′-核苷酸酶活性，并有降低血清尿素氮的趋势（$P > 0.05$）[30]。

7.5　小　　结

总之，矿物元素配合物的使用效果，与产品质量、添加剂量、饲料组成、生长阶段和机体状况等因素有关。矿物元素配合物可能影响生产性能、免疫功能、抗氧化功能、肉品质和蛋品质等。

参 考 文 献

[1] 周桂莲，韩友文，滕冰，等. 大鼠对氨基酸螯合铁吸收和转运特点的研究. 畜牧兽医学报，2004，(1)：15-22.

[2] Wedekind K J, Lewis A J, Giesemann M A, et al. Bioavailability of zinc from inorganic and organic sources for pigs fed corn-soybean meal diets. J. Anim. Sci., 1994, 72(10)：2681-2689.

[3] 郭荣富，陈克嶙，张曦. 实用饲料成分和蛋氨酸锰对肉鸡组织锰利用的影响. 畜禽业，2000，(10)：20-21.

[4] 虞泽鹏，吴晋强. 饲粮 Met-Zn 与 Ca 水平对肉用仔鸡生产性能的影响. 安徽农业科学，2001，2：111-112.

[5] 虞泽鹏，吴晋强. 饲喂 Zn-Met 水平对肉用仔鸡生产性能及组织器官锌含量和碱性磷酸酶（AKP）活性的影响. 饲料博览，2002，(5)：1-3.

[6] Rojas L X, Medowell L R, Cousins R J, et al. Effect of chelated trace element on nursery pig growth performance. Kansas Swine Day, Report of Progress, 1994：111.

[7] Wedekind K J, Hortin A E, Baker D H. Methodology for assessing zinc bioavailability：efficacy estimates for zinc-methionine, zinc sulfate, and zinc oxide. J. Anim. Sci., 1992, 70：178-187.

[8] 赵洪亮，王玉华，任培桃，等. 金属蛋白盐饲喂肉鸡试验. 饲料工业，1993，14(02)：42-43.

[9] 曾衡秀，俞火明. 蛋氨酸锰对长沙黄肉鸡增重及消化率的影响. 中国畜牧杂志，1995，4：29 - 30.

[10] 赛尔山别克·阿布力达，阿布都拉·肉孜，雒秋江，等. 添喂蛋氨酸螯合锌对肉仔鸡消化代谢和生长的影响. 动物营养学报，1998，10(03)：60.

[11] Johnson B A, Fakler T M. Trace minerals in swine and Poultry nutrition, Presented at the Africa Feed factures Association in Sun City, South Africa, 1998. 5.

[12] 盛克松. 微量元素蛋氨酸螯合物对肉鸡生产性能的影响. 饲料博览，2000，(12)：43-47.

[13] 林英庭，李文立. 蛋氨酸络合盐对肉仔鸡的饲喂效果. 中国畜牧杂志，2000，(1)：30-31.

[14] Hong S J, Lim H S, Paik I K. Effect of Cu and Zn methionine chelate supplementation on the performance of broiler chickens. Journal of Animal Science and Technology, 2002, 44：4, 399-406.

[15] Lien T F, Horng Y M, Yang K H. Performance, serum characteristics, carcase traits and lipid metabolism of broilers as affected by supplement of chromium picolinate. British Poultry Science, 1999, 40(3)：357-363.

[16] 胡忠泽，金光明，郭亮. 烟酸铬对肉鸡生产性能、胴体品质及血液生化指标的影响. 中国饲料，2003，(8)：14-15.

[17] Chen K L, Lu J J, Lien T F, et al. Effects of chromium nicotinate on performance, carcass characteristics and blood chemistry of growing turkeys. British Poultry Science, 2001, 42(3)：399-400.

[18] 梁远东，杨膺白，邓秀金，等. 肉仔鸡日粮中添加羟基蛋氨酸锌和铁的效果研究. 饲料博览，2002，(6)：1-2.

[19] 杜秀平. 氨基酸螯合微量元素对肉鸡生产性能和血液生化指标的影响研究. 雅安：四川农业大学硕士学位论文，2003.

[20] 滑静，万善霞，张淑萍，等. 有机微量元素对肉仔鸡血液生化指标和生产性能的影响. 中国畜牧兽医，2003，30(6)：10-12.

[21] 虞泽鹏，乐国伟，施用晖，等. 不同锌源对肉用仔鸡早期生长及免疫的影响. 畜牧与兽医，2003，35(2)：9-11.

[22] 杨小燕. 有机微量元素在白羽肉鸡中的应用. 福建畜牧兽医，2004，(5)：9.

[23]　尹兆正，钱利纯，李肖梁. 蛋氨酸硒对岭南黄肉鸡生长性能、胴体特性和硒存留率的影响. 浙江大学学报(农业与生命科学版)，2005，4：499- 502.

[24]　张海琴，闫素梅，塔娜，等. 日粮中添加不同锰、锌源对肉鸡生长性能及免疫机能的影响. 内蒙古农业大学学报(自然科学版)，2006，2：17-20.

[25]　巴合提古丽·马那提拜. 复合氨基酸螯合锌、锰对肉仔鸡生产性能和营养物质表观消化率的影响. 乌鲁木齐：新疆农业大学硕士学位论文，2007.

[26]　陈仲建，吕林，罗绪刚，等. 不同锰源对肉仔鸡生长性能、胴体性能和血清生化指标的影响. 中国畜牧杂志，2010，46(13)：35-38.

[27]　陆娟娟，崔政安，夏中生，等. 氨基酸微量元素螯合物替代无机微量元素饲喂黄羽肉鸡的研究. 新饲料，2011，(7)：9-13.

[28]　Yuan J M，Xu Z H，Huang C X，et al. Effect of dietary Mintrex-Zn/Mn on performance，gene expression of Zn transfer proteins，activities of Zn/Mn related enzymes and fecal mineral excretion in broiler chickens. Animal Feed Science and Technology，2011，168(1-2)：72-79.

[29]　邓波波. 饲粮中添加复合氨基酸铁、锌络合物对肉仔鸡生产性能的影响. 扬州：扬州大学硕士学位论文，2013.

[30]　肖俊武，缪军，廖阳华，等. 不同形态微量元素对肉鸡生产、屠宰性能和血清酶活性的影响. 饲料博览，2013，(11)：1-5.

[31]　Ward T L，Southern L L，Boleman S S. Effect of dietary chromium picolinate on growth，nitrogen balance and body composition of growing broiler chicks. British Poultry Science，1994，72(Suppl. 1)：37.

[32]　Paik I K，Seo S H，Um J S，et al. 1999. Effects of supplementaty copper-chelate on the performance and cholesterol levels in plasma and breast muscle of broiler chickens. Asia-Aust. J. Anim. Sci.，1999，12(5)：794-798.

[33]　Lee S H，Choi S C，Chae B J，et al. Evaluation of metal amino acid chelates and complexes at various levels of copper and zinc in weanling pigs and broiler chickens. Asian-Aust. J. Anim. Sci.，2001，12(14)：1734-1740.

[34]　Nollet L，van der Klis J D，Lensing M，et al. The effect of replacing inorganic with organic trace minerals in broiler diets on productive performance and mineral excretion. J. Appl. Poultry Res.，2007，16：592-597.

[35]　左建军，代发文，冯定远，等. 日粮蛋氨酸螯合锌和硫酸锌水平对肉仔鸡生产性能的影响. 中国家禽，2009，3：18-21.

[36]　赵润梅，史兆国. 不同锌源和水平对肉鸡生长性能和屠宰性能的影响. 贵州农业科学，2010，1：127-129.

[37]　Lee H R，Jo C，Lee S K，et al. Effect of sources and levels of zinc on the tissue mineral concentration and carcass quality of broilers. Avian Biology Research，2010，3(1)：23-29.

[38]　任培桃. 氨基酸螯合盐的制备与应用. 全国饲料工业新技术新产品交流会论文集. 沈阳. 1992，(5)：116-118.

[39]　孙德成. 微量元素氨基酸螯合物对产蛋鸡生产性能的影响. 中国饲料，1995，(1)：14-15.

[40]　黄玉德. 氨基酸锰对种鸡生产性能的影响. 四川畜禽，1996，(1)：12-12.

[41]　张世栋. 添加蛋氨酸锌对高温下产蛋鸡蛋壳质量的影响. 中国饲料，1998，(19)：12-13.

[42]　袁建敏，甘冰，张天国，等. 肉用仔鸡日粮中添加蛋氨酸铜、锌和锰对粪便微量元素排放的研究. 家畜生态学报，2008，29(6)：66-70.

[43]　张洪杰. 微量元素氨基酸螯合物饲喂蛋鸡效果. 饲料博览，2000，(6)：7-7.

[44]　杨人奇. 氨基酸锌应用于蛋鸡的效果研究. 中国饲料，2003，(5)：17-18.

[45]　Abubakar N S，Long F W，Tong Z X. Effects of supplemental dietary zinc-methionine on the reproductive performance and plasma levels of estrogen and progesterone of yuehuang broiler breeders. Journal of South China Agricultural University，2003，24(2)：67-72.

[46]　丁雪梅，赵波. 蛋氨酸微量元素螯合物对产蛋鸡生产性能的影响. 四川畜牧兽医，2003，30(B09)：21-23.

[47]　成廷水，闫于明，袁建敏. 日粮中添加氨基酸络合锌、铜、锰对蛋鸡产蛋性能、免疫及组织抗氧化机能的影响. 中国家禽，2004，26(19)：15-18.

[48]　Valentic A，Krivec G，Nemanic A. Benefits of organic selenium in feeding broiler breeders and laying hens. Hrcak Portal of Scientific Journals of Croatia，2005，(1)：52-58.

[49]　周海涛，王之盛，周安国. 复合氨基酸锌对鸡蛋锌含量的影响试验. 饲料博览，2004，(8)：1-3.

[50]　梁远东，杨膺白，邓秀金，等. 肉仔鸡日粮中添加羟基蛋氨酸锌和铁的效果研究. 饲料博览，2002(6)：1-2.

[51]　赵必迁，周安国，李学海. 乳酸锌对蛋鸡生产性能及蛋壳质量的影响. 饲料广角，2012，(10)：16-18.

[52]　孙秋娟，闫于明. 羟基蛋氨酸螯合铜/锰/锌对产蛋鸡蛋壳品质、酶活及微量元素沉积的影响. 中国农业大学学

报，2011，16(4)：127-133.

[53] 许甲平，鲍宏云，冯一凡. 蛋氨酸锌对产蛋鸡产蛋性能和非特异性免疫功能的影响. 饲料工业，2012，(20)：58-61.

[54] Surai P F. Selenium in poultry nutrition 2，Reproduction，egg and meat quality and practical applications. World's Poultry Science Journal，2002，58：431-450.

[55] 王海宏，谢忠忱，等. 不同硒源对肉鸡组织硒含量及谷胱甘肽过氧化物酶活力的影响. 动物营养学报，2003，15(1)：44-48.

[56] 成廷水. 氨基酸锌对蛋鸡免疫和抗氧化功能的调节作用及其应用研究. 北京：中国农业大学硕士学位论文，2004.

[57] 刘泽辉. 饲粮添加不同锌源和锌水平对肉鸡肉品质的影响及其机理研究. 雅安：四川农业大学硕士学位论文，2011.

[58] 马娅娅，Bun S，刘丹，等. 羟基蛋氨酸螯合锰在肉仔鸡日粮中的应用效果. 甘肃农业大学学报，2011，46(4)：28-35.

[59] 田金可，Ahmad H，李伟，等. 不同硒源及水平对肉鸡组织硒含量及抗氧化功能的影响. 动物营养学报，2012，(6)：1030-1037.

[60] 王慧，张霞，辛蕊华，等. 酵母锌对肉鸡生长性能及生理功能的影响. 中国兽医学报，2012，32(3)：488-492.

[61] 苏莉娜. 饲粮锌水平对笼养蛋雏鸭生长性能、抗氧化功能及免疫器官发育的影响. 动物营养学报，2012，(5)：815-821.

[62] 李燕. 有机铬对热应激肉鸭肠黏膜形态、HSP70 mRNA 和抗氧化能力的影响. 武汉：华中农业大学硕士学位论文，2013.

[63] 张亚男，齐晓龙，武书庚，等. 硫酸锌和蛋氨酸锌对产蛋后期蛋鸡生产性能、蛋品质及抗氧化性能的影响. 动物营养学报，2013，25(12)：2873-2882.

[64] 陈国顺，吴劲峰，徐振飞. 不同硒源对肉鸡生产性能与免疫功能和抗氧化能力的影响. 当代畜牧，2014，(6)：33-37.

[65] 朱金林，黄鑫. 酵母硒对肉鸡生长、肉鸡组织硒含量及血液生化性能的影响. 饲料研究，2014，(11)：31-32.

[66] Ansotegui R P，Swenson C K，Swennson E J，et al. Effects of chemical form and intake of element supplementation in blood Profiles and inflammatory reaction to Phytohemagglutinin(PHA-P) in pregnant heifers. Proc. of West See，Amer' Soc. Anim. Sci.，1994，45：222.

[67] Kidd M T，Anthony N B，Lee S R. Progeny performance when dams and chicks are fed supplemental zinc. Poult. Sci.，1992，71：1201~1206.

[68] Dudley-Cash W A. Organic forms of zinc may provide additional benefits in poultry and feedstuffs. J. Anim. Sci.，1997，1(11)：10-11.

[69] 黄克和. 硒增强鸡对马立克氏病抵抗力的作用及其机理的研究. 畜牧兽医学报，1996，27(5)：448-455.

[70] 孟庆玲，乔军，贾桂珍，等. 微量元素硒对肉鸡免疫功能的影响. 塔里木农垦大学学报，2002，14(4)：1-4.

[71] 崔保安，杨明凡，张素梅. 有机硒和某些中草药对鸡免疫功能的影响. 畜牧与兽医，2003，35(10)：37-38.

[72] 李德发，车向荣，张国龙，等. 不同锰、锌药对肉仔鸡生产性能的影响. 饲料工业，1994，2：31-33.

[73] 周长征，苟克旺，王站文. 氨基酸微量元素螯合物对家禽生产性能的影响. 河南畜牧兽医，1999，9：27-28.

[74] Downs K M，Hess J B，Maeklin K S，et al. Dietary zinc complexes and vitamine for reducing cellulitis incidence in broiler. J. Appl. Poult. Res.，2000，9：319-323.

[75] Rama R S V，Raju M V L N，Panda A K，et al. Shyam sunder effect of dietary supplementation of organic chromium on performance，carcass traits，oxidative parameters，and immune responses in commercial broiler chickens. Biological Trace Element Research，2012，147(1-3)：135-141.

[76] Seko Y，Saito Y，Kitahara J. Active oxygen generation by the reaction of selenite with reduced glutathione in vitro//Wendel A. Selenium in Biology and Medicine. Berlin：Springer-Verlag，1989：70-73.

[77] Bonomi A. Selenium in broiler feeding. Rivista di Scienza dell'Alimentazione，2001，30：257-269.

[78] 王飞. 添加不同水平有机硒对红羽肉鸡生长和饲料报酬的影响. 中国饲料，2009，(4)：22-24.

[79] 王丹莉. 日粮铬水平对肉鸡生长性能，免疫机能及胴体脂肪含量的影响. 动物营养学报，1999，11(2)：19-23.

[80] 罗绪刚，王刚，刘彬，等. 饲粮铬对热应激肉仔鸡免疫功能的影响. 营养学报，2001，24：286-291.

[81] 张伟. 铬对动物内分泌代谢与免疫功能的影响. 中国饲料，2000，(9)：14-16.

[82] 唐利华, 蒋竹英, 钟金凤, 等. 不同铬源对肉鸡生长、脏器指数及血液生化指标的影响. 粮食与饲料工业, 2012, (8): 50-53.

[83] Page T G, Southern L L, Ward T L. Effect of chromium picolinate on growth, serum and carcass traits, and organ weights of growing-finishing Pigs from different ancestral sources. J. Anim. Sci., 1992, 70: 235.

[84] 余东游, 许梓荣. 吡啶羧酸铬对猪胴体品质的影响及其作用机理. 中国兽医学报, 2001, 21: 522-525.

[85] Anderson R A, Polansky M M, Bryden N A, et al. Effects of Supplemental chromium on Patients with symptoms of reactive hypoglycemia. Metabolism, 1987, 36: 351-355.

[86] 罗绪刚, 苏琪, 黄俊纯, 等. 肉仔鸡实用饲粮中锰的适宜水平的研究. 畜牧兽医学报, 1991, 22: 313-317.

[87] Ashmead D. The Role of Metal Amino Acid Chelate. Cleveland, Ohio: American Academic Press, 1993: 32-57.

[88] Sands J S, Smith M O. Broilers in heat stress conditions: effects of dietary manganese Proteinate or chromium Picolinate supplementation. J. Appl. Poult. Sci., 1999, 8: 280-287.

[89] 乔富强, 姚华. 有机锰与有机铬对肉鸡生长性能、屠体性状及脂质代谢的影响. 北京农学院学报, 2007, 22(1): 32-38.

[90] Zhao J, Shirley R B, Vazquez-Anon M, et al. Effects of chelated trace minerals on growth performance, breast meat yield, and foot-pad health in commercial meat broilers. J. Appl. Poult. Res., 2010, 19(4): 365-372.

[91] Saenmahayak B, Bilgili S F, Hess J B, et al. Live and processing performance of broiler chickens fed diets supplemented with complexed zinc. J. Appl. Poult. Res., 2010, 19(4): 334-340.

[92] 宁红梅, 葛亚明, 李敬玺. 不同水平有机硒铜锌对肉鸡胴体及肉品质的影响. 湖北农业科学, 2011, 50(18): 3790-3794.

第 8 章　水产动物微量元素配合物饲料添加剂

微量元素在水产动物体内具有广泛的生物学功能，参与多种生长和代谢过程，包括维持内环境稳定、作为酶的辅因子以及多种酶分子的组成成分[1]，是水产动物体内不可或缺的营养物质。饲料中经常通过添加微量元素添加剂来补充动物本身对微量元素的缺乏。常用的水产动物微量元素添加剂有铜、铁、锰、锌、碘、钴、硒、铬等。第一代微量元素添加剂多为各种微量元素无机盐类，存在易潮、易结块，易与维生素发生拮抗作用，生物学效率低等缺点。自 20 世纪 70 年代以来，氨基酸配合物的研究推动了其在动物营养中的应用。微量元素氨基酸螯合盐属于有机微量元素范畴，被称为微量元素添加剂的第三代产品。这些螯合盐类不仅能为水产动物提供微量元素的需要，同时对促进水产动物生长、提高饲料转化率和成活率具有显著效果。研究表明，与第一代微量元素添加剂对比，微量元素氨基酸配合物能显著提高增重，改善饵料系数，提高微量元素的吸收利用率，降低金属元素的排放[1]，是水产动物营养需要的理想营养添加剂。本章围绕水产动物微量元素配合物饲料添加剂的应用进展进行阐述。

8.1　水产饲料添加剂中微量元素配合物概述

8.1.1　水产饲料添加剂中微量元素配合物的种类

1. 具有运输与储存金属元素功能的配合物

这类配合物中的金属元素本身不具备任何功能，在不会改变或修饰配位体存在的情况下，该金属配合物才能被吸收，并在血液中运输，透过细胞膜，将金属离子运输并沉积在机体所需要的地方。属于这类螯合剂的有 EDTA、氨基酸，尤其是半胱氨酸和组氨酸。

2. 参与代谢的配合物

这类配合物以其结构性特征存在于动物体内。配合物中金属离子的存在对于其代谢功能的发挥是必不可少的。这类配合物有血红蛋白和细胞色素氧化酶(其中铁为被螯合的金属元素)、维生素 B_{12} (其中钴为被螯合的金属元素)等，血红蛋白中铁的存在保证了氧在血液中的运输。

3. 不利于金属元素吸收与利用的配合物

这类配合物影响了金属元素的正常代谢功能，降低了金属元素的利用率，如植酸磷、植酸锌、草酸钙等。

4. 微量元素氨基酸配合物

微量元素氨基酸配合物属于第一、第二类配合物。但据螯合剂原料的不同，微量元素氨基酸配合物也可分为两类。

1)非特异氨基酸配合物

这种配合物的螯合剂不是特种的氨基酸，是水解羽毛粉、血粉等。这些原料水解出的氨基酸种类和比例通常难以控制，氨基酸与微量元素的物质的量比、反应的 pH 及时间等条件也难以控制，所以最终所得到的配合物产品性能常不稳定。

2)特异氨基酸配合物

这种配合物的螯合剂为特种的氨基酸，如蛋氨酸、赖氨酸、甘氨酸等。这种配合物的反应物物质的量比、反应的 pH 及时间等条件可以严格控制，因而产品的化学结构及性能都比较稳定。氨基酸与微量元素的物质的量比主要有 2∶1 和 1∶1 两种。

8.1.2 氨基酸配合物的生物学作用

1. 化学结构稳定，生物利用率高

国内外有大量研究结果证实氨基酸配合物具有化学结构稳定、吸收利用率高等特点。其原因在于氨基酸配合物特殊的吸收机制。

无机盐形式的微量元素，其利用率易受 pH、纤维、草酸、维生素、磷酸及植酸等的影响，而氨基酸配合物形式的微量元素是由可溶性金属元素盐中的一个金属元素离子与氨基酸按一定数量的物质的量比[通常为 1∶(1~3)]以共价键结合而成，其化学性能稳定，分子内电荷趋于中性，在体内 pH 环境下，螯合盐形成稳定的环状结构，可有效防止微量元素离子形成不溶解的化合物，或防止其被吸附在有碍元素吸收的不溶解胶体上，因而有利于机体吸收。大量研究表明，经氨基酸螯合的微量元素吸收率是无机微量元素的 2~6 倍。同时螯合元素可有效避免在饲料中添加过多的无机元素所带来的中毒及浪费现象，并在机体需要时可有效地释放出来，以满足机体需要。此外，动物对氨基酸配合物的相对分子质量限制较宽，一般情况下相对分子质量低于 800 的均有利于通过肠道黏膜，同时氨基酸配合物是以一种接近自然界盐的形式存在，在机体环境条件下溶解性好，可借助肽或氨基酸的吸收途径，而不必先同其他物质结合，因而它比无机的吸收要快 30% 左右[2]。

早在 20 世纪 70 年代，学者 Found 研究推测，位于配合物中心的金属元素可以通过小肠绒毛刷状缘，而且所有的配合物都能以氨基酸的形式被肠壁细胞直接吸收，氨基酸配合物可不经过消化直接进入机体组织中[3]。而后许多研究人员的实验研究结果基本证实了这一观点。以锌为例：锌几乎很难透过肠壁细胞膜，必须与氨基酸、单肽、二肽或其他类似有机物形成配合物才能通过黏膜细胞类脂屏障[4~8]。Glover 和 Hogsfrand[9] 曾在 2002 年的研究中发现虹鳟的肠内可能存在一条通过 $Zn(His)^+$ 的特殊转运通道。2003 年 Glover 等[10]研究了虹鳟肠上皮 $Zn(II)$ 的吸收机制以及刷状缘膜泡的组氨酸配位氨基酸的潜在修饰作用。结果表明，在缺组氨酸(His)条件下，锌的吸收呈时间-浓度依赖性。同时，锌的吸收也是一个载体介导的过程，其转运还具有温度依赖性。在体外实验条件下，刷状缘膜泡内锌的吸收与组氨酸锌螯合物[$Zn(His)^+$]密切相关，体内 $Zn(His)^+$ 能更有效地介导 $Zn(II)$ 的吸收。

2. 维持体内 pH 恒定的环境

添加无机盐、简单有机盐形式的微量元素会影响机体肠道内的 pH 和体内酸碱平衡，对机体产生不良的刺激作用；而金属离子和有机配位体的反应则形成了一个缓冲体系，机体通过控制肠道及组织中 pH 来控制缓冲体系的反应，保证金属离子浓度的恒定。另外，氨基酸配合物为机体正常中间产物，很少对机体产生不良刺激，有利于动物采食和胃肠的吸收，促进动物生长。

3. 降低微量元素之间的拮抗作用

微量元素之间存在着相互拮抗和协同作用，这种作用的机制是非常复杂的。有研究表明这种拮抗和竞争可能与吸收结合位点的竞争、吸收后储存部位的竞争或者相关酶活性部位元素的替代会有协同或相互抑制吸收的作用。如 Mn 能促进 Cu 的吸收利用，Fe 和 Cu 又有生血协同作用，Zn 含量过多时将影响 Cu 的吸收等。往往一种金属元素会影响另外两种元素的吸收。微量元素之间的协同拮抗关系既相互联系又相互制约。Rojas 研究表明，饲料中添加高水平的蛋氨酸锌或赖氨酸锌对血清铜及组织中的铜浓度没有显著影响，这表明了 Zn-Met 或 Zn-Lys 与 Cu^{2+} 之间没有拮抗作用[11]。

4. 增强酶的吸收，提高营养物质的利用效率

有机微量元素接近于酶的天然形态而有利于酶的吸收，被吸收的形态更容易被机体结合到自身的生物学组分中，由此可加强动物体内酶的激活与产生，提高蛋白质、脂肪和维生素的利用率。

5. 适口性好，减少抗营养因子

一般的无机微量元素适口性较差，有机微量元素克服了这方面的缺陷，它具有氨基酸特有的气味，使动物易于接收，减少抗营养因子的作用。

8.1.3　配合物吸收代谢的机理

关于氨基酸配合物的吸收代谢机理的研究尚处于研究阶段。现在一般的理论认为，螯合强度适宜的有机微量元素氨基酸配合物进入消化道后，可以避免肠腔中拮抗因子及其他影响因子对微量元素的沉淀或吸附作用，直接到达小肠，并在吸收位点处发生水解，其中的金属元素以离子形式进入肠上皮细胞并吸收入血液，使进入体内的微量元素增加。这种理论强调的是适宜稳定常数的有机微量元素在消化道内的状态与无机微量元素不同，其生物学活性高的主要原因是有机微量元素能到达吸收部位并被直接吸收，因此进入血液中的量比无机形态的多。

8.2　微量元素配合物在水产动物中的研究进展

水产动物的生命过程离不开微量元素。如果缺乏将引起各类结构或功能上的病症。鱼虾可以通过饲料和水体环境获得所需的微量元素，但因鱼、虾和贝类的中肠呈碱性，无机态的微量元素在碱性条件下溶解度降低，因此自然条件下的吸收利用率很低。水产饲料中添加各类微量元素，其利用率受到饲料中营养物质的含量、结构形式、饲料消化率以及水产动物本身的生理或病理情况影响。常用的无机态的微量元素添加剂存在吸收利用率低、使用量高和粪便排放量高等缺陷。随着人们环保意识的增加，越来越多的研究倾向于提倡用有机态的微量元素来替代。目前氨基酸螯合微量元素的作用和功能得到业界的普遍认可。许多研究表明，氨基酸螯合态的微量元素具有提高水产动物的消化吸收率、饲料利用率和促进生长等作用。

8.2.1　在鱼类中的应用

微量元素是鱼类营养中必不可少的成分，但是目前在鱼类营养中对于微量元素的相关研究并不深入。鱼类虽然可通过鳃皮和肠黏膜来吸收微量元素，但是饲料依然是鱼类获得微量元素的主要途径[12]。大部分的微量元素是以无机形式存在的，只有少量的微量元素如硒(Se)、铜(Cu)、铁(Fe)、锌(Zn)、锰(Mn)有有机化学形式。

越来越多的鱼类研究结果表明，有机微量元素在消化道内更为稳定，它们与有机分子绑定后更不易发生相互协同或拮抗作用，较无机态的具有更高的生物学效价[13, 14]，因此，有机微量元素化合物已被认定为无机微量元素的替代品。早在20世纪80～90年代，就有研究显示，鱼类中饲喂金属蛋白盐(如锌蛋白盐类)和金属氨基酸配合物与饲喂无机盐组相比较，前两者具有更高的生物学利用率、更快的生长速度以及抗病力[15, 16]。甘氨酸螯合微量元素在虹鳟中的实验研究表明，其可提高虹鳟的生长性能和组织中的微量元素沉积率。鱼体的免疫功能和抗病力明显增强[17]。还有一些微量元素配合物由二价阳离子配合物到两分子的 HMTBa (2-羟基-4-甲基硫代丁酸，2-hydroxy-4-methylthiobutanoic acid)或蛋氨酸羟基类似物等一些稳定性极高的成分组成。这些稳定性高的分子使得螯合的微量元素更不易与植酸或饲粮中的其他拮抗剂相结合。这些分子因此能够达到肠上皮细胞的相关受体中，进而进入动物的循环系统被吸收利用[18~20]。以下列举几种微量元素添加剂的对比实验研究结果，比较了微量元素氨基酸配合物和普通无机添加剂之间的差异。

铜的功能主要体现在造血方面，同时它也作为许多铜依赖酶类的主要成分，如赖氨酰氧化酶、细胞色素 c 氧化酶、铁氧化酶、酪氨酸酶、超氧化物歧化酶等。日粮中铜的需要量在鲤鱼、虹鳟、奥尼罗非鱼、斑点叉尾鮰、大西洋鲑、石斑鱼为 $1.5～6 mg/kg$[21]。Shao 等[22]比较了日粮中分别添加不同铜源和铜水平［碱式氯化铜(TBCC)、氨基酸螯合铜(Cu-AA)和硫酸铜］对异育银鲫生长、铜态、血浆抗氧化活性以及铜的相对生物学利用率的影响和差异。实验组分别添加碱式氯化铜(TBCC)、氨基酸螯合铜(Cu-AA)和硫酸铜，铜水平为 0、3、6、9 mg Cu/kg。异育银鲫初始平均体重为 18 g 左右，饲养期为 55天。结果表明，日粮添加铜水平为 3 和 6 mg/kg 的组平均增重和特定生长率显著高于其他组($P<0.05$)，同时饲料转化率相对低于其他组($P>0.05$)。添加 Cu-AA 组肝脏中铜的浓度高于添加相同铜水平的其他铜源的实验组($P>0.05$)。添加 Cu-AA 组中 6 和 9 mg/kg铜水平的实验组和添加 9 mg/kg 铜水平的 TBCC 组的血浆铜蓝蛋白活性显著高于 3 mg/kg铜水平的 TBCC 组和硫酸铜组($P<0.05$)。

周志刚[23]以微量元素氨基酸配合物全面替代饲料中的硫酸盐无机微量元素，饲喂 8周后，研究其对青鱼生长、饲料转化效率及非特异性免疫力的影响。结果表明，硫酸盐无机矿组与全螯合矿组之间在末重、增重率、饲料系数及存活率等指标上差异不显著。但是，全螯合矿组比无机盐矿组增重率提高 5.26%、饲料系数降低 7.14%、斤鱼成本降低 6.88%。非特异性免疫指标中，全螯合矿组的血清溶菌酶活性、补体 C3、C4 水平均显著高于对照组($P<0.05$)。结果证明了全螯合矿可以在一定程度上改善青鱼生长、降低饲料系数和养殖成本，并显著提高青鱼的非特异性免疫力。

侯华鹏[24]用不同饲料锰源：无机锰($MnSO_4·H_2O$)和有机锰(蛋氨酸羟基类似物螯合

锰，Mintrex Mn）对大菱鲆生长和生理反应的影响进行了研究。结果表明，饲料中以 Mintrex Mn 形式添加锰元素显著提高了大菱鲆幼鱼的增重率（WG）和特定生长率（SGR）（$P<0.05$），对饲料系数（FE）和存活率（SR）的影响不显著（$P>0.05$）。以两种锰源形式等物质的量浓度添加的各对应组 WG 和 SGR 无显著差异（$P>0.05$）。以 WG 和 SGR 为评价指标，Mintrex Mn 与 $MnSO_4·H_2O$ 的相对生物学效价分别为 331% 和 341%，即有机锰源的促生长效果为无机锰源的 3.31～3.41 倍（表 8.1）。这与 Paripatananont 和 Lovell[25]对斑点叉尾鮰及 Tan 和 Mai[26]的研究结果是相似的。Paripatananont 和 Lovell 的研究表明 Zn-Met 相对硫酸锌的生物学效价，以增重率为评价指标是 352%，以骨骼锌沉积为评价指标为 305%。许多研究结果表明，饲料中不同微量元素来源的营养价值好坏不仅取决于饲料中相应元素含量的高低，而且也取决于其对动物的相对生物学效价的高低[27]。Ashmead[28]的研究表明螯合态能够阻止微量元素在消化过程中与其他物质络合为不溶的化合物，从而保证微量元素被肠道有效吸收，螯合态会一直持续到微量元素被运输到机体可以吸收利用的位点，这也是螯合态元素具有较高生物学效价的原因。

表 8.1　**Mintrex Mn 与 $MnSO_4·H_2O$ 两种锰源的相对生物学效价**[24]

评价指标	锰元素来源	折线方程	折点①	相对生物学效价/%②
WG	Mintrex Mn	$Y=442.352-16.457(6.759-X)$	6.759 ± 0.00	331
	$MnSO_4·H_2O$	$Y=457.04-4.976(15.816-X)$	15.816 ± 2.89	
SGR	Mintrex Mn	$Y=3.02-0.058(6.691-X)$	6.691 ± 0.00	341
	$MnSO_4·H_2O$	$Y=3.06-0.017(15.273-X)$	15.273 ± 2.01	

注：①折线方程折点，数据为折线方程 5 个重复的平均值±标准误；②Mintrex Mn 组与 $MnSO_4·H_2O$ 组折线方程的斜率百分比。

Tippawan 和 Richard[29]在以卵白蛋白为蛋白源的饲料中添加不同浓度的蛋氨酸锌和硫酸锌，进行 10 周养殖，结果表明：以硫酸锌为锌源，需要 18.94 mg/kg 才能使斑点叉尾鮰达到最大增重率，而以蛋氨酸锌为锌源，只需要 5.58 mg/kg 即可满足最佳生长需要。在以豆粕为蛋白源的饲料中，以硫酸锌为锌源，需要 30.19 mg/kg 的锌才能满足斑点叉尾鮰的最大增重率，而以蛋氨酸锌为锌源，要达到同样效果只需要 5.91 mg/kg 的锌，以骨锌含量为指标，斑点叉尾鮰对硫酸锌和蛋氨酸锌中锌的需要量分别为 80 mg/kg 和 12.82 mg/kg。

Ma 等[30]将螯合锌（Mintrex™Zn，Zn-M，14% zinc，80% HMTBa）与无机锌（$ZnSO_4·7H_2O$，Zn-S，22.63% zinc）两种不同来源的锌在大菱鲆含有磷酸钙和植酸盐的日粮中按比例添加，比较研究其不同的生物学利用率。结果表明，特定生长率（SGR）、平均日采食量（FI）、饲料转化效率（FE）、全身和骨骼中锌的浓度、全身粗脂肪含量、血清或肝脏中的 SOD、GSH-Px 活性，锌添加组这几项指标均呈显著性升高的趋势（$P<0.05$）。但是两组不同锌源添加组之间的生长性能没有显著差异（$P>0.05$）。回归分析表明，根据特定生长率数据，幼年大菱鲆日粮锌的需要量约为 60.2 mg/kg（表 8.2）。

表 8.2　**不同锌源硫酸锌（Zn-S）和螯合锌（Zn-M）对大菱鲆生长和饲料转化效率的影响**[30]

组别	添加水/(mg/kg 日粮)	首重	末重	SGR/(%/d)	FI/(%/d)	FE/%
对照组	0	4.78 ± 0.00	22.66 ± 0.54	2.78 ± 0.04	1.63 ± 0.01	104.08 ± 2.16
Zn-S	15	4.78 ± 0.01	24.82 ± 0.39	2.94 ± 0.03	1.68 ± 0.03	109.82 ± 1.37

续表

组别	添加水/(mg/kg日粮)	首重	末重	SGR/(%/d)	FI/(%/d)	FE/%
	45	4.78±0.00	26.07±0.73	3.03±0.05	1.74±0.01	109.48±2.21
	75	4.78±0.00	25.41±0.15	2.98±0.01	1.70±0.02	110.45±1.40
	105	4.78±0.01	25.78±0.47	3.01±0.03	1.71±0.02	110.47±1.35
	135	4.78±0.00	25.85±0.62	3.01±0.04	1.68±0.02	112.93±1.97
Zn-M	15	4.78±0.00	24.59±0.47	2.92±0.03	1.64±0.01	111.91±2.11
	45	4.78±0.00	26.18±0.90	3.03±0.04	1.69±0.02	113.32±3.13
	75	4.78±0.00	26.05±0.42	3.03±0.03	1.67±0.02	113.09±1.99
	105	4.78±0.00	25.50±0.49	2.99±0.03	1.67±0.02	112.49±1.52
	135	4.78±0.01	25.30±1.03	2.97±0.08	1.70±0.03	109.34±4.38
锌源	Zn-S		25.10±0.29	2.96±0.02	1.69±0.01	109.54±0.83
	Zn-M		25.05±0.34	2.95±0.02	1.67±0.01	110.71±1.18
锌水平	0		22.66±0.54c	2.78±0.04c	1.63±0.01c	104.08±2.16b
	15		24.70±0.29b	2.93±0.02b	1.66±0.02bc	110.86±1.24a
	45		26.13±0.55a	3.03±0.04a	1.72±0.01a	111.40±1.92a
	75		25.73±0.24ab	3.01±0.02ab	1.70±0.02ab	111.77±1.23a
	105		25.64±0.32ab	3.00±0.02ab	1.69±0.02ab	111.48±1.02a
	135		25.58±0.57ab	2.99±0.04ab	1.69±0.02ab	111.13±2.34a
来源		0.305	0.889	0.821	0.123	0.384
水平		0.948	0.000	0.000	0.015	0.011
来源×水平		0.853	0.948	0.935	0.573	0.656

注：1. 特定生长率(SGR)=100×ln(末重/首重)/天；

2. 平均日采食量(FI, %/d)=100×采食量/[(首重+末重)/2]/天；

3. 饲料转化率(%)=100×(体增重/采食量)。

a、b、c分别表示同列平均数之间差异的显著性。有相同字母的值表明该组与其他组间差异不显著(P>0.05)，相邻字母表明该组与其他组差异达到显著性水平(P>0.05)，相间字母表明该组与其他组差异极显著(P<0.01)。

8.2.2　在其他水产动物中的应用

铜是虾类的一种必需微量元素，对虾类的生长、免疫功能、酶功能、组织器官完整性起重要作用，同时它也是呼吸色素血蓝蛋白的组成成分。虾类不能从海水中获取维持生理活动所需的铜，因此为了达到生长和代谢的需要，必须在饲料中添加铜。但是饲料中拮抗剂的存在可导致生物利用率降低以及铜的缺乏症，从而危害虾类的生长和健康。Bharadwaj 等[31]开展了南美白对虾对日粮中无机和螯合来源的铜生物学效价的比较研究。试验配制一种主要成分为酪蛋白、明胶、大豆蛋白、鱿鱼肌肉和小麦淀粉的缺铜的半纯化日粮(8 mg/kg)。这种日粮含有 35%的粗蛋白，8%的油脂和提供了其他所有虾所需要的营养物质。这种配方日粮中，分别添加了不同剂量的无机硫酸铜(55、80、116、168、243、363 mg/kg)。另一种分别添加了不同剂量的螯合铜(螯合羟基蛋氨酸类似物：26、39、52、65、83 mg/kg)(见表 8.3)。所有的试验日粮含有 1.2%植酸。幼虾(N=8；始重 0.4 g)饲喂这些不同日粮 6 周。6 周后，虾平均末重为 8.75～10.11 g，生长率为 1.47～1.71 g/周。相较于添加螯合铜来源的实验组，添加无机铜组需要 3～4 倍的日粮铜才能达到螯合铜组相当的生长速度。添加 168 和 243 mg/kg 无机铜的实验组的生长率显著高于对照组。同样的，添加 52 和 83 mg/kg 螯合铜的实验组的生长率也显著高于对照组。身体和肝胰腺铜浓度与日粮中添加铜密切相关。对照组的组织中的铜浓度显著低于其他实验组。实验结果表明，日粮中添加螯合铜对南美白对虾而言是一种安全、高效的添加剂。

锌是一种对水产动物正常的生长、发育和生理功能具有重要作用的微量元素。研究表明，锌缺乏可导致死亡率升高、生长速度缓慢、采食量降低、白内障、皮肤糜烂、氧化损伤等一系列疾病[32~34]。

表 8.3　南美白对虾实验组添加不同来源铜[31]

铜源	日粮	铜添加量 /(mg/kg)	总日粮铜浓度 /(mg/kg)	日粮中分析铜浓度/(mg/kg)[①]	植酸/%[①]
	基础日粮	0	8	9	1.38
无机铜	C55	47	55	64[②]	
铜盐(CuSO₄·7H₂O)	C80	72	80	93[②]	
	C116	108	116	135[②]	
	C168	160	168	198[②]	
	C243	235	243	286[②]	
	C363	355	363	430	1.37
螯合铜	M26	18	26	30[②]	
诺伟司螯合铜(Mintrex™Cu, 与蛋氨酸羟基类似物螯合)	M39	31	39	45[②]	
	M52	44	52	59[②]	
	M65	57	65	75[②]	
	M83	75	83	96	1.37

注：①基础日粮和不同铜来源的高添加水平铜添加量的日粮用铜和桓酸的浓度来分析。②估算的不同铜来源中间水平添加量日粮值。

Lin 等[35]研究比较了螯合锌与硫酸锌两种不同锌源对南美白对虾生长和免疫的影响。该实验采用了蛋氨酸锌(Zn-Met)、赖氨酸锌(Zn-Lys)和甘氨酸锌(Zn-Gly)与硫酸锌(ZnSO₄·H₂O)4 种不同日粮锌源进行比较。其中 3 种氨基酸螯合锌中氨基酸与锌的比例为2∶1。实验对平均体重为 0.72 ± 0.02 g 的南美白对虾进行为期 12 周的饲养实验。结果表明，不同来源的锌影响了虾的生长、成活率和各项免疫指标。添加有机锌的实验组与无机锌组比较显著提高了虾的生长速度、成活率以及免疫功能指标。其中蛋氨酸锌(Zn-Met)组的增重和免疫参数值最高。但是赖氨酸锌(Zn-Lys)和甘氨酸锌(Zn-Gly)组之间的增重、成活率、总细胞数、吞噬细胞活性、超氧化物歧化酶(SOD)、血清碱性磷酸酶(AKP)等指标差异不显著。结果表明，有机锌的作用效果优于无机锌，且蛋氨酸锌(Zn-Met)是一种更好的锌源。

吴业阳[36]以硫酸锌和蛋氨酸锌为锌源，在精制饲料中分别添加：0、5、10、20、30、50 mg/kg 的锌，硫酸锌组饲料锌实际含量分别为：7.1、10.1、15.3、23.4、33.0、54.4 mg/kg，蛋氨酸锌组饲料锌实际含量分别为：7.1、13.0、17.0、28.3、41.9、62.8 mg/kg，养殖水体中锌含量为 5.74 μg/L。实验结果表明，不同饲料锌水平和不同锌源显著影响方斑东风螺的生长($P<0.05$)。在硫酸锌实验组中，以增重率为指标，通过折线分析得出方斑东风螺对锌的需要量为 15.3 mg/kg，以免疫酶为指标，需要量为 23~24 mg/kg。在蛋氨酸锌组实验中，以增重率为指标，方斑东风螺对锌的需要量为 11.3 mg/kg。以免疫酶为指标，通过折线分析得出方斑东风螺对锌的需要量为 17~18 mg/kg。各处理饲料系数、蛋白质效率、成活率和肉壳比无显著差异($P>0.05$)。通过斜率比法，以方斑东风螺增重率、壳长增长率、壳宽增长率、总 SOD、Cu-ZnSOD、CAT、AKP 酶活力和软体部中锌含量为指标得出蛋氨酸锌的生物学效价分别为 264%、267%、170%、107%、125%、135%、223%和 106%。蛋氨酸锌平均相对生物学效价为 175%，说明在方斑东风螺饲料中蛋氨酸锌的生物学效价比硫酸锌高。该结果与 Tan 和 Mai[26]对皱纹盘鲍锌的研究结果趋于一致。Tan 和Mai 对幼鲍的研究表明，Zn-Met 相对硫酸锌的生物学效价，以增重率为评价指标为 328%，以壳日增重率为评价指标为 327%，以碱性磷酸酶活性为评价指标为 278%，以软体团锌元素沉积为评价指标为 266%。同一锌水平饲料中，蛋氨酸锌组鲍鱼增重率显著高于硫酸锌组。蛋氨酸锌能减少鲍鱼对锌的需要量，添加低于硫酸锌的量可以达到相同的生长速度且鱼体抗氧化功能增强。

以上研究结果表明，在水产饲料微量元素添加剂中，氨基酸微量元素配合物在水产动物中的吸收利用率、相对生物学效价等指标明显优于无机微量元素添加剂，且前者具有更好地促进动物生长、提高饲料利用率、增加机体对微量元素吸收水平和降低重金属元素的排放等优点。对于水产动物生长发育和生命过程中必不可少的各类微量元素而言，微量元素氨基酸配合物作为一种高效、优质、环保的微量元素添加剂较传统的微量元素添加剂具有明显优势。

8.3　问题与展望

中国是世界渔业大国，水产品总产量稳居世界第一位。鱼类作为一种高质量的动物蛋白和多不饱和脂肪酸的重要来源，已经越来越受到人们的青睐。在养殖渔业里，随着人们对鱼类消费量的增加，金属的残留和对环境的污染是对公共健康的一种潜在的威胁。因此，近年来，养殖鱼类和水产品的安全已得到人们的广泛关注。

20 世纪 50 年代，日本曾发生的水俣病就是通过食用海洋鱼类而导致甲基汞（MeHg）中毒。甲基汞是一种神经毒素，可导致心肌梗死和冠心病。随着环境污染的加剧，水环境被酸化的情况越来越多，酸化的水导致铝元素迁移到水环境中。Brodeura 等[37]曾将大西洋鲑放入 pH 5.2 的酸化的水体中 36 天（其中铝以氯化铝的形式存在，含量为 50 μg/L），最初饲料消耗降低了，但在整个实验期中鱼体体重减轻，浮游活力增加。

日粮暴露评估是一种公认的对鱼类重金属沉积的主要评估方法。Wang 等[38]首次对商品鱼饲料及其原料中的金属污染进行了评估。在鱼类的商品饲料中，鱿鱼内脏粉、海带粉和菜籽粉是金属沉积和高金属含量的原料。研究运用放射性示踪技术测定了幼龄黑鲷的金属同化效率（AE）来评估日粮中镉（Cd）、无机汞[Hg（Ⅱ）]、锌（Zn）的生物学利用率。结果表明，除了玉米粉中的无机汞以及玉米粉和油菜子粉中的锌以外，不同来源的蛋白质在饲料中并未显著地影响到金属的同化效率。总的来说，随着日粮金属浓度的增加，金属的同化效率有降低的趋势。比较商品鱼饲料中的二巯基琥珀酸（DMSA）和 L-半胱氨酸（L-Cys），金属添加剂（如 3000 μg Fe/g 或 200 μg Cu/g）对金属的同化效率具有更大的影响，这可能与金属之间的竞争机制有关。金属的相对生物学利用率在自然采食和饲喂人工饲料之间相比较，人工饲料中不同的金属和肠道的通过时间具有不一致性和更为复杂性。该研究表明，水产养殖中的商品饲料中的金属污染可能被人们所忽视和低估了。笔者收集了部分矿物元素暴露对鱼类的影响研究结果供参考（见表 8.4）。

表 8.4　部分矿物元素对鱼类的影响研究结果

矿物元素	动物	数量	年龄或体重	浓度	来源	持续时间	途径	影响	相关文献
铬 (chromium)	鱼、鲤鱼		10.5~12.5	5 mg/L, 10 mg/L, 20 mg/L	$CrCl_3$	48 小时	水	无不良反应 / 24 小时后 100% 鱼死亡	[39]
				5 mg/L, 10 mg/L, 20 mg/L	$Cr_2(SO_4)_3$			无不良反应 / 48 小时后 80% 鱼死亡	
	鱼、斑点叉尾鮰	25	4.9	34~6409 mg/kg	Cr_2O_3	10 周	饲料	无不良反应	[40]
	鱼	12	5.5	1~3 mg/kg	$CrCl_3$	56 天	饲料	无不良反应	[41]
	虹鳟			6 mg/kg				生长和采食量降低	
铜 (copper)	鱼、大西洋鲑	3000	鱼苗 (0.9)	35 mg/kg	$CuSO_4$	12 周	饲料	无不良反应	[42]
	鱼、奇努克鲑		鱼苗	500~1750 mg/kg	$CuSO_4$	96 小时	水	增重降低 / 半致死浓度 (LC50) 为 54~64 mg/L	[43]
	鱼、斑点叉尾鮰		8.8 g		$CuSO_4$	24 小时	水	半致死浓度 (LC50) 为 2500~3500 mg/L, 与温度有关	[44]
	鱼、斑点叉尾鮰	45	83 g	2~40 mg/kg	$CuSO_4$	13 周	饲料	无不良反应	[45]
	鱼、胭脂鱼	55	幼鱼	2400 mg/kg	$CuSO_4$	70 天	饲料	降低生长, 采食量和脂质过氧化作用	[46]
	鱼、虹鳟	60	鱼苗	350~800 mg/kg, 660~800 mg/kg	虾 (富含 Cu)	60 天	饲料	无不良反应, 但死亡率升高	[47]
铁 (iron)	鱼、鲶鱼	20	32 g	6354 mg/kg	$FeSO_4 \cdot 7H_2O$	5 周	饲料	降低生长速度和肝脏维生素 E, 加快肝脏和心脏中的脂质过氧化反应	[48]
锰 (manganese)	鱼、大西洋鲑	16	幼鲑	198 mgMn/kg 饲料	$MnSO_4 \cdot H_2O$	23 周	饲料	白内障增加	[49]
汞 (mercury)	鱼、大西洋鲑	100	15 g	5 mg/kg, 10 mg/kg	MeHgCl	16 周	饲料	生长速度无明显影响, 大脑呈现严重的病理反应, 活动能力降低	[50]
硒 (selenium)	鱼、奇努克鲑和银鲑鱼的鱼苗	5~10	各阶段 (0.5~2.6 g)	5 mg/kg, 10 mg/kg 多种水平	$HgCl_2$, 亚硒酸盐、硒酸盐, 硒、蛋氨酸硒	24 或 96 小时	水	生长速度无明显影响, 大脑呈现轻微的病理反应。/ 亚硒酸盐的毒性大于硒酸盐。硒剂量高于 21.6 mgSe/L 时没有发现鱼死亡, 但是这个水平下至少有 50% 的鱼出现明显的浮出水面的行为	[51]
锌 (zinc)	鱼、棕鳟	10	8~10 g	0.10~6.40 mg/L	$ZnSO_4 \cdot 7H_2O$	96 小时	水	半致死浓度值范围从 <0.14 mg/L 的碱	[52]

　　氨基酸螯合微量元素在水产动物中的应用优势非常明显,但目前因其生产工艺复杂,应用成本较高等因素制约了这类添加剂的广泛使用。要解决这一问题,其一可通过生物或化学的方法改进其生产工艺,降低生产成本,从而使其价格符合市场需求。其二,关于氨基酸螯合微量元素在水产动物中的研究目前主要停留在营养学和应用效果方面,关于其在动物体内的吸收代谢机理和其免疫学功能方面的研究等领域还有待进一步加强。

参 考 文 献

[1] 谭北平,阳会军,朱选.氨基酸螯合态微量元素在水产饲料中的应用. 广东饲料,2001,10(3):31-32.

[2] 刘镜恪,陈晓琳. 鱼类的痕量矿物质研究进展. 海洋科学集刊,2003,45:153-162.

[3] Found M T. Chelation and chelated elements. Appl. Nutr.,1974,26:6.

[4] Sherman B R,Rowland R D.Mineral chelates:piggyback nutrients. Feed Management,1990,41(5):35-40.

[5] Snedeker S M,Greger J L. Metabolism of zinc,copper and iron as affected by dietary protein,cysteine and histidine. The Journal of Nutrition,1983,113(3):644-652.

[6] Wapnir R A,Garcia-Aranda J A,Mevorach D E K,et al. Differential absorption of zinc and low-molecular weight ligands in the rat gut in protein-energy malnutrition. Journal of Nutrition,1985,115:900-908.

[7] Vercauteren K,Blust R. Bioavailability of dissolved zinc to the common mussel Mytilus-edulisin complexing environments. Marine Ecology,1996,137:123-132.

[8] 杨建梅,王安利,霍湘. 氨基酸螯合微量元素的研究及其在水产动物中的应用. 海洋科学,2008,32(1):81-87.

[9] Glover C N,Hogstrand C. Amino acid modulation of in vivo intestinal zinc uptake in freshwater rainbow trout. Journal of Experimental Biology,2002,205:151-158.

[10] Glover C N,Bury N R,Hogstrand C. Zinc uptake across the apical membrane of freshwater rainbow trout intestine is mediated by high affinity,low affinity,and histidine-facilitated pathways. Biochimica et Biophysica Acta,2003,1614:211-219.

[11] Rojas L X,McDowell L R,Cousins R J,et al. Relative bioavailability of two organic and inorganic sources fed to sheep. Animal Science,1995,73(4):1202-1207.

[12] Watanabe T,Kiron V,Satoh S,et al.Trace minerals in fish nutrition. Aquaculture,1997,151:185-207.

[13] Apines M J,Satoh S,Kiron V,et al. Availability of supplemental amino acid-chelated trace elements in diets containing tricalcium phosphate and phytate to rainbow trout,*Onocrhynchus mykiss*. Aquaculture,2003,225:431-444.

[14] Mary J S,Apines-Amar,Shuichi S,et al. Amino acid chelates:a better source of Zn,Mn and Cu for rainbow trout *Oncorhynchus mykiss*. Aquaculture,2004,240:345-358.

[15] Hardy R W,Shearer K D. Effects of dietary calcium phosphate and zinc supplementation on whole body zinc concentrations of rainbow trout(*Salmo gairdneri*). Canadian Journal of Fisheries and Aquatic Sciences,1985,42:181-184.

[16] Paripatananont T,Lovell R T.Chelated zinc reduces the dietary zinc requirement of channel catfish,*Ictalurus punctatus*. Aquaculture,1995,133:73-82.

[17] Satoh S,Apines M J,Tsukioka T,et al. Bioavailability of amino acid-chelated and glass-embedded manganese to rainbow trout *Oncorhynchus mykiss*,fingerlings. Aquaculture Research,2001,32:18-25.

[18] Eide D J.The SLC39 family of metal ion transporters. Pflugers Arch. Eur. J. Phys.,2004,447:796-800.

[19] Wang X,Zhou B.Dietary zinc absorption:a play of zips and Zn Ts in the gut. Life,2010,62:176-182.

[20] Yi G F,Atwell C A,Hume J A,et al. Determining the methionine activity of Mintrex organic trace minerals in broiler chicks by using radiolabel tracing or growth assay. Poultry Science,2007,86:877-887.

[21] Lee M H,Shiau S Y.Dietary copper requirement of juvenile grass shrimp Penaeus monodon and effects on non-specific immune responses. Fish Shellfish Immunol,2002,13:259-270.

[22] Shao X P,Liu W B,Xu W N,et al. Effects of dietary copper sources and levels on performance,copper status,plasma antioxidant activities and relative copper bioavailability in *Carassius auratus gibelio*. Aquaculture,2010,

308：60-65.

[23] 周志刚. 全螯合矿对青鱼生长、饲料转化及非特异性免疫力的影响. 新饲料，2009，6：58-61.

[24] 侯华鹏. 大菱鲆（*Scophthalmus maximus L.*）对不同形式的蛋氨酸源和锰源的营养生理研究. 青岛：中国海洋大学硕士学位论文，2012.

[25] Paripatananont T, Lovell R T. Chelated zinc reduces the dietary zinc requirement of channel catfish, *Ictalurus punctatus*. Aquaculture, 1995, 133：73-82.

[26] Tan B P, Mai K S. Zinc methionine and zinc sulfate as sources of dietary zinc for juvenile abalone, *Haliotis discus hannai Ino*. Aquaculture, 2001, 192：67-84.

[27] Paripatananont T, Lovell R T. Comparative net absorption of chelated and inorganic trace minerals in channel catfish *Ictalurus punctatus* diets. World Aquaculture Society, 1997, 28：62-67.

[28] Ashmead D. The Role of Metal Amino Acid Chelate. San Diego：Academic Press, 1993：57.

[29] Tippawan P, Richard T L. Chelated zinc reduces the dietary zinc requirement of channel catfish, *Icatlurus punctatus*. Aquaculture, 1995, 133：73-82.

[30] Ma R, Hou H P, Mai K S, et al.Comparative study on the bioavailability of chelated or inorganic zinc in diets containing tricalcium phosphate and phytate to turbot（*Scophthalmus maximus*）. Aquaculture, 2014, （420-421）：187-192.

[31] Bharadwaj A S, Patnaik S, Browdy C L, et al.Comparative evaluation of an inorganic and a commercial chelated copper source in Pacific white shrimp Litopenaeus vannamei（Boone）fed diets containing phytic acid. Aquaculture, 2014, （422-423）：63-68.

[32] Eid A E, Ghonim S I.Dietary zinc requirement of fingerling *Oreochromis niloticus*. Aquaculture, 1994, 119：259-264.

[33] Gatlin D M, Wilson R. Dietary zinc requirement of fingerling channel catfish. Journal of nutrition, 1983, 113：630.

[34] Kucukbay Z, Yazlak H, Sahin N, et al. Zinc picolinate supplementation decreases oxidative stress in rainbow trout（*Oncorhynchus mykiss*）. Aquaculture, 2006, 257：465-469.

[35] Lin S M, Lin X, Yang Y, et al.Comparison of chelated zinc and zinc sulfate as zinc sources for growth and immune response of shrimp（*Litopenaeus vannamei*）. Aquaculture, 2013, （406-407）：79-84.

[36] 吴业阳. 方斑东风螺铜、锰、锌需要量及两种锌源生物学效价的研究. 湛江：广东海洋大学硕士论文，2012.

[37] Brodeura J C, Øklandb F, Finstad B, et al. Effects of subchronic exposure to aluminium in acidic water on bioenergetics of atlantic salmon（*Salmo salar*）. Ecotoxicology and Environmental Safety, 2001, 49, （3）：226-234.

[38] Wang W X, Onsanit S, Dang F. Dietary bioavailability of cadmium, inorganic mercury, and zinc to a marine fish：Effects of food composition and type. Aquaculture, 2012, （356-357）：98-104.

[39] Muramoto S. Influence of complexans（NTA, EDTA）on the toxicity of trivalent chromium（chromium chloride, sulfate）at levels lethal to fish. J. Environment Science Health A, 1981, 16：605-610.

[40] Ng W K, Wilson R P. Chromic oxide inclusion in the diet does not affect glucose utilization or chromium retention by channel catfish, *Ictalurus punctatus*. Journal of Nutrition, 1997, 127：2357-2362.

[41] Tacon A G, Beveridge M M. Effects of dietary trivalent chromium on rainbow trout. Nutr. Rep. Int., 1982, 25：49-56.

[42] Berntssen M H G, Lundebye A K, Maage A. Effects of elevated dietary copper concentrations on growth, feed utilization and nutritional status of Atlantic salmon（*Salmo salar L.*）fry. Aquaculture, 1999, 174：167-181.

[43] Hamilton S J, Buhl K J. Safety assessment of selected inorganic elements to fry of Chinook salmon（*Oncorhynchus twhawytscha*）. Ecotoxicol. Environ. Safe, 1990, 20：307-324.

[44] Smith M J, Heath A G. Acute toxicity of copper, chromate, zinc, and cyanide to freshwater fish：effect of different temperatures. Bull. Environ Contam. Toxicol., 1979, 22：113-119.

[45] Gatlinand D M I, Wilson R P. Dietary copper requirement of fingerling channel catfish. Aquaculture, 1986, 54：277-285.

[46] Baker R T M, Handy R D, Davies S J, et al. Chronic dietary exposure to copper affects growth, tissue lipid peroxidation, and metal composition of the grey mullet, *Chelon labrosus*. Marine Environmental Research, 1998, 45（4-5）：357-365.

[47] Mount D R, Barth A K, Garrison T D, et al. Dietary and waterborne exposure of rainbow trout（*Oncorhynchus mykiss*）to copper, cadmium, lead and zinc using a live diet. Environ. Toxicol. Chem., 1994, 13：2031-2041.

[48] Baker R T M，Martinand P，Davies S J. Ingestion of sub-lethal levels of iron sulphate by African catfish affects growth and tissue lipid peroxidation. Aquat. Toxicol.（Amst.），1997，40：51-61.

[49] Waagbo R K，Hamre E，Bjerkas R，et al. Cataract formation in Atlantic salmon，Salmo salar L.，smolt relative to dietary pro-and antioxidants and lipid level. Journal of Fish Disease，2003，26：213-229.

[50] Berntssen M H，Aatland A，Handy R D. Chronic dietary mercury exposure causes oxidative stress，brain lesions，and altered behavior in Atlantic salmon（*salmo salar*）parr. Aquatic Toxicol，2003，65：55-72.

[51] Hamilton S J，Buhl K J. Acute toxicity of boron，molybdenum，and selenium to fry of Chinook salmon and Coho salmon. Arch. Environ. Contam. Toxicol.，1990，19：366-373.

[52] Everall N C，Macfarlane N A A，Sedgwick R W. The interactions f water hardness and pH with the acute toxicity of zinc to the brown trout，*Salmo trutta* L. Fish Biology，1989，35：27-36.

第9章 矿物元素配合物在反刍动物生产中的应用研究

传统上微量元素是以无机盐的形式添加到反刍动物日粮中的。近年来，人们对有机微量元素在反刍动物日粮中的应用进行了初步的研究。随着有机微量元素产品得到反刍动物养殖业的关注，其在反刍动物生产中的应用也逐渐增多。特别是在过去二十年，用有机微量元素替代部分无机微量元素已经在反刍动物生产中非常普遍。

其实，有机微量元素的概念比较宽泛，目前国内外所指的有机微量元素实际化学名称为"金属配合物"。根据美国饲料管理官员协会(AAFCO)的定义，有机微量元素是指微量元素的无机盐与有机物及其分解产物形成的化合物，有机微量元素可以分成氨基酸配合物、蛋白配合物、多糖配合物等。根据其定义和分类，在动物日粮中添加的有机微量元素实际上均为金属元素配位化合物，简称金属元素配合物。

许多研究表明，反刍动物饲料中添加有机微量元素可提高生长性能、免疫机能、胴体品质。微量元素配合物能以过瘤胃保护性氨基酸的形式通过瘤胃而不被破坏，为机体提供更多的过瘤胃氨基酸和微量元素，避免金属元素对瘤胃的毒害作用，直接通过肠细胞，发挥生理功效；但也有多个研究结果表明有机微量元素的应用效果与无机元素相比，无明显优势。

目前市售的矿物元素配合物几乎都是微量元素配合物。本章就微量元素配合物在反刍动物生产中的研究与应用进行介绍。

9.1 微量元素配合物在反刍动物中的应用

9.1.1 金属蛋白盐

常见的金属蛋白盐主要有铜、钴、铁、锰和锌的蛋白盐。根据定义，蛋白盐中的金属与氨基酸和/或部分水解的蛋白质进行螯合。在反刍动物中，铜的生物利用率非常低，主要是因为铜与钼和硫在瘤胃中相互作用。当日粮中钼和/或硫高时，如果能提供某种在瘤胃中能稳定存在，且不与钼和硫相互作用的铜，将有利于铜在小肠中的有效吸收。

Kincaid 等[1]和 Wittenberg 等[2]比较了铜蛋白盐和硫酸铜在饲喂高钼日粮牛上的应用效果。Kincaid 等[1]在给犊牛喂天然高钼的干草＋精料日粮条件下，比较了铜蛋白盐和硫酸铜对犊牛的作用，基础日粮含 2.8 mg/kg 的铜和 3.1 mg/kg 的钼。经过 84 天试验，相比于硫酸铜，每天给予 26 mg 铜蛋白盐形式铜的犊牛血浆(0.87 与 0.75 mg/L)和肝脏(325 与 220 mg/kg)中的铜浓度更高。结果显示，高钼日粮对铜蛋白盐吸收的影响较小，铜蛋白盐的利用率高于硫酸铜。Wittenberg 等[2]用高钼日粮饲喂缺铜阉牛，结果表明阉牛对不同铜源铜的利用率无显著差异。

Nockels[3]比较了铜蛋白盐和硫酸铜在公牛上的效果，发现铜源对增重和饲料效率无显著影响。然而，牛接种 IBR(传染性牛鼻气管炎病毒)后，饲喂铜蛋白盐牛的 IBR 抗体滴度较高，而在免疫接种前，牛只经过运输、装卸、与不熟悉的公牛混群和空腹等过程，已经产生了应激。

Scaletti 和 Harmon[4]将 28 头头胎奶牛分为 3 组，分别为基础日粮组、添加硫酸铜组和添加铜蛋白盐组，试验期从分娩前 60 天到泌乳期 49 天。在产后 34 天进行 *Escherichia* 727 大肠杆菌灌注。结果显示，铜蛋白盐组在攻毒后 24、48 和 72 h 乳中的细菌数低于对照组，在 24 和 96 h 低于硫酸铜组，同时，铜蛋白盐组在攻毒后的产奶量有高于对照组和硫酸铜组的趋势。与对照组相比，铜蛋白盐组和硫酸铜组的乳房炎临床评分较低。攻毒后 144 h 铜蛋白盐组的临床评分低于硫酸铜组或对照组。体细胞数(SCC)、干物质采食量、血浆铜和铜蓝蛋白等指标在各处理组间无显著差异。上述结果显示，在大肠杆菌乳房内攻毒后，与对照组或补充硫酸铜相比，补充铜蛋白盐有改善奶牛临床状况的趋势。

研究人员也对锌蛋白盐作为反刍动物锌来源进行了评价。Spears 和 Kegley 研究了不补充锌或补充 25 mg/kg 的氧化锌或锌蛋白盐对生长期肉牛生产性能的影响，当阉牛饲喂玉米青贮为主的基础日粮时，补锌增加了生长期肉牛的增重(表 9.1)。锌的来源对 84 天生长阶段的生产性能没有显著影响，但饲喂锌蛋白肉牛的饲料效率有升高趋势。

表 9.1　锌蛋白盐对生长肥育阉牛生长性能的影响[5]

指标	处理		
	对照	氧化锌	锌蛋白盐
生长期(84 天)			
日增重/kg*	0.97	1.06	1.07
饲料/增重	6.83	6.67	6.38
肥育期(84～112 天)			
日增重/kg	1.38	1.32	1.47
饲料/增重**	6.49	6.88	6.29
总体(168～196 天)			
日增重/kg	1.18	1.19	1.28
饲料/增重	6.58	6.69	6.32

*表示对照与锌添加组比较($P<0.05$)；
**表示氧化锌与锌蛋白盐比较($P<0.07$)。

在育肥阶段，阉牛饲喂添加了锌蛋白的高谷物日粮的饲料效率高于氧化锌组($P<0.07$)。锌的来源对生长育肥阶段的整体表现没有显著影响，饲喂锌蛋白阉牛的增重和饲料效率有升高趋势。不补充锌与补充氧化锌的阉牛整体表现相似。在生长和肥育阶段收集的瘤胃液样本均表明，饲以锌蛋白盐阉牛的瘤胃可溶性锌浓度高于饲喂氧化锌组的阉牛($P<0.05$)。

Spain 等[6]在泌乳奶牛上用锌蛋白盐替代 50%的氧化锌，经过 20 周泌乳期研究，发现其产奶量和体细胞数(SCC)之间没有差异。然而，根据 SCC 的变化和牛奶样品细菌培养结果，饲喂锌蛋白盐奶牛的新发乳房感染明显少于饲以氧化锌的奶牛($P<0.05$)。Cope

等[7]按 NRC(2001 年)推荐水平补充锌蛋白盐形式的锌饲喂奶牛，其产奶量高于补充相同水平氧化锌形式锌的奶牛，也高于以较低水平(NRC 推荐水平的 66%)补充锌蛋白盐形式锌的奶牛，但是与补充较低水平氧化锌形式锌的奶牛没有显著差异。同时，与较低水平补锌的奶牛相比，以 NRC 推荐水平补充两者中任一形式的锌均可降低奶牛 SCC 和乳中淀粉样 A 蛋白浓度。在羔羊饲粮中以锌蛋白盐补锌，锌在羔羊体内的存留率高于添加氧化锌，且差异达到显著水平[8]。

然而，Whitaker 等[9]报道，在产犊前开始给奶牛饲喂锌蛋白盐，一直持续到产犊后 100 天，饲以锌蛋白盐的奶牛与饲以无机锌的奶牛相比，具有相似的 SCC 和临床型乳房炎发病率。综合锌蛋白盐和锌氨基酸配合物的研究结果，尽管文献中的反应不尽一致，但有机形式的锌一般对奶牛免疫机能具有良好的效果。

9.1.2　金属氨基酸螯合物

除常量元素钙和镁外，氨基酸螯合物可与锌、铜、铁、锰和钴配合。反刍动物上对金属氨基酸螯合物组合的研究要多于单个金属螯合物。

Manspeaker 等[10]以 40 头头胎荷斯坦奶牛为试验动物，分别饲喂基础日粮或加氨基酸螯合矿物质补充剂的基础日粮。除了钾和镁外，氨基酸螯合补充还供给额外的铁、锰、铜和锌等。该研究在产前大约 30 天进行，直到小母牛直肠触诊证实怀孕结束。结果表明给予螯合矿物质的小母牛腺周纤维化(在分娩后子宫内膜组织的增生)的发生率显著降低(10%与 58%)。此外，饲喂螯合矿物质补充剂母牛的卵巢活动更加活跃，胚胎死亡率较低。

Kropp[11]评估了头胎肉母牛补充氨基酸螯合物的影响。实验在大约产犊 45 天开始，小母牛随机分成两组，补充相似水平的氨基酸螯合物或无机形式的铜、锌、锰、镁和钾。小母牛产犊后 70 天进行同期发情处理后发现,饲喂螯合矿物质混合物小母牛发情和受孕率的比例更高($P<0.05$)。整个繁殖期的受孕率无显著差异，但饲喂螯合矿物质母牛的受孕期比无机矿物质组平均早 19 天。相比于不补充微量矿物质的奶牛，饲喂微量矿物质补充剂的奶牛具有更高的受孕率($P=0.11$)，而饲喂无机和螯合微量元素奶牛的受孕率无显著差异。

Gengelbach[12]研究了补充氨基酸螯合矿物质对在高羊茅(内生真菌感染)草场放牧的肉牛生产性能的影响。试验处理包括，①组：无机矿物质和氨基酸螯合矿物质的组合；②组：补充与①组相同量的无机矿物质；③组：与①组和②组含有相同水平的钙、磷和盐，但是不含有微量元素。在补充①组中，锌，锰和铜中的 70%供给为氨基酸螯合物形式。在 168 天的研究中，36 头生长阉牛的增重在各处理间相似。在以 96 个肉母牛和犊牛为试验动物的类似研究中，也表现出饲喂三种不同矿物质补充剂牛只的生产性能相似。在使用刚断奶的牛犊进行的两个试验中，相比于对照组犊牛，添加氨基酸螯合矿物质混合物对增重无显著影响[13]。

Uchida 等[14]在奶牛产仔后，用 360、200、125、12 mg 水平的氨基酸螯合物分别替代无机形式的锌、锰、铜、钴，结果发现奶牛的怀孕间隔显著缩短，并且可以大幅减轻工作强度，但对产奶量、乳脂和乳蛋白量、线性体细胞计数、体况评分或蹄病评分没有显著影响。Wang 等[15]报道，在接种口蹄疫疫苗后，与不补充锌或补充硫酸锌的奶牛相比，饲以锌氨基酸螯合物或锌蛋白螯合物奶牛的血清抗体滴度提高，这表明补充锌螯合物影响了体液免疫。

铁与氧代谢和能量代谢均密切相关。铁依赖性酶，如过氧化氢酶和过氧化物酶，对控制活性氧至关重要。因此，缺铁可影响反刍动物的免疫功能和新陈代谢。然而，患铁缺乏症的成年反刍动物非常少见，因为铁的维持和泌乳需要量一般小于生长的需要量，而且从黏有泥土的牧草中获取的铁一般高于其需要量。由于从日粮中获取的铁过量，导致食糜中游离铁量可能增加。游离铁反应性强，并且是很强的亲氧化剂，会干扰其他微量矿物质的吸收，并产生活性氧。Weiss 等[16]报道，在产犊前 60 天到产犊后 63 天，以铁氨基酸螯合物形式在奶牛日粮中添加 30 mg/kg 的铁，结果显示，补充铁的奶牛除 SCC 小幅度下降外，反映铁状态和生产性能的指标差异均不显著。

9.1.3　微量元素氨基酸配合物

目前常见的微量元素配合物主要是微量元素氨基酸配合物，其产品有蛋氨酸锌、赖氨酸锌、蛋氨酸锰、蛋氨酸铁和赖氨酸铜等。在反刍动物上以蛋氨酸锌研究最多。微量元素氨基酸配合物由于具有较好的稳定性，即防止了瘤胃微生物对氨基酸的降解作用，以提供更多的过瘤胃氨基酸和微量元素供瘤胃后消化道吸收利用，同时也可避免某些金属元素对瘤胃的不良作用，因此氨基酸螯合物具备良好的过瘤胃性能和较高的生物利用率。

9.1.3.1　蛋氨酸锌

李丽立等[17]分别在饲料中添加蛋氨酸锌和氧化锌发现，锌在山羊体内的存留率分别为 34.08%和 14.26%，说明配位后的锌有利于机体吸收利用。李丽立等[18]的试验结果表明，饲喂蛋氨酸锌组的黑山羊比饲喂氧化锌组的黑山羊瘤胃内 NH_3-N 浓度显著降低，蛋氨酸锌组日粮中锌的表观吸收率显著高于氯化锌组。李丽立等[19]进而使用 ^{65}Zn 标记的蛋氨酸锌与硫酸锌研究锌在山羊体内的分布与存留，结果表明：蛋氨酸锌螯合组锌的富集量较硫酸锌组多 13.04 mg（分别为 48.46 与 35.42 mg），存留量高出 10.86%（存留率分别为 40.38%和 29.52%）；组织器官中的富集量分别为 2.41 和 1.32 mg，存留率为 2.01%与 1.10%，差异极显著（$P<0.01$）。说明饲喂硫酸锌较蛋氨酸锌吸收速度慢。蛋氨酸锌与硫酸锌在山羊组织器官中的分布规律相似，在肝、脾、胰中含量较高，在肌肉、骨和蹄中含量较低。

王洪荣等[20]研究了蛋氨酸锌在绵羊体内的消化代谢规律，选用安装永久性瘤胃瘘管、十二指肠近端和回肠末端 T 型瘘管的内蒙古细毛羊羯羊进行试验，分别饲喂基础日粮、无机锌（基础日粮+氧化锌+蛋氨酸）和蛋氨酸锌（基础日粮+蛋氨酸锌）。研究表明，饲喂不同锌源对绵羊瘤胃内锌的流量无影响；氧化锌组和蛋氨酸锌组绵羊在十二指肠和回肠中的锌流量显著升高。蛋氨酸锌组绵羊在十二指肠内锌的吸收率显著高于氧化锌组和对照组，而氧化锌组绵羊在回肠后锌的吸收率较高，表明蛋氨酸锌主要在十二指肠和回肠吸收，而氧化锌主要在回肠后吸收；饲喂不同锌源对绵羊瘤胃食糜外流速率，对瘤胃、十二指肠和回肠的干物质和氮流通量无显著影响；饲喂蛋氨酸锌可显著提高进入十二指肠内微生物氮和蛋氨酸流量，并有助于提高绵羊回肠对氮的吸收率。不同锌源对绵羊瘤胃食糜和瘤胃微生物的氨基酸组成无显著影响，对进入十二指肠的氨基酸组成有较大影响，其中蛋氨酸锌可提高进入十二指肠甘氨酸(Gly)、胱氨酸(Cys)、蛋氨酸(Met)、色氨酸(Tyr)和组氨酸(His)的含量。该试验结果说明蛋氨酸锌具有一定过瘤胃性能，并对蛋氨酸起保护作用。

王洪荣等[21]选用安装永久性瘤胃瘘管的内蒙古细毛羊羯羊研究蛋氨酸锌在绵羊体内的生物利用率及其对瘤胃代谢的影响，结果表明，饲喂不同锌源对绵羊瘤胃液 pH、NH_3-N 无显著影响。与氧化锌组相比，蛋氨酸锌组具有降低瘤胃液 pH 和使 NH_3-N 浓度趋于稳定的效果。日粮中干物质、有机物质和粗蛋白质消化率在各组间差异不显著($P>$0.05)。蛋氨酸锌组绵羊体内氮沉积率(36.20%)显著高于对照组(24.31%)和氧化锌组(25.39%)。对照组、氧化锌组和蛋氨酸锌组绵羊体内锌的沉积率分别为 25.57%、27.47%和 34.27%，蛋氨酸锌组锌的沉积率显著高于另两组($P<0.01$)，蛋氨酸锌中锌的生物利用率比氧化锌提高 6.8%($P<0.05$)。

另据报道，在锌含量严重缺乏的日粮中补锌，以血浆锌浓度、血浆碱性磷酸酶活性和生产性能为评定标准，蛋氨酸锌和试剂级氧化锌的生物利用率相似[5]。此外，饲喂半纯合缺锌日粮或干草基础日粮的羔羊蛋氨酸锌和氧化锌的表观消化率相似，但蛋氨酸锌组的尿锌分泌趋于减少，表明锌在体内的沉积增加；口服蛋氨酸锌羔羊的血浆锌以较慢的速率下降到给药前基线值。由此可知氧化锌和蛋氨酸锌中锌的吸收程度相似，但吸收后的代谢可能不同[5]。

多个研究评估了蛋氨酸锌对生长牛或泌乳奶牛性能的影响，这些研究大多包括一个对照日粮(添加一定量的无机锌)及对照日粮中添加蛋氨酸锌，在试验设计中组间多没有进行等锌处理，而对照日粮的锌含量达到或超过 NRC 推荐水平。

Spears[5]在含锌量为 24 mg/kg 的玉米青贮日粮基础上补加蛋氨酸锌或氧化锌(锌含量25 mg/kg DM)时发现，饲喂蛋氨酸锌组与对照组相比，小母牛的增重和饲料利用率分别提高 8.1%($P<0.07$)和 7.3%($P<0.08$)，繁殖性能相近。

Greene 等[22]在含 82 mg/kg 锌的基础日粮中分别添加蛋氨酸锌和氧化锌 360 mg/kg，在 112 天后发现，两种形式的锌没有显著提高肉牛生产性能，但蛋氨酸锌组牛肉的质量等级、大理石纹评分以及肾、盆腔和心脏脂肪百分比均比对照组和氧化锌组要高。这与更早类似的研究结果相一致[23, 24]。但也有对牛[25~29]和绵羊[30]开展的研究发现蛋氨酸锌对胴体特性无显著影响。

Spears[31]对一些大学和育肥场 19 个蛋氨酸锌试验结果进行了综合分析，表明虽然大多数研究没有检测到蛋氨酸锌(360 mg)对生产性能存在显著影响，但饲喂蛋氨酸锌的牛一般都具有更好的增重和饲料效率。其中有 16 个试验显示饲喂蛋氨酸锌的牛增重提高了，17 个试验显示饲喂蛋氨酸锌肉牛的料重降低。对所有 19 个试验进行汇总统计分析显示，添加蛋氨酸锌后增重和饲料转化效率均有显著提高($P<0.01$)，见表 9.2。与对照组相比，增重的中位数百分比为 3.2%，料重比的中位数百分比为 2.0%，表明 19 个试验中有一半试验的增重改善超过 3.2%，一半试验的增重改善小于 3.2%。

表 9.2 19 个蛋氨酸锌试验的总结[31]

处理	增重/(kg/d)	料重比
对照	1.38	7.04
蛋氨酸锌	1.43	6.75
与对照相比的百分比变化		
范围	−1.25～12.95	−17.45～1.65
平均值	3.63	−4.12
中位数	3.20	−2.00

　　研究发现给泌乳奶牛饲喂蛋氨酸锌可增加牛奶产量，降低 SCC。Kellogg[32]对蛋氨酸锌在泌乳牛上的作用进行了综述：综合了 8 个试验，试验时间 63～365 天，对照组日粮的含锌量等于或超过 NRC 推荐的需要量，来自蛋氨酸锌的锌添加量为 180～412 mg。其中 4 个试验表明蛋氨酸锌可明显增加产奶量[33, 34]或减少 SCC[35, 36]。多个研究表明蛋氨酸锌有增加牛奶产量和降低 SCC 的趋势。Kellogg 将每个试验作为一个重复进行了合并统计分析（表 9.3），结果显示蛋氨酸锌显著改善了奶牛的产奶量和 SCC（$P < 0.01$）。

表 9.3 蛋氨酸锌在泌乳奶牛上的研究总结[32]

处理	奶产量/kg	SCC/10^3
对照	30.28	346
蛋氨酸锌	31.73	246
与对照相比的百分比变化		
范围	0.68～7.04	−49.6～−6.1
平均值	4.80	−28.9
中位数	5.80	−22.0

　　蛋氨酸锌还能影响反刍动物的免疫反应和抗病力。Spears 等[37]研究了不同锌水平和锌源对断奶和运输应激的阉牛免疫性能的影响。试验的基础日粮含 26 mg/kg 的锌，在此基础上添加含 25 mg/kg 锌的氧化锌或蛋氨酸锌。经过 28 天的试验，各处理间动物的免疫性能无显著差异，发病率均很低；补蛋氨酸锌组在第 14 天时的牛疱疹病毒（BHV-1）抗体滴度要比对照组和氧化锌组分别高 47%和 31%。供给蛋氨酸锌的小牛，在经过传染性牛鼻气管炎病毒（IBR）攻毒后，具有比饲喂氧化锌犊牛更迅速地复原的趋势[38]。

　　Johnson 等[39]利用 773 头新进场的犊牛观察蛋氨酸锌对其健康和生产性能的影响。日粮中蛋氨酸锌的添加量为每头 360 mg/d，经 28 天试验，添加蛋氨酸锌组的犊牛日增重比对照组提高 10.7%（0.704 和 0.636 kg/d），发病率降低 5%（46%和 51%）。

　　Spears 等[40]研究了断奶前饲喂蛋氨酸锌对犊牛经历断奶和运输后的健康状况和生产性能的影响。犊牛在北卡罗来纳州断奶，并立即运到得克萨斯州的阿马里洛。断奶前补充等锌水平的蛋氨酸锌和氧化锌，在牛抵达饲养场后给予相同来源的锌。结果显示，饲喂蛋氨酸锌的犊牛消耗了更多的饲料，在运输后具有比饲喂氧化锌犊牛增重更快速的趋势，且发病率显著降低(0 和 20%)。

Herrick[41]报道认为，蛋氨酸锌可预防腐蹄病及其他蹄病。Moore 等[42]经过一年的研究发现，补蛋氨酸锌对奶牛蹄的生长与磨损与对照组相比无显著差异。但他们观察到饲喂蛋氨酸锌奶牛蹄病评分有所改善，包括结构、蹄裂和趾间皮炎。Greene 等[22]经过 112 天试验发现育肥阉牛腐蹄病的发生率在对照组、氧化锌组和蛋氨酸锌组分别为 20%、6.7%和 0%。

邵凯等[43]研究了氧化锌、蛋氨酸锌和单纯蛋氨酸对绵羊免疫机能的影响。结果表明，在基础日粮相同和相同锌水平条件下，补蛋氨酸锌组绵羊的布氏杆菌试管凝集反应抗体滴度在第 4 和第 6 周明显高于补氧化锌组和不补锌的蛋氨酸组。同时，与补氧化锌组相比，补蛋氨酸锌还能明显提高绵羊血清 γ-球蛋白含量、淋巴细胞 α-醋酸萘酯酶(ANAE)染色阳性率和外周血 T 淋巴细胞转化率，显示蛋氨酸锌具有提高绵羊体液和细胞免疫的作用。

锌不仅对机体免疫起着十分重要的作用，而且具有保护细胞和组织完整性的功能。就奶牛而言，锌是生产角蛋白所必需的物质，而角蛋白又在乳腺抵御病原体过程中具有重要作用[44]。锌也是超氧化物歧化酶(SOD)的组分，SOD 可清除免疫细胞中的过氧化物。尽管已知锌在免疫系统中的这些作用，但对补充不同形式或数量的锌对奶牛免疫功能的具体影响仍知之甚少[45]。Kellogg 等[46]总结了 12 个研究蛋氨酸锌对泌乳奶牛生产性能和乳房健康影响的试验结果，分析显示补充蛋氨酸锌降低了 SCC。Sobhanirad 等[47]发现，与不补充锌的奶牛相比，饲喂蛋氨酸锌的奶牛有产奶量升高的趋势，且 SCC 更少。表明蛋氨酸锌对奶牛的泌乳存在一定影响，但其作用机制尚不清楚。

9.1.3.2 赖氨酸铜

赖氨酸铜在反刍动物应用的报道不多。赖氨酸铜在阉牛体内的沉积率要比硫酸铜高得多[48]，这主要是由于其吸收效率更高且尿中排出更少。Ward 等[49]比较了高钼日粮下赖氨酸铜和硫酸铜对生长阉牛的影响，基于血浆铜浓度和血浆铜蓝蛋白(一种铜依赖性酶)活性数据，发现两个源铜的生物利用率相似。以血浆铜浓度和碱性磷酸酶活性为指标，生长期牛对赖氨酸铜和硫酸铜生物利用率相似，而氧化铜基本上不可利用[50]。在缺铜牛的日粮中添加赖氨酸铜可以增加肝铜和血浆铜的水平[51]。

9.1.3.3 蛋氨酸锰

Henry 等[52]测定羔羊骨、肾和肝脏中锰的沉积率发现，蛋氨酸锰的相对生物利用率为硫酸锰的 120%，两种饲料级氧化锰的生物利用率分别为硫酸锰的 70%和 53%。Ward 等[53]报道饲喂蛋氨酸锰阉牛的瘤胃可溶性锰浓度高于硫酸锰或氧化锰。Spears[31]在小母牛玉米青贮基础日粮中以氧化锰或蛋氨酸锰补充锰 0 或 20 mg/kg。试验 1 以玉米-尿素为粗蛋白补充来源，显示蛋氨酸锰可提高小母牛的日增重和饲料利用率(表 9.4)。在试验 2 中分别由豆粕和尿素提供 50%的补充蛋白质，结果显示生产性能差异不显著，可能是由于日粮尤其是蛋白质补充料中的锰含量较高，同时，豆粕中的部分锰可能以蛋氨酸锰或类似锰配合物的形式存在。

表 9.4　补充蛋氨酸锰对生长小母牛生长性能的影响[31]

指标	处理		
	对照	氧化锰	蛋氨酸锰
试验 1			
日增重/(kg/d)	0.60[①]	0.62[①]	0.67[②]
饲料/增重	12.5[③]	12.2[③]	11.2[④]
锰含量/(mg/kg)			
玉米青贮	17.9		
蛋白补充	7.8		
试验 2			
日增重/(kg/d)	0.96	0.96	0.95
饲料/增重	9.7	9.7	9.6
锰含量/(mg/kg)			
玉米青贮	25.1		
蛋白补充	23.5		

注：试验期 140 天。①、②同行肩标不同表示差异显著 $P<0.06$；③、④同行肩标不同表示差异显著 $P<0.05$。

9.1.3.4　蛋氨酸硒

有机硒产品主要包括硒酵母（主要成分为蛋氨酸硒）和硒酸酯多糖，其中蛋氨酸硒在近年来的应用越来越多。Pehrson 等[54]发现酵母硒在小母牛的利用率是亚硒酸钠的 1.8 倍。羔羊试验表明，添加蛋氨酸硒比亚硒酸钠能更好地增加血硒浓度和谷胱甘肽过氧化物酶活性[55]。近年来的研究表明，添加酵母硒可提高奶中硒含量[56~59]。Pehrson 等[60]在奶牛饲粮中添加酵母硒，不仅可以提高牛奶中硒含量，而且还可以提高奶牛和犊牛红细胞谷胱甘肽过氧化物酶活性。Gunter 等[61]报道，补酵母硒奶牛所产的犊牛在出生时的血硒水平显著高于补无机硒（亚硒酸钠）奶牛所产的犊牛，并且补充酵母硒所产犊牛的谷胱甘肽过氧化物酶活性也最高。

9.1.3.5　有机铬

铬是一种活跃的成分，铬的最大潜力在于减少应激。目前有机铬的形式包括酵母铬、螯合铬和吡啶羧酸铬。Chang 和 Mowat[62]报道犊牛长途运输后，以酵母铬形式添加 0.4 mg Cr/kg 干物质，可明显提高犊牛到达肥育场后最初 28 天的日增重和饲料效率，此外还提高了血清免疫球蛋白浓度，降低了血清中皮质醇浓度，增强了免疫机能。

Moonsie-Shageer 和 Mowat[63]通过对运输应激犊牛的研究，发现补 0.2 mg/kg 或 1.0 mg/kg 的铬（酵母铬）不仅使犊牛在试验期内（30 天）的日增重和干物质采食量提高，而且免疫性能也得到改善。

Wright 等[64]对运输应激犊牛补充铬（螯合铬），明显提高犊牛试验期的日增重，但有机铬没有能改善非应激生长肥育牛的生产性能[62, 65]。Al-Saiady 等[66]发现，在奶牛热应激状况下，日粮中添加酵母铬可增加干物质采食量和产奶量，并且不影响乳的成分。

Overton 和 Yasui[67]对近年来 7 个添加铬的奶牛试验进行了总结(表 9.5)。这些试验中,有 5 个试验报道添加铬增加了产犊后产奶量或有增加的趋势;有 5 个试验的部分阶段显示,添加铬增加了干物质采食量(DMI)或者有增加的趋势;6 个试验中有 4 个试验显示,添加铬降低了血浆非酯化脂肪酸(NEFA)的浓度或有降低的趋势,在产犊前尤为明显。Bryan 等[68]报道在配种期的第一个 28 天,补充铬的母牛妊娠比例较高(50%与39.2%)。Kafilzadeh 等[69]报道补充铬的奶牛产后至第一次排卵的时间间隔缩短,但对其他繁殖指标没有影响。最近的一项研究虽然显示补充铬对产奶量没有显著影响,但在奶牛产前和产后补充铬对产犊前的 DMI 有增加的趋势($P<0.10$),并降低了非酯化脂肪酸(NEFA)的水平和子宫内膜炎的发病率[70]。

表 9.5　蛋氨酸铬与铬蛋白盐对奶牛产奶量、DMI、NEFA 和繁殖性能的影响[67]

研究来源	添加形式和添加水平	产奶量	DMI	NEFA	繁殖性能
[71]	Cr-Met,约 8 mg Cr/d	↑	↑	有↓趋势	未检测
[72] [73]	Cr-Met,约 8 mg Cr/d	↑	↑	↔	未检测
[68]	Cr-Met,6.25 mg Cr/d	↔	放牧	有↓趋势	有提高妊娠率趋势
[74]	Cr-Prop,10 mg Cr/d	↑	↑	↔	未检测
[75]	Cr-Met,约 10 mg Cr/d	有↑趋势	↑	未检测	未检测
[69]	Cr-Met,8 mg Cr/d	↑	未检测	↓	有降低产后第一次排卵时间的趋势
[70]	Cr-Prop,8 mg Cr/d	↔	产犊前有↑趋势	产犊前有↓趋势	子宫内膜炎发病率减低

9.1.4　金属多糖配合物

目前,关于金属多糖配合物在反刍动物饲料中应用的研究非常有限。在玉米青贮基础日粮中添加锰多糖配合物减少了每个妊娠期配种和检查的工作量,并缩短了空怀天数[76]。然而,这个研究没有将无机形式的等锰处理纳入研究。Kenndy 等[77]比较了锌多糖配合物和氧化锌在阉牛瘤胃中的分布,当把瘤胃内容物分为无细胞相、微生物相和颗粒相时,锌多糖组各类内容物的锌浓度均高于氧化锌组。

9.2　反刍动物微量元素配合物的生物利用率与作用方式

9.2.1　微量元素配合物的生物利用率

生物利用率(bioavailability)又称生物利用度、生物学效价。对微量元素来说,生物利用率是指摄入的微量元素被吸收、运输到机体特定部位,并转变为生理活性形式的部分[78]。因此,生物利用率不仅意味着吸收,也包括该微量元素作为一种特定功能的可利用情况。

反刍动物生产中广泛使用的无机微量矿物质元素添加剂可有效矫正和预防牛的微量矿物质缺乏。然而在某些拮抗剂存在时,无机微量矿物质元素的生物利用率很低。某一微量元素无机盐(氧化物、硫酸盐等)具有多种饲料级来源,其纯度也存在差异。此外,还有其他因素也可以影响矿物质的生物利用率。

从理论上分析,金属和配位体之间形成的共价键可以帮助有机微量矿物质抵抗拮抗作用。在一些研究中发现有机微量元素的生物利用率高于无机形式[79, 80],然而也有许多研究报道微量元素的无机和有机形式之间在生物利用率上并无显著差异[81, 82]。

反刍动物有机微量元素生物利用率的测定结果有很大差异,主要因为大量的因素会影响测定结果,这些因素包括:①有机微量元素的产品质量;②研究中所采用的指标和研究方法;③研究中所用日粮的组成和类型;④研究所用动物以往的营养水平;⑤研究所用动物种类、机体状况和当时的生产水平;⑥测定的持续时间;⑥研究中所用矿物质的种类、添加水平和级别(食品级、饲料级)[83]。

9.2.2　微量元素配合物的作用方式

Miles 和 Hneyr[84]把有机配合物的可能优势综述如下:①它的环状结构可以防止微量元素在胃肠道发生不必要的化学反应;②配合物易于完整地通过小肠壁进入血液;③通过减少和其他营养物质的互作而增加被动吸收;④配合物通过与体内途径相类似的方式进行传递;⑤配合物的吸收路径与无机微量元素可能不同;⑥配合物中的微量元素可以相互促进吸收;⑦携带负电荷的配合物可以更有效地被吸收;⑧配合物可增加其通过细胞膜的溶解性和运动性;⑨通过增加媒介的溶解度而增加被动吸收;⑩增加配合物在低pH下的稳定性;⑪通过氨基酸的转运系统而被吸收。

目前,微量元素螯合物或配合物在反刍动物上作用方式的研究仍不清楚。与单胃动物相比,反刍动物有特殊的消化道结构及消化生理方式。其具有复胃结构,即瘤胃、网胃、瓣胃和皱胃,与单胃动物的主要差别是瘤胃。瘤胃是一个活体厌氧发酵罐,蛋白质等营养物质可被瘤胃内的微生物降解。因此,有机微量矿物质如果有益,其合理的假设为:它们必须在瘤胃和皱胃中保持稳定,再被完整地输送到小肠,在那里被吸收。

有研究表明,有机态微量元素能够通过瘤胃,而且具有较强的抗分解能力。这也是保护必需氨基酸的方法,既防止了瘤胃微生物对氨基酸的降解作用,提供更多的过瘤胃氨基酸和微量元素,供瘤胃后消化道吸收利用,同时也可避免某些金属元素对瘤胃的毒害作用。

Heinrichs 和 Conrad[85]研究发现蛋氨酸锌的蛋氨酸部分在很大程度上不会被瘤胃中微生物所降解,在模拟瘤胃环境条件下,蛋氨酸锌在 96 h 后仍不能被微生物利用。Ward 等[53]报道,饲喂蛋氨酸锌的阉牛瘤胃中可溶性锌的水平要远远低于饲喂相同水平的硫酸锌或氧化锌。

梁建光等[86]研究了有机锌源的理化特性及其体外瘤胃发酵的稳定性。他们利用等离子体发射光谱法、高效液相色谱法、红外光谱法、凝胶过滤色谱法和极谱法,分析了 7 种有机锌源产品和试剂级硫酸锌的矿物元素含量、氨基酸组成、红外光谱特征、溶解度、在 pH 2.0、0.2 mol/dm^3 HCl-KCl 或 pH 5.0 KH_2PO_4-K_2HPO_4 缓冲液和去离子水中的络合率及络合强度。结果表明:有机锌源产品的含锌量和氨基酸组成存在较大差异;其中 2

种有机锌源产品(ZnProB 和 ZnAAB)具有锌配合物的结构特征;所有有机锌源产品在盐酸、柠檬酸、中性柠檬酸铵缓冲液中的溶解度均在 90%以上,在 pH=2 的缓冲液中溶解度为 53.92%～98.54%,在水和 pH=5 缓冲液中的溶解度变化范围为 6.04%～98.54%;未检测到有机锌源在 pH=2、0.2 mol/L HCl-KCl 或 pH=5、0.1 mol/L KH_2PO_4-K_2HPO_4 缓冲液及去离子水中的可溶部分有络合锌的存在;其中 4 种属于弱络合强度有机锌源,1 种为中等络合强度有机锌源,2 种为强络合强度有机锌源。另外,采用 6×4 析因安排的完全随机设计,用体外瘤胃发酵法评价不同络合强度有机锌源在瘤胃中的稳定性。4 种锌源分别为试剂级硫酸锌、弱络合强度有机锌 ZnAAC、中络合强度有机锌 ZnProB 和强络合强度有机锌 ZnProA。4 个发酵时间点分别为 0、6、12 和 24 h,共 24 个处理组,每个时间点还设置了空白对照,用以校正锌含量和氨氮量。每个处理组设 2 个重复,每个重复为 1 个人工瘤胃体外发酵试管。结果表明:不同络合强度有机锌在模拟瘤胃环境下是稳定的,过瘤胃率分别在 92%以上,其中又以强络合强度有机锌为最好(99.55%),弱络合强度有机锌(94.85%)次之,中络合强度有机锌(92.16%)相对最低。这些研究表明,蛋氨酸锌配合物在瘤胃中保持完整,与饲料颗粒或微生物结合形成不溶性配合物的程度要小于无机锌。该试验表明,锌配合物在瘤胃环境内稳定,可在小肠被吸收。

一般认为氨基酸或小肽可与锌在小肠内形成可溶的锌-氨基酸或小肽配合物,以氨基酸和小肽的吸收模式转运,提高锌的利用率。当饲粮蛋白质水平增加或添加大量的氨基酸时,肠道内与锌结合的分子有机配位体(氨基酸、二肽、多肽等)浓度增大,增加了锌与之结合并形成可吸收状态螯合物的机会,从而有利于肠黏膜细胞对锌的吸收。蛋氨酸锌本身符合肠黏膜的吸收机制,可节约代谢过程中的能耗,因而其转运速度比无机锌源更快[87]。Miles 和 Henry[84]指出,具有五元环或六元环螯合物的中心金属元素可以通过小肠绒毛的刷状缘,而且所有螯合物都可能以氨基酸形式被机体直接吸收。Koike 等[88]根据双标记锌-EDTA 配合物中的 ^{65}Zn 和 ^{14}C 在雏鸡血液中的含量等比例,推断锌-EDTA 配合物可完整吸收。而 Hill 等[89]发现,双标记蛋氨酸锌螯合物的 ^{14}C 和 ^{65}Zn 在鼠外翻肠囊中的吸收不成比例,因此他们认为氨基酸锌配合物不能完整吸收。在肠囊培养物中添加氯化锌、蛋氨酸锌和赖氨酸锌的结果表明,有机锌和无机锌的生物学效价相似。

关于有机微量元素配合物的吸收机理的假说有两种,一种认为络合强度适宜的有机微量元素配合物进入消化道后,可以避免肠腔中拮抗因子及其他影响因子对矿物元素的沉淀或吸附作用,直接到达小肠刷状缘,并在吸收位点处发生水解,金属离子进入上皮细胞,并吸收入血,因此进入体内的微量元素增加;另一种则认为氨基酸螯合物以类似于二肽的形式完整吸收进入血浆,但这两种假说都还需进行大量深入的专门研究,以进一步寻找直接的试验证据[90]。

基于目前反刍动物表观吸收或组织和血液中浓度测定的研究,能证明微量元素螯合物或配合物的吸收明显优于无机形式的结果较少。同时,单纯在吸收上的差异不能证明在大多数情况下添加有机微量矿物质产生的额外成本的合理性,因为更高剂量的无机微量矿物质能够以较低的成本添加到日粮中。在解释某些有机微量矿物质的有益效果时,矿物质被吸收的数量可能不如被吸收的形式重要。相比于无机形式,某些微量元素螯合物或配合物也许可以刺激相关的生物过程,有机形式存在的矿物质可以进入体内不同的池。例如，Neathery 等[91]发现，牛吸收锌后有机锌和无机锌的代谢不同。这个试验对饲喂缺锌日粮的犊牛给予 ^{65}Zn 标记的氯化锌或玉米秸，其中玉米秸中的 ^{65}Zn 标记锌是在植物生长过程中被掺入的。这两种来源标记锌的吸收相似，但是玉米秸锌组饲喂 7 天后，肝、脾、心脏、肺和小肠中 ^{65}Zn 的沉积比氯化锌中要高。

另外，微量元素配合物也可能通过酶活性、免疫和内分泌等途径影响机体代谢。以锌为例，锌能改变消化道上皮细胞的结构和功能，并且作为多种酶的活性成分，调节各种含锌酶的活性。Spears[5]研究发现，饲喂蛋氨酸锌小母牛的碱性磷酸酶活性在 42 天和 112 天时明显高于饲喂氧化锌的小母牛，生长性能也有高于氧化锌组的趋势。因此，有机锌可能通过提高含锌消化酶和相关酶的活性促进动物对饲料的消化与吸收。适量的锌可提高血粒细胞和腹腔吞噬细胞的杀菌作用，淋巴细胞尤其是 T 淋巴细胞对缺锌特别敏感。缺锌的动物免疫脏器多明显萎缩，动物胸腺素活性下降，并同时伴随着 T 细胞亚群和淋巴因子活性的变化。有机锌通过增加锌的吸收，可能导致锌代谢池变大，因此增加锌金属蛋白、锌金属硫蛋白、血浆锌浓度和需要锌激活免疫细胞的功能。Formigoni 等[92]研究了 Zn、Mn 和 Cu 微量元素螯合物对奶牛生产性能和初乳品质的影响。试验动物随机分为 2 组，分别在干奶期和泌乳期饲喂动物含有机或无机 Zn、Mn 和 Cu 的矿物质混合物，其中对照组矿物质混合物中的 Zn、Mn 和 Cu 在干奶期和泌乳期均以硫酸盐的形式添加；试验组奶牛每日所需的 Zn、Mn 和 Cu 一部分以螯合物形式添加，其中干奶期和泌乳期分别以 50%和 25%的螯合物比例添加。干奶期试验结果表明添加 Zn、Mn 和 Cu 螯合物对初乳产量没有影响，但显著提高了免疫球蛋白的水平(P=0.001)。

由此可见，微量元素配合物对反刍动物的作用机理可能是系统的和综合性的，不能从单纯某一方面去考虑，还需不断通过体内和体外的试验去了解微量元素配合物的详细作用机理。

9.3　进一步研究的问题和前景展望

在一定条件下，反刍动物会对一定的矿物质配合物或螯合物产生效应，如提高生长率、产奶量、繁殖性能和增强免疫反应等。但是，还不能确定许多研究中观察到的反应是来源于有机矿物自身性质的不同，还是仅仅源于日粮中矿物质摄入量的增加。

细化来说，下列问题还需要进一步研究：①更好确定产生预期生产性能或健康反应的条件；②确定有机微量元素添加到日粮中的最佳剂量和时间；③确定观察到的效应是否足以与成本相匹配；④矿物配合物正负效应出现的根本原因；⑤矿物配合物在反刍动物体内的吸收机制；⑥无机矿物质和矿物配合物在发挥生物功能时的代谢差异；⑦确定补充矿物配合物改善反刍动物性能的作用机制。

综上所述，矿物配合物对反刍动物具有一定的营养作用和生产效果，是微量元素添加剂更新换代的优良产品，应用前景广阔。我国相关机构应该适时地加强对该领域的研发工作，探索降低生产成本和简化生产工艺的方法，注重提高产品质量，降低生产成本，尽快建立饲用矿物配合物的产品质量标准；研究制定检验与鉴别矿物配合物质量的确实有效方法；规范饲用矿物配合物的生产、销售和使用；探讨矿物配合物的理想添加水平、影响因素和作用机理，加强推广应用工作，以促进我国反刍动物养殖业的发展。

参 考 文 献

[1] Kincaid R L，Blauwiekel R M，Cronrath J D. Supplementation of copper as copper-sulfate or copper proteinate for growing calves fed forages containing molybdenum. J. Dairy Sci.，1986，69：160-163.

[2] Wittenberg K M，Boila R J，Shariff M A. Comparison of copper-sulfate and copper proteinate as copper sources for copper-depleted steers fed high molybdenum diets. Can. J. Anim. Sci.，1990，70：895-904.

[3] Nockels C F. Impact of nutrition on immunological function. Proc. 52nd Minn. Nutr. Conf.，1991：65.

[4] Scaletti R W，Harmon R J. Effect of dietary copper source on response to coliform mastitis in dairy cows. J. Dairy Sci.，2012，95：654-662.

[5] Spears J W. Zinc methionine for ruminants：relative bioavailability of zinc in lambs and effects of growth and performance of growing heifers. J. Anim. Sci.，1989，67：835-843.

[6] Spain J. Tissue integrity：A key defense against mastitis infection：The role of zinc proteinates and a theory for mode of action//Lyons T P（ed）.Proc. 10th Ann. Symposium on Biotechnology in the Feed Industry. Nicholasville，KY：Nottingham University Press，Alltech Technical Publications，1993：53-60.

[7] Cope C M，Mackenzie A M，Wilde D，et al. Effects of level and form of dietary zinc on dairy cow performance and health. J. Dairy Sci.，2009，92：2128-2135.

[8] Lardy G P，Kerley M S，Paterson J A. Retention of chelated metal proteinates by lambs. J. Anim. Sci.，1992，70：314.

[9] Whitaker D A，Eayres H F，Aitchison K，et al. No effect of a dietary zinc proteinate on clinical mastitis，infection rate，recovery rate and somatic cell count in dairy cows. Vet. J.，1997，153：197-203.

[10] Manspeaker J E，Robl M G，Edwards G H，et al. Chelated minerals-Their role in bovine fertility. Vet. Med.-Us.，1987，82：951-956.

[11] Kropp J R. Reproductive performance of first calf heifers supplemented with amino acid chelate minerals. Oklahoma Agric. Exp. Sta. Res. Rep.，1990，MP-129：35.

[12] Gengelbach G P. Macro and Micro Element Nutrition for the Grazing Ruminant. Missouri：University of Missouri-Columbia MS Thesis，1990.

[13] Johns J T，Gay N，Aaron D K，et al. The effect of chelated minerals and protein level in conditioning rations on gain of newly weaned calves. J. Anim. Sci.，1991，69（Suppl. 1）：25.

[14] Uchida K，Mandebvu P，Ballard C S，et al. Effect of feeding a combination of zinc，manganese and copper amino acid complexes，and cobalt glucoheptonate on performance of early lactation high producing dairy cows. Anim. Feed Sci. Tech.，2001，93：193-203.

[15] Wang R L，Liang J G，Lu L，et al. Effect of zinc source on performance，zinc status，immune response，and rumen fermentation of lactating cows. Biol. Trace Elem. Res.，2013，152：16-24.

[16] Weiss W P，Pinos-Rodriguez J M，Socha M T. Effects of feeding supplemental organic iron to late gestation and early lactation dairy cows. J. Dairy Sci.，2010，93：2153-2160.

[17] 李丽立，邢廷铣，潘亚非，等. 蛋氨酸锌对山羊瘤胃环境和营养物质的影响. 动物营养学报，1994，6：1355-1366.

[18] 李丽立，李海屏，等. 蛋氨酸锌螯合物中的锌在山羊粪尿中的排泄动态. 核农学报，1998，12（3）：151-156.

[19] 李丽立，李铁军，张彬，等. ^{65}Zn 标记蛋氨酸锌在山羊体内锌存留与分布. 动物营养学报，1999，11：62.

[20] 王洪荣，邵凯，荣威恒，等. 蛋氨酸锌螯合物在绵羊体内消化代谢规律的研究. 畜牧兽医学报，1998，29：322-331.

[21] 王洪荣，邵凯，徐桂梅，等. 蛋氨酸锌螯合物在绵羊体内的生物利用率及其对瘤胃代谢的影响. 动物营养学报，1998，10：22-26.

[22] Greene L W，Lunt D K，Byers F M，et al. Performance and carcass quality of steers supplemented with zinc oxide or zinc methionine. J. Anim. Sci.，1988，66：1 818-1 823.

[23] Brethour J R. Zinc methionine in steer finishing rations. Report of Progress No. 452. Hays Branch，Kansas State

University，1984：11.

[24] Rust S R. Effects of zinc methionine and grain processing on performance of growing-fattening steers. J. Anim. Sci.，1985，61(Suppl. 1)：482.

[25] Canica J M，Brandt R T，Lee R W. Impact of zinc methionine on feedlot performance and carcass merit of medium and large framed steers. J. Anim. Sci.，1986，63(Suppl. 1)：450.

[26] Martin J J，Strasia C A，Gill D R，et al. Effect of zinc methionine on live performance and carcass merit of feedlot steers. Oklahoma Agric. Exp. Stn.，1987，MP-119.

[27] Neel J P，Kiesling H E，Lofgreen G P. Effect of zinc methionine supplementation on feedlot performance and carcass variables. J. Anim. Sci.，1986，63(Suppl. 1)：450.

[28] Galyean M L，Malcolm-Callis K J，Gunter S A，et al. Effects of zinc source and level and added copper lysine in the receiving diet on performance by growing and finishing steers. Prof. Anim. Sci.，1995，11：139-148.

[29] Nunnery G A. Effects of source and level of zinc on feedlot performance and carcass characteristics in steers. Texas：Texas A&M Univ.，College Station MS Thesis，1998.

[30] Stobart R H，Medeivors D，Riley M，et al. Effects of zinc methionine supplementation on feedlot performance，carcass characteristics and serum profiles of lambs. J. Anim. Sci.，1987，65(Suppl. 1)：500.

[31] Spears J W. Organic trace minerals in ruminant nutrition. Anim. Feed Sci. Tech.，1996，58：151-163.

[32] Kellogg D W. Zinc methionine affects performance of lactating cows. Feedstuffs，1990，62：14.

[33] Aguilar A A，Jordan C D. Effects of zinc methionine supplementation in high producing Holstein cows early in lactation. Proc. 29th Annual Meeting National Mastitis Council，Inc.，1990：187.

[34] Kellogg D W，Rakes J M，Gliedt D W. Effect of zinc methionine supplementation on performance and selected blood parameters of lactating dairy-cows. Nutr. Rep. Int.，1989，40：1049-1057.

[35] Aguilar A A，Kujawa M，Olson J D. Zinc methionine supplementation in lactating dairy cows. Proc. 27th Annual Meeting National Mastitis Council，Inc.，1988：119.

[36] Galton D M. Mastitis Control//Proc. of Seminar on Zinc Supplementation for Dairy Cattle. Edina，MN：Zinpro Corp，1990.

[37] Spears J W，Harvey R W，Brown T T J. Effects of zinc methionine and zinc oxide on performance blood characteristics and antibody titer response to viral vaccination in stressed feeder calves. J. Am. Vet. Med. Assoc.，1991，199：1731-1733.

[38] Chirase N K，Hutcheson D P，Thompson G B. Feed intake rectal temperature and serum mineral concentrations of feedlot cattle fed zinc oxide or zinc methionine and challenged with infectious bovine rhinotracheitis virus. J. Anim. Sci.，1991，69：4137-4145.

[39] Johnson B D，Hays V S，Gu D R，et al. Zinc methionine for newly received stocker cattle. Oklahoma Agric. Exp. Sta. Res. Rep.，1988，MP-125：111-116.

[40] Spears J W，Hutcheson D P，Chirase N K，et al. Effects on zinc methionine and injectable copper pre-shipping on performance and health of stressed cattle. J. Anim. Sci.，1991，69：552.

[41] Herrick J. Zinc methionine：feedlot and dairy indications. Large Animal Vet.，1989，44：35.

[42] Moore C L，Walker P M，Jones M A，et al. Zinc methionine supplementation for dairy cows. J. Dairy Sci.，1988，71(Suppl. 1)：152.

[43] 邵凯，徐桂梅，荣威恒，等. 不同锌源对绵羊免疫机能的影响. 动物营养学报，1996，8：51-55.

[44] Andrieu S. Is there a role for organic trace element supplements in transition cow health? Vet. J.，2008，176：77-83.

[45] Spears J W，Weiss W P. Role of antioxidants and trace elements in health and immunity of transition dairy cows. Vet. J.，2008，176：70-76.

[46] Kellogg D W，Socha M T，Tomlinson D J，et al. Review：Effects of zinc methionine complex on milk production and somatic cell count of dairy cows：Twelve-trial summary. Prof. Anim. Sci.，2004，20：295-301.

[47] Sobhanirad S，Carlson D，Kashani R B. Effect of zinc methionine or zinc sulfate supplementation on milk production and composition of milk in lactating dairy cows. Biol. Trace Elem. Res.，2010，136：48-54.

[48] Debonis J，Nockels C F. Stress induction affects copper and zinc balance in calves fed organic and inorganic copper and zinc sources. J. Anim. Sci.，1992，70：314.

[49] Ward J D，Spears J W，Kegley E B. Effect of copper level and source(copper lysine vs. copper sulfate) on copper

status, performance, and immune response in growing steers fed diets with or without supplemental molybdenum and sulfur. J. Anim. Sci., 1993, 71: 2748-2755.

[50] Kegley E B, Spears J W. Bioavailability of feed-grade copper sources (oxide, sulfate, or lysine) in growing cattle. J. Anim. Sci., 1994, 72: 2728-2734.

[51] Rabiansky P A, McDowell L R, Velasquez-Periera J, et al. Feeding copper lysine and copper sulfate to cattle. J. Dairy Sci., 1998, 81: 327.

[52] Henry P R, Ammerman C B, Littell R C. Relative bioavailability of manganese from a manganese-methionine complex and inorganic sources for ruminants. J. Dairy Sci., 1992, 75: 3473-3478.

[53] Ward J D, Spears J W, Kegley E B. Effect of trace mineral source on mineral metabolism performance and immune response in stressed cattle. J. Anim. Sci., 1992, 70: 300.

[54] Pehrson B, Knutsson M, Gyllensward M. Glutathione-Peroxidase activity in heifers fed diets supplemented with organic and inorganic selenium-compounds. Swed. J. Agr. Res., 1989, 19: 53-56.

[55] Nockels C F. Impact of nutrition on immunological function. Proc. 52nd Minn. Nutr. Conf., 1991: 65.

[56] Conrad H R, Moxon A L. Transfer of dietary selenium to milk. J. Dairy Sci., 1979, 62: 404-411.

[57] Aspila P. Metabolism of selenite selenomethionine and feed-incorporated selenium in lactating goats and dairy cows. J. Agr. Sci. Finland, 1991, 63: 9-74.

[58] Malbe M, Klaassen M, Fang W, et al. Comparisons of selenite and selenium yeast feed supplements on Se-incorporation, mastitis and leucocyte function in se-deficient dairy cows. J. Vet. Med. A, 1995, 42: 111-121.

[59] Ortman K, Pehrson B. Selenite and selenium yeast as feed supplements for dairy cows. J. Vet. Med. A, 1997, 44: 373-380.

[60] Pehrson B, Ortman K, Madjid N, et al. The influence of dietary selenium as selenium yeast or sodium selenite on the concentration of selenium in the milk of suckler cows and on the selenium status of their calves. J. Anim. Sci., 1999, 77: 3371-3376.

[61] Gunter S A, Beck P A, Phillips J M. Effects of supplementary selenium source on the performance and blood measurements in beef cows and their calves. J. Anim. Sci., 2003, 81: 856-864.

[62] Chang X, Mowat D N. Supplemental chromium for stressed and growing feeder calves. J. Anim. Sci., 1992, 70: 559-565.

[63] Moonsie-Shageer S, Mowat D N. Effect of level of supplemental chromium on performance, serum constituents, and immune status of stressed feeder calves. J. Anim. Sci., 1993, 71: 232-238.

[64] Wright A J, Mowat D N, Mallard B A. Supplemental chromium and bovine respiratory disease vaccines for stressed feeder calves. Can. J. Anim. Sci., 1994, 74: 287-295.

[65] Bunting L D, Fernandez J M, Thompson D L Jr, et al. Influence of chromium picolinate on glucose usage and metabolic criteria in growing Holstein calves. J. Anim. Sci., 1994, 72: 1591-1599.

[66] Al-Saiady M Y, Al-Shaikh M A, Al-Mufarrej S I, et al. Effect of chelated chromium supplementation on lactation performance and blood parameters of Holstein cows under heat stress. Anim. Feed. Sci. Tech., 2004, 117: 223-233.

[67] Overton T R, Yasui T. Practical applications of trace minerals for dairy cattle. J. Anim. Sci., 2014, 92: 416-426.

[68] Bryan M A, Socha M T, Tomlinson D J. Supplementing intensively grazed late-gestation and early-lactation dairy cattle with chromium. J. Dairy Sci., 2004, 87: 4269-4277.

[69] Kafilzadeh F, shabankareh H K, Targhibi M R. Effect of chromium supplementation on productive and reproductive performances and some metabolic parameters in late gestation and early lactation of dairy cows. Biol. Trace Elem. Res., 2012, 149: 42-49.

[70] Yasui T, McArt J A A, Ryan C M, et al. Effects of chromium propionate supplementation during the periparturient period and early lactation on metabolism, performance, and subclinical endometritis in dairy cows. J. Dairy Sci., 2012, 95: 485.

[71] Hayirli A, Bremmer D R, Bertics S J, et al. Effect of chromium supplementation on production and metabolic parameters in periparturient dairy cows. J. Dairy. Sci., 2001, 84: 1218-1230.

[72] Smith K L, Waldron M R, Drackley J K, et al. Performance of dairy cows as affected by prepartum dietary carbohydrate source and supplementation with chromium throughout the transition period. J. Dairy Sci., 2005, 88: 255-263.

[73] Smith K L，Waldron M R，Ruzzi L C，et al. Metabolism of dairy cows as affected by prepartum dietary carbohydrate source and supplementation with chromium throughout the periparturient period. J. Dairy Sci.，2008，91：2011-2020.

[74] McNamara J P，Valdez F. Adipose tissue metabolism and production responses to calcium propionate and chromium propionate. J Dairy Sci.，1987，MP-119.

[75] Sadri H，Ghorbani G R，Rahmani H R，et al. Chromium supplementation and substitution of barley grain with corn：Effects on performance and lactation in periparturient dairy cows. J. Dairy Sci.，2009，92：5411-5418.

[76] Dicostanzo A，Meiske J C，Plegge S D，et al. Influence of manganese，copper and zinc on reproductive-performance of beef-cows. Nutr. Rep. Int.，1986，34：287-293.

[77] Kennedy D W，Craig W M，Southern L L. Ruminal distribution of zinc in steers fed a polysaccharide-zinc complex or zinc oxide. J. Anim. Sci.，1993，71：1281-1287.

[78] Odell B L. Bioavailability of Essential and Toxic Trace-Elements-Introduction. Fed Proc.，1983，42：1714-1715.

[79] Wedekind K J，Hortin A E，Baker D H. Methodology for assessing zinc bioavailability efficacy estimates for zinc methionine zinc sulfate and zinc oxide. J. Anim. Sci.，1992，70：178-187.

[80] Hansen S L，Schlegel P，Legleiter L R，et al. Bioavailability of copper from copper glycinate in steers fed high dietary sulfur and molybdenum. J. Anim. Sci.，2008，86：173-179.

[81] Cao J，Henry P R，Guo R，et al. Chemical characteristics and relative bioavailability of supplemental organic zinc sources for poultry and ruminants. J. Anim. Sci.，2000，78：2039-2054.

[82] Guo R，Henry P R，Holwerda R A，et al. Chemical characteristics and relative bioavailability of supplemental organic copper sources for poultry. J. Anim. Sci.，2001，79：1132-1141.

[83] 张素华，王加启. 有机态微量元素在反刍动物营养中的应用. 饲料博览，2002，11：3-6.

[84] Miles R D，Henry P R. Relative trace mineral bioavailability. Proc. Calif. Animal Nutrition Conference，Fresno，CA，1999：1-24.

[85] Heinrich A J，Conrad H R. Rumen solubility and breakdown of metal proteinate compounds. J. Dairy Sci.，1983，66（Suppl. l）：147.

[86] 梁建光，吕林，罗绪刚，等. 有机锌源的理化特性及其体外瘤胃发酵的稳定性研究. 畜牧兽医学报，2008，39：1355-1366.

[87] 王希国，孙文志. 蛋氨酸锌在动物营养中的应用研究. 黑龙江畜牧兽医，2002，45：20-21.

[88] Koike T I，Vohra P，Kratzer F H. Intestinal absorption of zinc or calcium-ethylenediaminetetraacetic acid complexes in chickens. Proc. Soc. Exp. Biol. Med.，1964，117：483-488.

[89] Hill D A，Peo E R Jr，Lewis A J. Influence of picolinic acid on the uptake of [65]zinc-amino acid complexes by the everted rat gut. J. Anim. Sci.，1987，65：173-178.

[90] 李素芬，罗绪刚，刘彬. 有机微量元素对动物的效应及作用机理研究进展. 中国畜牧杂志，2001，37：51-53.

[91] Neathery M W，Rachmat S，Miller W J，et al. Effect of chemical form of orally administered [65]Zn on absorption and metabolism in cattle. Proc. Soc. Exp. Biol. Med.，1972，139：953-956.

[92] Formigoni A，Emanuele S，Sniffen C，et al. The influence of feeding chelated trace minerals on dairy cattle performance and colostrum quality. J. Anim. Sci.，2009，87：472.